农产品质量安全管理：
基于供应链成员的视角

The Management of Agricultural Products Quality and Safety from the Prospect of Supply Chain Member

张 蓓 著

中国农业出版社

图书在版编目（CIP）数据

农产品质量安全管理：基于供应链成员的视角 / 张
蓓著 . —北京：中国农业出版社，2018.1（2018.7 重印）
ISBN 978-7-109-23626-4

Ⅰ . ①农… Ⅱ . ①张… Ⅲ . ①农产品－质量管理－安
全管理 Ⅳ . ①F307.5

中国版本图书馆 CIP 数据核字（2017）第 300101 号

中国农业出版社出版
（北京市朝阳区麦子店街 18 号楼）
（邮政编码 100125）
策划编辑 闫保荣
文字编辑 刘金华

北京万友印刷有限公司印刷　新华书店北京发行所发行
2018 年 1 月第 1 版　2018 年 7 月北京第 2 次印刷

开本：700mm×1000mm 1/16　印张：15
字数：267 千字
定价：38.00 元
（凡本版图书出现印刷、装订错误，请向出版社发行部调换）

摘　　要

　　农产品质量安全是当前农业和农村经济工作面临的一个重大问题，不仅关系到城乡居民的消费与健康，关系到农民增收和农业经济发展，更关系到区域经济发展、政府形象和社会稳定。近年来，我国农产品伤害危机频繁爆发，不仅使消费者感到震惊和担忧，还导致了农产品品牌面临危机、企业陷入困境，甚至相关联的行业或区域均遭受冲击。在我国国民经济持续发展、人民生活水平日益提高、工业化发展快速推进和农业产业化进程不断加快的背景下，如何有效地实施农产品质量安全管理，实现保障消费者人身安全、促进农业企业持续健康发展、维持社会和谐稳定的目标，是一个备受关注和迫切需要研究的课题。

　　农产品质量安全管理是一项复杂的系统工程，需要农产品供应链成员多方参与、均衡协调，实现整体最优。本书基于系统理论，以农产品伤害危机为研究背景，立足农业企业、消费者和政府等供应链成员的复合视角，对农产品质量安全管理的系统机理、农业企业质量安全控制意愿、安全农产品消费者购买行为，农产品伤害危机情景下消费者逆向行为等一系列问题进行了深入研究。首先，对系统视角下的农产品质量安全管理的要素、特征和机理进行了研究，探讨了农产品质量安全管理过程系统的可靠性、农产品质量安全管理技术系统的复杂适应性，进而提出了农产品质量安全管理的优化思路与对策。其次，实证研究了农产品供应链核心企业质量安全控制意愿模型，并对农产品供应链核心企业质量安全管理模式进行了比较研究。再次，实证研究了无公害农产品、有机农产品、可追溯农产品和冰鲜农产品消费者购买行为模型，揭示了安全农产品消费者购买决策形成机理和影响因素。此外，实证研究了农产品伤害危机情景下消费者信任与购买意愿模型、消费者逆向行为模型。最后，借鉴了农产品伤害危机管理的国际经验，并提出了农产品质量安全管理复杂性及其治理。本书的主要研究内容和研究贡献集中体现在以下几个方面：

　　（1）运用过程系统及其可靠性的理论和方法，分析农产品供应链质量安全过程系统可靠性的"人—机—环境"综合作用。基于过程系统的综合集成，从提升人员素质，创新协作模式，加强技术支撑，统一技术标准，构建追溯体系，健全监管制度和坚持整体最优7个方面，探讨提高农产品供应链质量安全过程系统可靠性的策略建议。与此同时，农产品质量安全的关键在于技术创新和应用。农产品质量安全技术系统的复杂适应性表现为聚集、非线性、流和多样性 4 个特征以及标识、内部模型和积木 3 种机制。基于复杂适应系统的运作机理，激励主体创新，促进主体协同，提供环境支撑，实现农产品质量安全技术系统的均衡发展和整体最优。

（2）构建了农产品供应链核心企业质量安全控制意愿模型，分析了农业企业能力、农业企业社会责任、农产品供应链协同程度、农产品供应链信息共享程度、竞争压力、消费需求、政府监管力度和媒体监督力度 8 个前因变量对农产品供应链核心企业质量安全控制意愿的影响。实证结果表明，农业企业能力、农产品供应链协同程度、农产品供应链信息共享程度、消费需求和政府监管力度对农产品供应链核心企业质量安全控制意愿具有不同程度的显著的正向影响，媒体监督力度对农产品供应链核心企业质量安全控制意愿具有显著的负向影响。

（3）农产品供应链核心企业是质量安全管理的关键主体，在实践中形成了农产品供应链核心企业源头控制型、加工控制型、流通控制型、终端控制型和营销控制型等质量安全管理不同模式。农产品供应链核心企业应立足各地区农业产业化进程、农业科技进步和消费需求变化等实际，进行角色选择和职能定位，选择内部控制、外部协同和环境调适等质量安全管理路径，发挥主导作用实现农产品供应链质量安全管理的整体最优。

（4）从个人因素、社会因素、文化因素、心理因素、产品因素和购买意愿 6 个维度，构建消费者对无公害猪肉购买行为研究模型。实证结果表明，家庭成员对消费者购买无公害猪肉的认同程度，消费者对无公害猪肉的信任程度，消费者对无公害猪肉的购买意愿和支付意愿是影响消费者对购买无公害猪肉购买行为的最显著因素；亲朋好友对消费者购买无公害猪肉的认同程度，消费者对无公害猪肉的了解程度和消费者对无公害猪肉色泽的认可程度是影响消费者对购买无公害猪肉购买行为的较显著因素，性别和文化程度是比较显著的人口统计学影响因素。

（5）基于营销组合、营销环境、消费者特征和消费者心理 4 个维度，构建了消费者有机蔬菜购买意愿和行为理论模型。实证结果表明，对有机蔬菜价格的认同程度是显著正向影响购买意愿的营销组合因素，对有机蔬菜产业技术环境的信心是显著负向影响购买意愿和行为的营销环境因素，文化程度和家庭月收入是显著正向影响购买意愿的消费者特征因素，消费者对蔬菜安全的忧患程度、对有机蔬菜的了解程度和查询意愿是显著正向影响购买意愿和行为的消费者心理因素，购买意愿对购买行为有显著正向影响。

（6）构建了可追溯亚热带水果消费者购买行为模型，分析了信息质量、产品展示、可追溯性、安全性、信任和偏好 6 个前因变量对可追溯亚热带水果消费者购买行为的影响，并讨论了购买经历的调节作用。实证结果表明，可追溯性、安全性、信息质量、产品展示、信任和偏好对消费者购买动机有不同程度的显著影响，购买经历对购买动机与其影响因素之间的因果关系具有重要的调节效应。

（7）从认知因素（保鲜度、口感、质量安全性和溢价）和情感因素（习惯和创新性）两个方面构建了一个冰鲜鸡消费者购买决策模型，分析了购买动机的影响因素，并进一步讨论了风险感知的调节效应。实证结果表明，质量安全性、保鲜度、口感和创新性对购买动机有不同程度的正向显著影响，习惯对购买动机有负向显著影响，而溢价对购买动机没有显著影响；风险感知对影响因素与购买动机之间的因果关系具有重要的调节效应。

（8）基于产品因素、企业因素和环境因素的综合视角，构建了由可追溯性、信息质量、伤害程度、应对态度、品牌声誉、政府监管、负面宣传、消费者信任和购买意愿9个结构变量构成的农产品伤害危机后消费者信任与购买意愿模型。实证结果表明，可追溯性、信息质量、应对态度、品牌声誉和政府监管对消费者信任具有不同程度的正向显著影响，伤害程度和负面宣传对消费者信任有负向显著影响；消费者信任正向显著影响购买意愿。

（9）从农业企业产品伤害行为的性质出发，以自我感知理论为基础，基于品牌资产视角构建了一个消费者逆向选择理论模型，分析了过失伤害行为和蓄意伤害行为对品牌资产3个维度和消费者逆向选择的影响。实证结果表明，蓄意伤害行为和过失伤害行为对品牌忠诚和感知质量都有显著的负向影响，其中蓄意伤害行为的影响更大；不管是蓄意伤害行为还是过失伤害行为，其对品牌联想都没有显著的影响；品牌联想和品牌忠诚对消费者的逆向选择有显著的负向影响，而感知质量对消费者逆向选择没有影响。

（10）运用系统工程方法论可构建时间维、逻辑维和专业维三维结构模型。其中，时间维分为七阶段，逻辑维包括七步骤，专业维涵盖七领域。基于此模型分析，可从整体效益、供应链模式、人才队伍建设等角度为农产品伤害危机管理提供可操作性的应用策略。

（11）通过对美国1995—2014年1 217例肉类和家禽产品召回事件的统计分析，探讨了美国食品召回的现状、特征与机制。美国食品召回的现状是：种类多、范围广；实行一级召回、二级召回和三级召回分级管理；深加工环节和生产环节是多发环节；食品企业能力局限是主要原因；政府、食品企业和消费者多方参与。美国食品召回依托食品供应链可追溯系统持续实施，坚持预防与控制并重的宗旨，有效地保护了消费者安全和社会福利。

（12）农产品质量安全管理要素包括物理、事理和人理3类，实现农业经济发展和社会和谐稳定功能，呈现出要素、关系、规模、特征和演进的复杂性，基于法制框架、追溯信息系统、技术支撑体系、多方联动机制、从定性到定量综合集成方法和整体最优原则等维度，提出推进我国农产品质量安全管理的关键环节和策略建议。

关键词：农产品质量安全　供应链　农业企业　消费者

Abstract

Agricultural products quality and safety is a crucial problem in the current agriculture and rural economy. It is not only related to the consumption and health of urban and rural residents, but also related to the increase of farmers' income and the development of agricultural economy. It is more related to regional economic development, government image and social stability. In recent years, agricultural products harm crisis frequently break out in China, which makes the consumers shocked and worried, and also makes the agricultural brand suffered from crisis and the agricultural enterprises got into trouble, and even affects associated industries and regions. Under the background of the sustainable development of national economy, the improvement of people's living standard, the rapid development of industrialization and the accelerating process of agricultural industrialization, how to effectively implement the quality and safety management of agricultural products so as to ensure the safety of consumers and promote the sustainable and healthy development of agricultural enterprises to maintain social harmony and stability is a much-needed research topic.

Agricultural products quality and safety management products is a complex system engineering, it needs the multilateral participation and balanced coordination of agricultural products supply chain members, so as to achieve the overall optimum. Based on the system theory and the composite perspective of agricultural enterprises, consumers, government and other supply chain members, this study studies the system mechanism of management of agricultural products quality and safety, the control intention of agricultural enterprises quality and safety, consumer purchase intention of safe agricultural products, consumer dysfunctional behavior and other related issues with the background of agricultural products harm crisis. Firstly, this study studies the factors, characteristics and incentives of the quality and safety management of agricultural products from the system perspective, then it discusses the reliability of process system of agricultural products quality and safety management and the complex adaptability of the techniques system of agricultural products quality and safety management, furthermore, the optimal ideas and counter-measures about quality and safety management of agricultural products are put forward. Secondly, this study studies the quality and safety control intention model of the core enterprises in agricultural products supply chain, and makes a comparative study on the quality and safety management mode of the core enterprises. Thirdly, this study experiments consumer purchase behavior model of pollution-free agricultural products, organic agricultural products, tracea-ble agricultural products and chilled agricultural products, and it reveals the forming mechanism and influencing factors of consumer purchase decision a-bout safe agricultural products. Furthermore, this study studies the consumer trust, purchase intention model and the consumer dysfunctional behavior mod-el in the agricultural products harm crisis scenario. Finally, it borrows from the international experience of agricultural products harm crisis management and puts forward the complexity and government of agricultural product quali-ty and safety management. The main research contents and research contribu-tions of this study are embodied in the following aspects:

Firstly, Agricultural products quality and safety of supply chain is a com-plicated process system. This article uses the theory of the process system and its reliability to analysis the combined effects of people-machine-environment in agricultural product quality and safety of supply chain. Based on the compre-hensive of the process system, this article puts forward several operational strategies to improve the reliability of agricultural products quality and safety of supply chain from the perspective of talent training, supply chain models in-novation, technical supporting, technology standards uniting, traceability system constructing, improving regulatory regime and overall optimum.

Meanwhile, technological innovation and application is the key to agricul-tural product quality and safety. Technique of agricultural products quality and safety is a typical complex adaptive system. The specific system structure, hi-erarchy and function are formed during the course of interacting between the a-daptive agents. Complex adaptive techniques system of agricultural product quality and safety has four characteristics such as aggregation, nonlinearity, flow and diversity, together with the three mechanisms including tagging, in-ternal models and building blocks. Based on operating mechanism of complex a-daptive system, it is necessary to incite motivation, carry out collaboration between adapts and provide environmental support in order to achieve the balanced development and the overall optimum of techniques system.

Secondly, this study builds the quality and safety control intention model of the core enterprises in the agricultural products supply chain, analyzes the effects of the ability of agricultural enterprises, the social responsibility of agricultural enterprises, cooperation degree of agricultural products supply chain, information sharing degree of agricultural products supply chain, competitive pressure, consumption demand, government supervision and media supervision on the quality and safety control intention model of the core enterprises in the supply chain. The empirical results show that the ability of agricultural enterprises, cooperation degree of agricultural products supply chain, information sharing degree of agricultural products supply chain, consumption demand and government supervision have significant positive effects on the quality and safety control intention, media supervision has significant negative effect on the quality and safety control intention.

Thirdly, the core enterprise of agricultural products supply chain is the important subject of quality and safety management. There are multidimensional patterns of quality and safety management including manufacturing-led, processing-led, wholesale-led, retail-led and marketing-led in practice. The core enterprises of agricultural products supply chain play a leading role in carrying out the strategies consisting of internal control, external coordination and environmental adaptation according to the regional factors of agricultural industrialization process, agricultural science and technology and changes in consumer demand, thus to achieve the overall optimum of the quality and safety management of agricultural products supply chain.

Fourthly, based on the theory of consumer behavior, this paper builds a logistic model in six dimensions including the personal factors, social factors, cultural factors, psychological factors, product factors and purchase intention, and carries out an empirical investigation based on the purchase of "No. 1 Pork" in Guangzhou City. Consumer purchase behavior is studied through descriptive statistics analysis and regression analysis. The results shows that the understanding degree and trust degree of consumers for non-pollution pork, the recognition degree of consumers about the color of non-pollution pork, the purchase intentions and willingness to pay as well as the recognition degree of family members and friends are the main influence factors of consumers purchasing non-pollution pork. Besides, sex and culture degree are relatively significant demographic factors.

Fifthly, based on the theory of consumer purchase behavior about marketing stimulations and psychological reactions, this study builds a theoretical model of consumer purchase behavior of organic vegetables from five dimensions including the marketing mix, marketing environment, consumer characteristic, consumer psychology and consumer will. With the empirical investigation to organic vegetables consumers in Guangzhou City, collecting 289 valid respondents, this study carries out descriptive statistics analysis and the ordinal logistic regressions of the factors affecting the consumer purchase behavior. The results show that marketing mix factors such as the recognition degree of organic vegetables prices have significant positive effects on purchase behavior, marketing environment factors such as confidence about production environment have significant negative effects on purchase behavior, consumer characteristic factors such as education degree and family monthly income have significant positive effects on purchase behavior, consumer psychology factors such as anxiety degree of vegetables safety and recognition degree of organic vegetables have significant positive effects on purchase behavior, and consumer willingness factors have significant positive effects on purchase behavior.

Sixthly, this study builds a model of consumer purchase behavior of traceable sub-tropic fruits and examines the effects of six antecedent variables including information quality, product display, traceability, security, trust and preference on purchase intention and purchase behavior. We collect 321 valid respondents from Guangdong, Guangxi and Hainan and use structure equation modeling for empirical test and analysis. The results show that information quality, product display, traceability, security, trust and preference have differently significant positive effects on purchase intention and purchase experience has important moderating effects on the causal relationships between purchase intention and its antecedents.

Seventhly, this study builds a model of consumer purchase decision of the chilled chicken and examines the effects of cognitive factors (fresh, taste, quality safety and price) and emotional factors (habit and innovation) on purchase intention. Collecting 392 valid respondents from Guangdong Province and using structure equation modeling for empirical test and analysis, the results show that quality safety, fresh, taste and innovation have positive influences on purchase intention at different degree, and habit has negative influence on purchase intention. However, price has no significant effect on purchase intention. Furthermore, risk perception has different moderating effects on the relationships between purchase intention and its antecedents.

Eighthly, this study builds a model of consumer trust and purchase willingness and examines the effects of traceability, information quality, harm degree, attitude, brand reputation, government regulation and negative publicity on consumer trust and purchase willingness. Collecting 536 valid respondents from Guangdong and using structure equation modeling for empirical test and analysis, the results show that traceability, information quality, attitude, brand reputation and government regulation have differently positive influences on consumer trust and purchase willingness, and harm degree and negative publicity have differently negative influences on consumer trust and purchase willingness, and consumer trust has positive influence on purchase willingness.

Ninthly, based on the self-perception theory and the perspective of brand equity, and from the nature of the product harm behavior of agricultural enterprises, this study builds a model of consumer adverse selection and examines the effects of negligent harm behavior and deliberate harm behavior on perceived quality, brand association, brand loyalty and in turn consumer adverse selection. Collecting 324 valid samples and using structure equation modeling for empirical test and analysis, the results show that deliberate harm behavior has more negative influences on brand loyalty and perceived quality than negligent harm behavior does; both deliberate harm behavior and negligent harm behavior do not have significant effects on brand association; brand association and brand loyalty negatively affect consumer adverse selection, however, perceived quality does not influence it.

Tenthly, this study uses the three-dimensional model to analysis the crisis management of agricultural products quality and safety. The time dimension is divided into seven stages, the logical dimension consists of seven steps, and the professional dimension covers seven areas. Based on the three-dimensional model, this article puts forward several operational strategies for the crisis management of agriculture products quality and safety from the perspective of the overall efficiency, supply chain models and talent training etc.

Eleventhly, based on the statistical analysis of the recall of 1217 cases of meat and poultry products from 1995 to 2014 in America, this study discusses the present situation, characteristics and mechanism of American food recall. The status of the US food recall is: more species and a wide range; hierarchical management of the primary recall, two recall and three recall; deep processing links and production links are multiple links; capacity limitations of enterprises are the main causes; government, enterprises and Consumers are involved. US food recall relies on the continuous implement of traceability system of food supply chain, adhere to put prevention and control in the important place, effectively protect the consumer safety and social welfare.

In the end, the factors of quality and safety management of agricultural products include physical, rational and humanistic categories. There are the complexity of factors, relations, scale, characteristics and evolution showed in the process of realizing the agricultural economic development and social harmony and stability. Based on legal framework, traceable information system and technical support system, multi-linkage mechanism, integration method from qualitative to quantitative perspectives and the overall optimum and other dimensions, this study puts forward the key links and strategic recommendations to promote the quality and safety management of agricultural products in China.

Key words: agricultural products quality and safety; supply chaim; agricultural enterprises; consumer

目　　录

1 绪 论

1.1 研究背景和研究意义

1.1.1 研究背景

农产品质量安全是当前农业和农村经济工作面临的一个重大问题，不仅关系到城乡居民的消费与健康、农民增收和农业经济发展，更关系到区域经济发展、政府形象和社会稳定。近年来，我国农产品质量安全事故频频发生，天津静海腌菜、江苏太仓肉松、山东龙口粉丝、河南民权葡萄酒、浙江金华火腿、安徽阜阳奶粉、河北三鹿奶粉等事件的曝光，不仅使消费者感到震惊和担忧，还导致了农产品品牌面临危机、企业陷入困境，甚至相关联的行业或区域均遭受冲击。2006 年颁布的《中华人民共和国农产品质量安全法》对农产品质量安全标准、产地、生产、包装和标识、监督检查、法律责任提出了具体规定和实施办法；十七届三中全会更提出了"加强农业标准化和农产品质量安全工作，严格产地环境、投入品使用、生产过程、产品质量全程监控，切实落实农产品生产、收购、储运、加工、销售各环节的质量安全监管责任"的要求。在国民经济不断发展、人民生活水平日益提高、工业化发展快速推进的背景下，如何更有效地实施农产品质量安全管理已成为备受关注和迫切需要研究的课题。20 世纪 90 年代初，国务院发布《关于发展高产优质高效农业的决定》，标志着农业发展进入量质并重的新阶段，农产品质量安全问题成为农业经济理论和政策研究的热点之一。相对于工业产品而言，农产品的生产受到自然环境与条件的制约，同时产品同质化程度较高、流通渠道复杂，利益也涉及农户、农企、政府等多方主体，这无疑给农产品质量安全管理带来一定的困难。从宏观视角来看，政府主导的制度安排是农产品质量安全管理的重要途径，政府监管职能包括构建农产品质量安全标准体系、认证体系、检测体系与法制体系等。虽然，在控制农产品质量安全方面，政府机构能够发挥一定程度的监督作用，但是，近年来发生的水产品质量事件、奶制品污染事件凸显了农产品质量安全风险的症结，分散的小农经济和作坊生产隐匿了危机发生的出处，质量安全问题出现后往往面临追溯困难、难以罚众的困境。因此，许多学者以微观视角重新审视，认为建立一个包括种植、养殖、生产加工、储存、运输、销售环节和政府职能部门共同参与的全过程监管体系是保证农产品质量安全的有效措施，开始关注于从供应链的角度来研究农产品质量安全管理问题。在美国、欧盟、日本等农业生产较为发达的国家与地区，农产品供应链自提出开始便与提高质量安全紧密联系在一起，认为农产品质量安全管理效率有赖于供应链成员间的良好合作和质量契约，而供应链可追溯制度是农产品质量安全管理体系构建的主要依据，供应链信息技术的应用则对农产品质量安全管理系统构建相当重要。农产品供应链涉及与质量安全紧密相关的物流、信息流的控制与管理，农产品供应链质量监管系统的构建需基于过程管理，需形成供应链全过程的可追溯体系以保障农产品质量安全。可见，农产品质量安全管理涵盖宏观、中观和微观层面，贯穿于生产、流通、消费等供应链环节，需要政府和非政府机构、供应链上下游企业、消费者等多方参与。因此，农产品质量安全管理是一项复杂的系统工程，应基于供应链成员的复合视角，采用系统的思维与方法来进行认识与分析。为此，亟须从供应链整体出发，系统地、深入地探究农产品质量安全管理的系统机理、农业企业质量安全控制意愿与质量安全管理模式、安全农产品消费者购买行为等问题。

与此同时，近年来我国频繁爆发的农产品伤害危机不仅对消费者带来生理和心理上的伤害，造成消费者对农业产业、农业企业和农产品质量的信任程度下降，引致农产品竞争力下降、农业企业品牌受损和农业产业市场萎缩，也给政府带来了巨大的挑战。农业部农产品质量安全监管局 2012 年专题调研结果显示，53.1% 的消费者认为我国农产品质量安全问题比较严重，消费者对农产品质量安全风险容忍度很低，一旦发生农产品伤害危机，60.0% 的消费者立即停止购买相关产品并转告亲友，37.4% 的消费者选择投诉。双汇瘦肉精事件发生后，新浪财经对近 17 万网民的问卷调查结果表明，有 84.0% 的受访者表示不再购买双汇肉制品，仅有 8.2% 的受访者表示继续购买，这对双汇集团可能造成的损失接近 200 亿元，接近 2010 年销售收入的 1/5。可见，消费者对农产品质量安全风险承受力低，他们在农产品伤害危机中产生了消费者负面情绪并形成了消费者逆向选择。现实中，毒生姜、生蛆樱桃、致癌香蕉和禽流感等农产品伤害危机引发整个行业出现价格波动和长久震荡等形势屡见不鲜。例如，2013 年毒生姜事件后消费者"闻姜色变"，消费者信任缺失和购买恐慌引起生姜价格暴跌，导致农民种植积极性严重受挫、生姜种植面积和总产量减少，最终推动生姜价格暴涨，产生生姜价格"过山车式"波动的恶性循环。再如，2013 年 3 月我国首次发现人感染 H7N9 禽流感病例，截至 2013 年 5 月 1 日，我国上海、北京和浙江等 10 省（市）共报告确诊病例 127 例，其中死亡 26 例。据国家统计局报道，经历禽流感后上海肉鸡产量萎缩，2013 年肉鸡出栏 2 085.67 万只，下降 28.2%；2014 年 1～5 月，肉鸡出栏 669.52 万只，下降 27.5%。可见，禽流感严重威胁着消费者人身安全，禽流感后消费者负面情绪与消费者逆向选择对家禽养殖产业和禽肉消费市场造成了巨大冲击，严重地抑制着禽肉产量增长，阻碍了禽肉产业发展。基于此，农产品伤害危机引发的消费者负面情绪与消费者逆向选择，对农产品市场稳定、农业企业乃至农业产业持续健康发展产生了严重威胁。消费者逆向选择对农业企业维持市场份额、保护品牌资产极为不利，其扩散作用和溢出效应还可能影响到行业其他企业的持续发展。农产品伤害危机后企业得以重获新生抑或从此沉沦，在很大程度上取决于消费者逆向选择的不良影响。在我国国民经济持续发展、人民生活水平日益提高、工业化发展快速推进和农业产业化进程不断加快的背景下，如何有效及迅速地开展农产品伤害危机修复，实现保障消费者人身安全、促进农业企业持续健康发展、维持社会和谐稳定的目标，将是一个备受关注和迫切需要研究的课题，而研究的重点应关注农产品伤害危机对消费者逆向选择的影响及其治理机制。

1.1.2　研究意义

本书研究的理论意义集中体现在以下方面：

第一，将系统理论、供应链理论在农产品质量安全管理中加以应用。农产品质量安全管理必须从系统全局进行认识，厘清系统要素、系统特征和系统功能，基于农业企业、消费者等农产品供应链成员的视角，对农产品质量安全管理相关主体的意愿和行为，以及管理对策进行全面的、深入的探讨。为此，本书揭示农产品质量安全管理的系统机理、农业企业质量安全控制意愿影响因素、安全农产品消费者购买决策等问题，更好地将系统理论、供应链理论、消费者行为理论与农产品质量安全管理进行有机融合，进一步推动农产品质量安全管理的发展。

第二，进一步开展安全农产品消费者购买行为的细化研究。消费者是安全农产品的市场需求主体，消费者实际购买是安全农产品市场推广的重要前提，也是提高农产品质量安全整体水平的重要基础。为此，本书以基于消费者行为理论，分别构建了无公害农产品、有机农产品、可追溯农产品和冰鲜农产品消费者购买行为研究模型，运用回归分析、结构方程技术等实证研究方法，研究安全农产品消费者购买行为的形成机理，推进了安全农产品消费者购买行为的细化研究。

第三，推动农产品伤害危机治理研究的发展。将产品伤害危机相关研究成果应用于我国农产品伤害危机的特定情景中，厘清农业企业产品伤害行为，阐明消费者逆向选择的现实表征和内在规律，探析农业企业产品伤害行为与消费者逆向选择形成机理，检验理论模型中前因变量、中介变量、调节变量和结果变量之间的关联关系尤为必要。因此，本书可弥补以往研究中的一个薄弱点，推动农产品伤害危机定量化和模型化研究，以实证研究推动农产品伤害危机细化研究的理论进展，拓展现有产品伤害危机研究领域，丰富农产品伤害危机的研究成果。

本书研究的应用价值集中体现在以下方面：

第一，为提升农产品供应链质量安全整体水平提供理论指导。农产品质量安全不仅关系到某一个国家和地区消费者的身体健康和生命安全，更关系到农业发展和农民增收、区域经济发展、政府形象和社会稳定。农业生产的分散、供应链环节的增多、流通范围的扩大，势必增加农产品质量安全风险发生的概率。近年来曝光的农产品质量安全事件反映出供应链管理上存在薄弱环节，而农产品质量安全主要取决于供应链核心企业对质量安全的管理意愿、责任和能力。因此，研究农产品供应链核心企业主导的质量安全管理，提升整个供应链质量安全管理的效率，对于丰富农产品供应链理论，促进现代农业持续健康发展，具有重要的现实意义。

第二，为政府部门和农业企业加强农产品伤害危机治理提供理论依据和决策参考。农产品伤害危机对消费者人身安全、农业企业和农业产业健康发展造成了严重威胁。本书揭示农产品伤害危机消费者逆向选择形成机理，提出农产品伤害危机消费者逆向选择治理策略，为政府部门和农业企业增强农产品伤害危机处理能力提供理论依据和决策参考，对于消除农产品伤害危机负面影响，更好地保障消费者人身安全，维护农业企业和行业声誉，实现农业产业化持续稳定发展，具有重要的现实价值。

第三，为缓解我国农产品质量安全问题提供实践指导。农产品质量安全关系农业产业可持续发展和消费者人身安全，农产品伤害危机不仅对消费者带来生理和心理上的伤害，还会引致农产品竞争力下降、农业企业品牌受损和农业产业市场萎缩。本书针对农产品供应链成员的意愿和行为、农产品伤害危机管理的国际经验等现实问题进行具体的研究与分析，结合理论研究与实证分析结果解决重要的现实问题，为缓解我国农产品质量安全问题提供实践指导。

1.2 国内外相关研究述评

1.2.1 供应链视角下的农产品质量安全管理

20 世纪 90 年代初，国务院发布《关于发展高产优质高效农业的决定》，标志着农业发展进入量质并重的新阶段，农产品质量安全问题成为农业经济理论和政策研究的热点之一。例如，王玉环和徐思波（2005）对农产品质量安全供给中政府职能的研究，以及于冷（2004）、金发忠（2004）、崔卫东和王忠贤（2005）、成昕（2006）对构建农产品质量安全标准体系、认证体系、检测体系与法制体系的探讨。这些研究大多集中于宏观层面，着重于政府主导的制度安排。胡定寰（2005）指出虽然在控制农产品的安全和质量方面，政府机构能够发挥一定程度的监督作用，但若不同时建立起有效的安全、优质农产品供应链，不仅政府的监督成本很高，监督的效果也不会理想。近年来发生的水产品质量事件、奶制品污染事件凸显了农产品质量安全风险的症结，分散的小农经济和作坊生产隐匿了危机发生的出处，质量安全问题出现后往往面临追溯困难、难以罚众的困境。因此，许多学者开始关注于从供应链的角度来研究农产品质量安全问题。吴子稳等（2007）认为农产品供应链是围绕农业核心企业，通过对物流、资金流、信息流、组织流进行整合和控制，联结农资供应、农产品生产、加工、流通、销售的各个环节和主体，使之成为一个整体功能的网状结构，即联结农户到消费者的增值链条。张煜和汪寿阳（2010）认为农产品供应链应由核心企业主导各节点的合作与协调，涉及与质量安全紧密相关的物流、信息流的控制与管理。基于质量安全构建农产品供应链，核心企业必然也必须有所担当，这一问题开始引起学术界的重视。例如，胡定寰等（2006）对农产品超市供应链的研究，袁康来和杨亦民（2006）对农业食品供应链与可追溯性的研究，钱莹和王慧敏（2007）基于过程管理对农产品供应链质量管理系统的研究，陈小霖和冯俊文（2007）通过农产品质量安全演化博弈与供应链演化的研究，这些研究成果有着重要的启迪意义。在美国、欧盟、日本等农业生产较为发达的国家与地区，农产品供应链自提出开始便与提高质量安全紧密联系在一起。Zuurbier 等（1996）指出农产品供应链管理有利于提高其质量安全和物流服务水平。Ziggers 和 Trienekens（1999）认为供应链成员间的良好合作和质量契约有利于保证农产品质量安全。Maurizio 等（2010）提出可追溯制度与食品质量安全管理体系是农产品供应链组织重构的主要依据之一。Hobbs 等（2005）发现供应链可追溯系统主要有对有安全隐患食品的召回以降低公共成本、明确食品问题的责任主体、减少消费者购买食品时的信息成本三方面功能。国外农产品供应链已经发展到相当高的程度，其质量安全管理经验值得深入借鉴。

综上所述，基于供应链管理促进农产品质量安全的观点已经得到学者们的一致认同。但是，已有的研究在不同的分析框架下讨论供应链管理与农产品质量安全问题，未曾对供应链质量安全管理效率进行评价，忽视了核心企业能力与农产品质量安全绩效的内在联系；同时，对不同供应链模式下的农产品质量安全管理对策分析也略显不足。

1.2.2 安全农产品消费者购买行为

在畜产品消费者购买行为研究方面，农产品质量认知和销售渠道等因素会显著影响消费者对加贴质量认知标签牛肉的购买频率（Sepulveda，Maza and Mantecon，2008）；低碳猪肉消费者支付意愿的影响因素包括低碳猪肉价格、消费者低碳农产品认知度及消费者个人特质（周应恒，吴丽芬，2012）；消费者对质量安全认证的了解程度显著影响生鲜认证猪肉消费者偏好与购买行为的一致性（韩青，2011）；消费者习惯、追责意识、猪肉品牌识别程度、对品牌猪肉可追溯性信任程度、购买成员、性别、年龄、是否有小孩等都显著影响品牌猪肉消费者购买行为（刘增金等，2016）。此外，有研究认为技术支持、产品质量和购买环境会影响消费者在风险感知下品牌猪肉购买意愿（柴继谨，王凯，2016）。

在家禽产品消费者购买行为研究方面，产品质量、价格和安全性是影响消费者购买行为的重要因素，风味和营养也对家禽产品消费者购买行为有一定的影响（杨庆先，陈文宽，2010）；感知利得和信任态度对肉鸡消费者购买意愿有正向影响，而感知风险对消费者购买意愿有负向影响（文晓巍，李慧良，2012）；家庭人口、每月购买次数、产品安全重视度、顾客满意度、地域环境和品牌关注度等显著影响家禽产品消费者购买意愿（张晓等，2015）。

在其他食品消费者购买行为研究方面，食品属性、消费者认知程度、消费者对健康关注程度等对黑麦面包与酸奶消费者购买行为有着显著影响（Pohjanheimo and Sandell，2009）；在食品质量安全事件后，消费者态度及主观规范等心理因素对安全农产品消费者购买行为有着显著影响，如产品特性、价格、渠道和宣传对有机农产品消费者购买行为均具有正向影响作用（Mazzocchi，Lobb and Traill，2008）；环保意识对有机农产品价格与消费者购买行为之间的关系有显著调节作用（周凤杰，2015）；文化程度、家庭月收入、对有机蔬菜价格的认同程度、对有机蔬菜安全的忧患程度、对有机蔬菜的了解程度和查询意愿都显著正向影响消费者购买行为（张蓓等，2014）；文化程度、家庭结构、对健康和食用油口感重视程度、营养重视度、品牌信任度等是影响小品种食用油消费者购买行为重要因素（卢素兰，刘伟平，2016）；可追溯性、安全性、信息质量、产品展示、信任和偏好对可追溯亚热带水果消费者购买动机有不同程度的积极影响，购买经历对购买动机与其影响因素之间的因果关系具有重要的调节效应（张蓓，林家宝，2015）；安全性、品质、感官属性、收入水平、购买频率和风险感知等影响生鲜农产品消费者偏好（聂文静等，2016）；年龄、文化程度、收入水平、对产品质量安全性的要求、对产品新鲜程度的要求、对产品原产地的重视程度、对产品品牌的重视程度和对亲友推荐的认可程度均对库尔勒香梨消费者购买行为有正向影响（刘瑞峰，2014）。

由此可见，以往安全农产品消费者购买行为的相关研究，研究对象主要涵盖了畜产品、家禽产品、蔬菜和水果等类别，研究方法主要运用描述性统计分析、回归分析和结构方程模型等，大多数从消费者个体特征、消费者认知等角度考虑消费者购买决策的影响因素。以往研究基于不同的逻辑框架研究安全农产品消费者购买行为的形成机理，但对无公害农产品、有机农产品、可追溯农产品和冰鲜农产品开展系统、深入的探究的研究成果较为少见，此外，考虑购买经历、风险感知等因素的调节效应的研究成果较为缺乏。

1.2.3 农产品伤害危机与消费者逆向选择

产品伤害危机的突发性对消费者造成了一定的心理负担，导致消费者对危机产品产生潜在风险预期和购买恐慌，继而引致市场销售萎缩。Slovic 等（2002）强调消费者情绪对产品伤害危机风险感知和消费者行为的重要作用；Siomkos 等（2001）检验了消极情绪和积极情绪对于消费者对产品伤害危机企业态度的影响；Eisenstadt 等（2005）研究了消费者情绪失调与消费者态度转变之间的关系，并指出产品伤害危机后消费者态度转变与价值观、情感和情绪之间存在紧密联系。因此，产品伤害危机处理的关键在于消除消费者负面情绪，恢复消费者购买意愿。国内外学者们关注产品伤害危机对消费者态度和行为的相关研究：产品伤害程度（Robbennolt，2000）、企业社会责任（Klein and Dawar，2004）、政府和专家响应（Siomkos and Kurzbard，1994）、媒体报道（Klein and Dawar，2004）、消费者个体特征（Harris and Miller，2000）等对消费者购买意愿和购买行为有重要影响。产品伤害危机危机发生频率、信息披露和品牌评价（Erdem and Swait，2004），以及企业声誉（王新宇，余明阳，2011）是影响消费者信任修复的重要因素。此外，消费者根据对产品伤害危机的认知产生相应的负面情绪，负面情绪降低消费者购买意愿，消费者会采取一定的行动以缓解其负面情绪（汪兴东等，2013）。当消费者受到不公平待遇或身心受到伤害时，他们会产生苦恼情绪，为了消除这种消极情绪，消费者会采取忍耐、逃避或发泄怨气等逆反行为（邬金涛，江盛达，2011）。消费者逆向选择是指消费者在消费情境中表现出的不友好举止，并会影响销售服务人员的工作状态及其他顾客和公众的情绪，包括在销售场合谩骂，对产品质量故意挑剔、破坏服务流程和损坏服务设施等（Fullerton and Punj，2004）。产品伤害危机属于突发事件，其引致的消费者负面情绪和消费者逆向选择具有即时性、情景化和复杂性的特点（阎俊，余秋玲，2010）。Fullerton 和 Punj（2004）总结了影响消费者逆向选择的三类因素，包括人口统计特征、心理特征和社会因素。产品伤害危机情景中消费者逆向选择表现出多样化的特征。涂铭等（2013）构建了产品伤害危机中消费者情绪、动机和行为之间的关系模型，实证结果表明，消费者愤怒情绪对负面口碑、转换购买和企业抱怨等消费者逆向选择有正向显著影响。任金中和景奉杰（2013）运用回归分析与方差分析方法检验产品伤害危机对消费者抱怨意愿的影响，研究结果表明，产品伤害危机类型对消费者抱怨意愿有着显著影响。农产品伤害危机发生后，补救策略、可追溯性和公信力对消费者消极情绪有不同程度的负向显著影响；负面宣传和不良口碑对消费者消极情绪有不同程度的正向显著影响；消费者消极情绪正向显著影响消费者逆向选择（张蓓，万俊毅，2014）。因此，产品伤害危机消费者逆向选择形成机理错综复杂，它是制定产品伤害危机修复策略的重要依据之一。

国内外学者针对产品伤害危机对消费者感知和购买意愿的影响等问题展开了相关研究，基于消费者感知风险、消费者购买意愿等视角研究产品伤害危机对消费者造成的消极影响。此外，以往的研究对象涵盖工业品、药品和食品等种类，涉及笔记本、汽车、牙膏、止痛贴、果汁和奶粉等具体案例，研究方法主要是定性分析、描述性统计分析、回归分析、因子分析、层次分析和随机模型分析等。在加强农产品质量安全风险控制，保障消费者人身安全，推进农业产业化进程的背景下，尽管学者们在开展产品伤害危机相关研究中以食品为研究对象，然而，以往研究专门针对农产品伤害危机的实证研究成果尚不多见。已有的研究成果主要围绕产品伤害危机类型、企业内外部应对策略、消费者感知、消费者信任和消费者购买意愿等主题展开，分析了产品伤害危机应对策略、消费者态度和消费者购买行为的影响因素，大多仅选择品牌声誉、企业社会责任等变量构建理论模型并进行实证检验，缺乏对消费者逆向选择形成机理的综合研究。因此，已有的研究存在一定的局限，仍存在值得进一步深究的问题。

1.3 研究内容与创新点

1.3.1 研究内容

农产品质量安全管理是一项复杂的系统工程，需要农产品供应链成员多方参与。本书对农产品质量安全管理的系统机理、农业企业质量安全控制意愿、安全农产品消费者购买行为，农产品伤害危机消费者逆向行为等一系列问题进行了深入研究。首先，对系统视角下的农产品质量安全管理的要素、特征和机理进行了研究，探讨了农产品质量安全管理过程系统的可靠性、农产品质量安全管理技术系统的复杂适应性，进而提出了农产品质量安全管理的优化思路与对策。其次，实证研究了农产品供应链核心企业质量安全控制意愿模型，并对农产品供应链核心企业质量安全管理模式进行了比较研究。再次，实证研究了无公害农产品、有机农产品、可追溯农产品和冰鲜农产品消费者购买行为模型，揭示了安全农产品消费者购买决策形成机理和影响因素。此外，实证研究了农产品伤害危机情景下消费者信任与购买意愿模型、消费者逆向行为模型。最后，借鉴了农产品伤害危机管理的国际经验，并提出了农产品质量安全管理的复杂性及其治理方法。

本书的主要研究内容如下：

（1）农产品质量安全管理的系统机理。第2章运用过程系统及其可靠性的理论和方法，分析农产品供应链质量安全过程系统可靠性的"人—机—环境"的综合作用。基于过程系统的综合集成，从提升人员素质，创新协作模式，加强技术支撑，统一技术标准，构建追溯体系，健全监管制度和坚持整体最优七方面，探讨提高农产品供应链质量安全过程系统可靠性的策略建议。与此同时，农产品质量安全的关键在于技术创新和应用。农产品质量安全技术系统的复杂适应性表现为聚集、非线性、流和多样性4个特征以及标识、内部模型和积木3种机制。基于复杂适应系统的运作机理，激励主体创新，促进主体协同，提供环境支撑，实现农产品质量安全技术系统的均衡发展和整体最优。

（2）农产品供应链核心企业质量安全控制意愿。第3章构建了农产品供应链核心企业质量安全控制意愿模型，分析了农业企业能力、农业企业社会责任、农产品供应链协同程度、农产品供应链信息共享程度、竞争压力、消费需求、政府监管力度和媒体监督力度8个前因变量对农产品供应链核心企业质量安全控制意愿的影响。实证结果表明，农业企业能力、农产品供应链协同程度、农产品供应链信息共享程度、消费需求和政府监管力度对农产品供应链核心企业质量安全控制意愿具有不同程度的显著的正向影响，媒体监督力度对农产品供应链核心企业质量安全控制意愿具有显著的负向影响。

（3）农产品供应链核心企业质量安全的管理模式。第4章集中研究农产品供应链核心企业质量安全的管理模式，它们在实践中形成了农产品供应链核心企业源头控制型、加工控制型、流通控制型、终端控制型和营销控制型等不同质量安全管理模式。农产品供应链核心企业应立足各地区农业产业化进程、农业科技进步和消费需求变化等实际，进行角色选择和职能定位，选择内部控制、外部协同和环境调适等质量安全管理路径，发挥主导作用实现农产品供应链质量安全管理的整体最优。

（4）无公害农产品消费者购买行为。第5章从个人因素、社会因素、文化因素、心理因素、产品因素和购买意愿6个维度，构建消费者对无公害猪肉购买行为研究模型。实证结果表明，家庭成员对消费者购买无公害猪肉的认同程度，消费者对无公害猪肉的信任程度，消费者对无公害猪肉的购买意愿和支付意愿是影响消费者对购买无公害猪肉购买行为的最显著因素；亲朋好友对消费者购买无公害猪肉的认同程度，消费者对无公害猪肉的了解程度和消费者对无公害猪肉色泽的认可程度是影响消费者对购买无公害猪肉购买行为的较显著因素；性别和文化程度是比较显著的人口统计学影响因素。

（5）有机农产品消费者购买行为。第6章基于营销组合、营销环境、消费者特征和消费者心理4个维度，构建了消费者有机蔬菜购买意愿和行为理论模型。实证结果表明，对有机蔬菜价格的认同程度是显著正向影响购买意愿的营销组合因素，对有机蔬菜产业技术环境的信心是显著负向影响购买意愿和行为的营销环境因素，文化程度和家庭月收入是显著正向影响购买意愿的消费者特征因素，消费者对蔬菜安全的忧患程度、对有机蔬菜的了解程度和查询意愿是显著正向影响购买意愿和行为的消费者心理因素，购买意愿对购买行为有显著正向影响。

（6）可追溯农产品消费者购买行为。第7章构建了可追溯亚热带水果消费者购买行为模型，分析了信息质量、产品展示、可追溯性、安全性、信任和偏好6个前因变量对可追溯亚热带水果消费者购买行为的影响，并讨论了购买经历的调节作用。实证结果表明，可追溯性、安全性、信息质量、产品展示、信任和偏好对消费者购买动机有不同程度的显著影响，购买经历对购买动机与其影响因素之间的因果关系具有重要的调节效应。

（7）冰鲜农产品消费者购买行为。第8章从认知因素（保鲜度、口感、质量安全性和溢价）和情感因素（习惯和创新性）两个方面构建了一个冰鲜鸡消费者购买决策模型，分析了购买动机的影响因素，并进一步讨论了风险感知的调节效应。实证结果表明，质量安全性、保鲜度、口感和创新性对购买动机有不同程度的正向显著影响，习惯对购买动机有负向显著影响，而溢价对购买动机没有显著影响，风险感知对影响因素与购买动机之间的因果关系具有重要的调节效应。

（8）农产品伤害危机对消费者信任与购买意愿的影响。第9章基于产品因素、企业因素和环境因素的综合视角，构建了由可追溯性、信息质量、伤害程度、应对态度、品牌声誉、政府监管、负面宣传、消费者信任和购买意愿9个结构变量构成的农产品伤害危机后消费者信任与购买意愿模型。实证结果表明，可追溯性、信息质量、应对态度、品牌声誉和政府监管对消费者信任具有不同程度的正向显著影响，伤害程度和负面宣传对消费者信任有负向显著影响，消费者信任正向显著影响购买意愿。

（9）农产品伤害危机对消费者逆向选择的影响。第10章从农业企业产品伤害行为的性质出发，以自我感知理论为基础，基于品牌资产视角构建了一个消费者逆向选择理论模型，分析了过失伤害行为和蓄意伤害行为对品牌资产3个维度和消费者逆向选择的影响。实证结果表明，蓄意伤害行为和过失伤害行为对品牌忠诚和感知质量都有显著的负向影响，其中蓄意伤害行为的影响更大；不管是蓄意伤害行为还是过失伤害行为，其对品牌联想都没有显著的影响；品牌联想和品牌忠诚对消费者的逆向选择有显著的负向影响，而感知质量对消费者逆向选择没有影响。

（10）农产品伤害危机的管理范式及其应用。第 11 章运用系统工程方法论可构建时间维、逻辑维和专业维三维结构模型。其中，时间维分为七阶段，逻辑维包括七步骤，专业维涵盖七领域。基于此模型分析，可从整体效益、供应链模式、人才队伍建设等角度为农产品伤害危机管理提供可操作性的应用策略。

（11）农产品伤害危机管理的国际经验：美国食品召回案例。第 12 章通过对美国 1995—2014 年 1 217 例肉类和家禽产品召回事件的统计分析，探讨了美国食品召回的现状、特征与机制。美国食品召回的现状是种类多、范围广；实行一级召回、二级召回和三级召回分级管理；深加工环节和生产环节是多发环节；食品企业能力局限是主要原因；政府、食品企业和消费者多方参与。美国食品召回依托食品供应链可追溯系统持续实施，坚持预防与控制并重的宗旨，有效地保护了消费者安全和社会福利。

（12）农产品质量安全管理的复杂性及其治理。第 13 章分析了农产品质量安全管理的物理、事理和人理三类要素，提出了农产品质量安全管理的系统目标是实现农业经济发展和社会和谐稳定的功能，农产品质量安全管理的系统目标是要素、关系、规模、特征和演进的复杂性，基于法制框架、追溯信息系统、技术支撑体系、多方联动机制、从定性到定量综合集成方法和整体最优原则等维度，提出推进我国农产品质量安全管理的关键环节和策略建议。

本书的研究内容与研究思路如图 1-1 所示。

1.3.2 创新点

农产品质量安全管理对于保障消费者人身安全，建设农业企业品牌形象，提升农产品市场竞争力和实现社会和谐稳定攸关重要。供应链成员视角下农产品质量安全管理的内在机理，以及企业行为与消费者决策的形成机理和特殊规律尚有待深入探究，本书拟在此方面进行探索性尝试。因此，本书的创新之处体现在以下几个方面：

（1）从供应链管理成员视角研究农产品质量安全管理，探讨农产品质量安全管理的系统机理，研究农业企业、消费者等农产品供应链成员的态度、行为与决策机制，对现有理论研究提供补充。

（2）将供应链管理、系统理论和方法综合运用到农产品质量安全管理领域，构建相关理论研究模型，同时通过实地调研，与典型农业企业深度访谈、向消费者发放调查问卷获取一手数据并进行理论假设的检验，研究方法具有先进性。

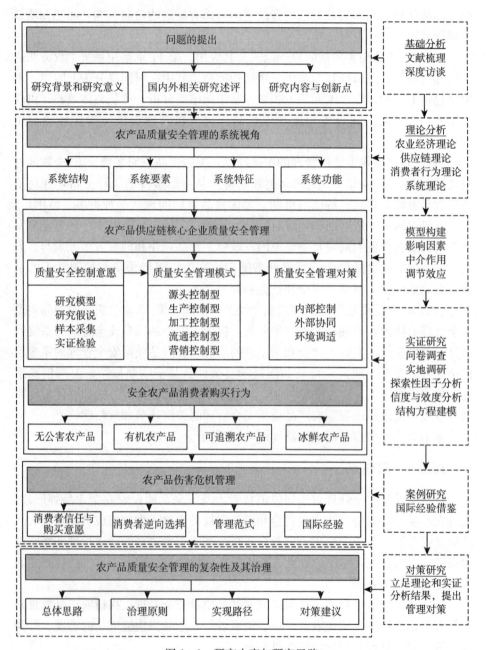

图1-1 研究内容与研究思路

（3）将产品伤害危机问题具体化，立足农产品伤害危机情景，结合消费者行为理论研究消费者逆向选择形成机理，推动产品伤害行为分类研究和细化研究的进展，为现有的产品伤害危机研究成果提供补充，为农产品伤害危机研究提供新的思路，为农产品伤害危机管理献计献策。

（4）尝试在农产品质量安全管理实证分析方法上突破。当前关于农产品质量安全管理相关研究中，大多数运用描述性统计分析、案例分析和回归分析等方法，本书构建若干研究模型，运用结构方程技术和实验室实验等研究方法实证分析农业企业质量安全控制意愿、安全农产品消费者购买行为、消费者逆向选择等的形成机理，并检验调节变量的效应，在研究方法上努力突破。

2 农产品质量安全管理的系统机理

2.1 农产品质量安全过程系统的可靠性

农产品供应链质量安全是一个由若干相互作用的子系统结合而成的统一体，是一个典型的过程系统。农产品供应链必须立足系统过程，通过前后承接的各节点协作而共同实现质量安全（钱莹，王慧敏，2007）。本研究运用过程系统及其可靠性理论，分析农产品供应链质量安全过程系统的要素和特征，研究农产品供应链质量安全过程系统"人"的可靠性、"机"的可靠性和"环境"的可靠性，探讨提升农产品供应链质量安全过程系统可靠性的对策建议。

2.1.1 农产品质量安全过程系统的要素和特征

系统工程理论认为，连续作业的行业和企业具备过程系统的特征，即各种原材料在连续流动过程中，经过生化物理等反应过程，发生了相应的质量和结构变化，各要素组合而实现系统的整体功能，过程系统是由"人—机—环境"高度综合的复杂系统。相应地，农产品供应链质量安全过程系统包括人、机和环境三要素。

（1）农产品质量安全过程系统的要素。农产品质量安全过程系统的"人"是广义的系统主体概念，即农产品供应链上下游环节中对质量安全管理过程具有独立意识和行为的组织和个人，包括农产品供应链节点企业、节点企业内部的管理人员、技术人员、销售人员和营销服务人员，以及政府、行业组织、农户和消费者。

农产品质量安全过程系统的"机"也是一个宽广的系统概念，即农产品供应链各环节和节点使用的硬件和软件，包括生产、加工、包装、仓储、物流、零售和检测过程中使用的机器设备、装置仪器、信息系统以及相关的知识、方法和技术。

农产品质量安全过程系统的"环境"是指对过程系统产生直接和间接作用的外部因素，包括资源环境、经济环境、社会环境、法制环境和技术环境。环境对农产品供应链质量安全过程系统产生反复作用，提供资源禀赋、市场动力、观念引导、制度约束和科技支撑。其中，资源环境是指土壤、水体、空气和投入品等；经济环境是指在国民经济整体发展的背景下农业产业结构升级和农产品国际贸易发展水平；社会环境是指农产品质量安全责任及宣传媒体舆论的监督及导向等；法制环境指与农产品质量安全相关的法律法规体系，如《中华人民共和国农产品质量安全法》、农产品可追溯制度、假冒伪劣投诉制度、农产品危机信息发布制度等；技术环境指农产品质量安全技术成果的标准化收集、数字化表达和网络化共享。

（2）农产品质量安全过程系统的特征。农产品质量安全过程系统是以消费者对安全农产品需求为导向，将供应链作为一个系统来严格控制农产品在生产、加工、流通和消费过程中的质量安全风险，对整个农产品供应链的物流、资金流、信息流进行计划和协调，并通过利益分配和监管机制提高质量安全管理的效率和效益。农产品供应链质量安全过程系统呈现整体性、复杂性、涌现性和可追溯性等特征。

农产品质量安全过程系统的整体性。农产品供应链在专业化分工的基础上，通过人、机和环境的有机整合，对各节点企业的质量安全管理进行协作和无缝链接，使农产品供应链形成质量可靠性的整体功能，即实现对农产品质量安全风险的预防和预警，对农产品质量安全事故的处理和整改，从而提高农产品供应链对质量安全的控制能力。

农产品质量安全过程系统的复杂性。农产品供应链质量安全过程系统的复杂性既取决于农产品属性的特殊性，也取决于农产品供给与需求的矛盾性。一方面，农产品生产受资源和气候的影响，使农产品供应链各节点对农产品质量的生物属性、化学属性的管理难度高，质量的标准化程度难以控制。另一方面，农产品生产的季节性、地域性与消费的持续性、普遍性的时空矛盾，使农产品质量安全经历的链条较长，涉及的主体众多，产生的风险较多，从而加剧了农产品供应链质量安全过程系统的复杂性和不稳定性。

农产品质量安全过程系统的涌现性。农产品供应链质量安全过程系统受全球、国家和地方因素的多重影响，具有预测环境变化、适应环境变化而不断调整的能力，通过与外部环境的交互作用，不断进行自组织运动而演变发展。在演进过程中，由于各种系统外界因素和系统内部因素的不确定性影响，导致农产品供应链各环节不断产生新的质量安全隐患和质量安全事故，即过程系统的要素在内外因素综合作用下不断调适而涌现出新的系统特征和结构，相应地不断涌现新的系统功能。

农产品质量安全过程系统的可追溯性。农产品生产、消费和流通的客观特点决定了农产品供应链上下游主体之间存在信息不对称，而信息不对称再导致了农产品质量安全的潜在风险和危机。因此，正确、完整的质量安全信息的记录、保存、传递和共享，决定了农产品供应链节点企业内部、节点企业之间以及相关主体协同控制质量安全能力的强弱。信息共享与信息管理使农产品供应链质量安全过程系统具备可追溯性。

2.1.2 农产品质量安全过程系统的可靠性

过程系统的可靠性是指组成系统在规定条件下和规定时间内，相互协调，正确完成规定功能的能力的综合度量。由于组成过程系统的各要素相互独立而又彼此关联，因此，过程系统的可靠性并非各个子系统的简单叠加。农产品供应链质量安全过程系统的可靠性就是保持生产、加工、流通和服务等过程长时间的高度可靠，把农产品质量安全风险和事故发生率降到最低。农产品供应链质量安全过程系统的可靠性通过"人"的可靠性、"机"的可靠性和"环境"的可靠性共同实现，如表2-1所示。

表2-1 农产品质量安全过程系统可靠性

可　靠　性		含　义
人	素质可靠性	农产品供应链各环节参与主体具备过硬的专业知识和熟练的操作技能
	合作可靠性	农产品供应链各环节参与主体树立质量安全防范意识和社会责任
机	固有属性可靠性	农产品供应链各环节的设备、仪器、工具及一切技术解决方案具备能有效预防和控制导致农产品污染和质量不安全因素的能力
	安全标准可靠性	农产品供应链各环节的设备、仪器、工具及一切技术解决方案具备先进性，并建立统一的质量安全标准
	应急能力可靠性	农产品供应链各环节的硬软件设施设备具备在防范、预警、控制、处理、评估、整改和恢复各过程的应急处理能力
环境	资源环境可靠性	气候、水体、土壤等从源头和产地投入环节保障农产品供应链质量安全
	经济环境可靠性	农业结构转型、农产品国际贸易发展、农产品消费需求升级为农产品供应链质量安全提供市场供给和消费需求的动力保障
	社会环境可靠性	社会诚信体系建设、涉农企业社会责任、消费者安全消费意识等营造农产品供应链质量安全的人文氛围
	法制环境可靠性	法律法规和相关制度明晰农产品供应链质量安全的具体操作规范和责任
	技术环境可靠性	农业科技进步为农产品供应链物流、资金流和信息流提供技术支撑

2.1.2.1 农产品质量安全过程系统"人"的可靠性

（1）素质可靠性。"人"是农产品供应链质量安全过程系统的主体因素，素质可靠性包括两层含义：一是农产品供应链各环节参与主体具备过硬的专业知识和熟练的操作技能；二是农产品供应链各环节参与主体树立质量安全防范意识和社会责任。

（2）合作可靠性。合作可靠性是指供应商、种植者、养殖者、加工者、中介代理、批发商、物流服务经销商和消费者等农产品供应链主体构成协作共赢的组织形式。首先，培育种植企业、养殖企业、加工企业、批发市场、超市、专卖店、电子商务企业以及物流配送、运输、信息、仓储等市场主体是合作可靠性的前提。扶持适应农业现代化发展的农产品专业化经营企业的成长，改变农产品生产流通的分散、小规模局面，通过提升主体的规模化、集约化、规范化程度来保障农产品质量安全。其次，农产品供应链组织模式是合作可靠性的关键，以农业龙头企业、农业产业基地和农民合作社为核心等新型农产品供应链合作模式将上游分散农户有机地组织起来，与处于农产品供应链中下游的加工企业、批发企业、零售企业和物流服务企业建立战略合作关系，以保证农产品质量安全。再次，农产品供应链质量安全监管体制是合作可靠性的保障。发挥政府在农产品供应链过程系统整合中的宏观调控和政策引导职能，通过完善市场准入机制、技术检测机制、监督机制、预警机制和利益机制等保障农产品供应链质量安全。

2.1.2.2 农产品质量安全过程系统"机"的可靠性

（1）固有属性可靠性。农产品质量安全的核心在于科技进步。固有属性可靠性是指从生产到销售整个过程中所使用的设备、仪器、工具及一切技术解决方案具备能有效预防和控制导致农产品污染和质量不安全因素的能力。针对鲜活农产品和加工品品质特征对生产和储运的特殊要求，固有属性的可靠性要求根据蔬菜、畜产品、水产品和食品等不同类型的农产品供应链配备并及时更新硬件设施和软件系统。

（2）安全标准可靠性。安全标准可靠性是指农产品供应链质量安全过程系统各环节的设备、仪器、工具及一切技术解决方案必须建立统一的质量安全标准，既要让农产品供应链各设备发挥各自最大效用，又要建立共同的质量安全管理目标和信息共享机制，实现过程系统质量安全的整体最优。

（3）应急能力可靠性。应急能力可靠性是指农产品供应链的软硬件设施设备具备在防范、预警、控制、处理、评估、整改和恢复各过程的应急处理能力。一方面，做好对供应链各环节质量安全风险的预防和预警，发现和识别潜在风险，发出质量安全危机警报，减少质量安全危机的突发性，保证资源、饲料、添加剂、物料、设备、技术的科学、安全与卫生。另一方面，当农产品质量安全事故爆发后，应运用可追溯系统对有质量安全问题的农产品实施召回，对召回的问题农产品立即进行检测和销毁，并根据质量安全症结对供应链相关企业进行流程再造。

2.1.2.3 农产品质量安全过程系统"环境"的可靠性

"环境"可靠性是指供应链过程系统所处的外部环境为农产品质量安全过程管理提供保障。气候、水体、土壤等影响着农产品产地和投入品的安全，从源头对农产品供应链质量安全把关。农业经济结构转型、农产品国际贸易发展、农产品消费需求升级为农产品供应链质量安全提供市场供给和消费需求的动力保障。社会诚信体系建设、涉农企业农产品质量安全的社会责任、消费者安全消费意识观念等营造了农产品供应链质量安全的人文氛围。针对不同种类的农产品供应链，法律法规和相关制度明晰了农产品质量安全的具体操作规范和责任。此外，农业科技进步为农产品供应链物流、资金流和信息流提供技术支持体系。

2.1.3 提升农产品质量安全过程系统可靠性的思路

为提升农产品质量安全过程系统的可靠性，必须从"人"的可靠性、"机"的可靠性和"环境"的可靠性三方面着手，提升人员素质，创新协作模式，加强技术支撑，统一技术标准，构建追溯体系，健全监管制度，坚持整体最优。

（1）提升农产品供应链质量安全人员素质。提升农产品供应链质量安全过程系统的可靠性首先要加强人员专业技能培训，可由国家农业部、地方各级主管部门、农业行业协会和涉农企业组织针对不同专题、覆盖不同地域的农产品供应链质量安全日常防范和应急管理等专题，采取理论学习与案例分析相结合、集中授课与分组讨论相补充的形式，从应急能力提升、信息发布、法律法规、案例分析等方面，对从业人员进行全面综合培训。

（2）创新农产品供应链质量安全协作模式。提升农产品供应链质量安全过程系统的可靠性必须促进供应链成员间的质量契约，形成相对稳定的战略联盟体系。农产品质量安全主要取决于供应链核心企业对质量安全的管理意愿、责任和能力。基于我国农产品供应链发展的基本情况，以不同类型的供应链核心企业为主导，建设"农贸市场＋农业合作组织＋农户""龙头企业＋基地＋农户""超市＋基地＋农户"等协作模式。针对不同模式的运作特点，分析农产品产地环境、投入品、生产过程、加工储运、市场准入5个关键质量安全控制节点，根据不同协作模式下农产品质量安全可靠性的影响因素、管理效率、控制重点与难点，分别制定并实施相应的质量安全管理对策。

（3）加强农产品供应链质量安全技术支撑。农产品供应链质量安全过程系统的可靠性离不开科技支撑。一方面，在农产品育种、养殖、生产、加工、包装、保鲜和运输等环节，需要研发并推广质量安全技术，普及质量安全意识、知识和技能，如科学使用农药、兽药、肥料、饲料及添加剂等农业投入品、规范使用保鲜剂、防腐剂等材料。另一方面，农产品质量安全需要加强信号显示，实施品牌管理、商店陈列展示、多媒体广告等营销技术手段。为此，必须建设农产品质量安全科技研发中心和科技培训基地，加强农产品质量安全技术在农业生产加工企业、农产品生产基地和农产品流通营销企业中的应用推广。

（4）统一农产品供应链质量安全技术标准。统一农产品供应链质量安全技术标准建设是提高农产品质量安全过程系统可靠性的关键。首先，构建无公害农产品、绿色农产品和有机农产品等统一的生产加工技术标准和物流运作规范，可提高技术转移效率，保证各成员有较强的农产品质量安全保障意识和控制能力。其次，创建农产品质量安全标准物质测量指标，全面提升农产品供应链质量安全的检测水平。

（5）构建农产品供应链质量安全追溯体系。构建农产品供应链质量安全过程系统的可追溯体系，建立农产品生产经营档案登记制度，记录生产者以及基地环境、农业投入品的使用、田间管理、加工和包装等信息，确保在农产品出现产品质量问题时，能够快速有效地查询到出问题的原料或加工环节，必要时进行产品召回，实施有针对性的惩罚措施。必须按照品种分别建立肉类供应链的质量安全追溯信息系统、家禽供应链的质量安全追溯信息系统、水产品供应链的质量安全追溯信息系统、蔬菜供应链的质量安全追溯信息系统和水果供应链的质量安全追溯信息系统等，提升对农产品质量安全危机的预防、处理和恢复能力。

（6）健全农产品供应链质量安全监管制度。健全监管制度可保障农产品供应链质量安全稳定性。一是完善质量安全监管法律法规，加大农产品质量安全法律惩治力度，提高农产品质量安全的违法成本，提升农产品供应链质量安全过程系统的可靠性；二是理顺政府部门、第三方组织、涉农企业、消费者和媒体等农产品供应链质量安全主体的关系，实施多方联动监管机制，尤其注重政府和市场以外的第三方监管力量的培育。

（7）坚持农产品供应链质量安全整体最优。既要充分发挥"人""机"和"环境"各自的优势，又要注重要素之间的相互影响、相互制约而形成的特定关系，追求质量安全管理整体成本最小化和效益最优化。因此，农产品供应链质量安全过程系统既要重点关注龙头企业，也要考虑小规模生产作坊；既要从供应链的源头抓起，也要对生产、加工、流通和消费进行全过程监控；既要发挥政府监管的主导力量，又要培育非政府组织等第三方监管力量；既要追求经济效益，又要兼顾社会效益和生态效益。

2.2 农产品质量安全技术系统的复杂适应性

2.2.1 农产品质量安全技术是一个复杂适应系统

农产品质量安全技术的研究是多维的。许多学者从不同的视角对农产品质量安全技术进行了研究和探讨，总体来说可以分为 3 种类型：第一种类型的研究专注于某一种或某一类具体技术、方法或标准在农产品质量安全中的应用，例如将 GIS 技术应用于农产品安全溯源、将分子生物技术应用于农产品安全检测、将 RFID 技术应用于农产品安全监控等。此类研究中，赵春明（2007）从控制技术、检测检验技术和追溯技术三方面对农产品质量安全技术进行了很好的分类，具有一定的借鉴意义；在农产品质量安全标准方面，中国农业科学院农业质量标准与检测技术研究所发布了一系列的实操性丛书，对农产品质量安全的具体实施有很好的指导作用。第二种类型着重以某种理论为依据，研究农产品质量安全技术的经验创新和制度建设，也包括了对世界诸多国家农产品质量安全管理的学习和借鉴，此类研究着眼于从理论和制度的角度探讨如何更加有效开展农产品质量安全技术工作。第三种类型既不是纯技术的研究，也不是纯理论的探讨，而是在研究中引入了"人"的因素，例如考虑农户对于农产品质量安全技术的采用意愿、选择标准、行为偏好等。如前所述，现有相关研究成果从不同层次解释了农产品质量安全的技术因素、制度因素和主体因素，对研究农产品质量安全技术提供了重要的基础。然而，农产品质量安全技术涉及诸多因素和领域，单一维度的研究必然存在局限，需要从系统角度完整地探讨农产品质量安全技术的要素、层次及相互关系。

农产品质量安全的关键在于技术支撑。当前，以生物技术、信息技术、新材料制造技术等为代表的科技革命正全面向农业渗透，先进科学技术对建立覆盖生产、加工、流通各环节的农产品安全生产系统和安全溯源系统具有重要推动作用。基于供应链"从农田到餐桌"各环节的技术应用与系统构建对农产品质量安全管理相当重要。农产品质量安全技术是为实现农产品质量安全需要，围绕农产品中的有毒有害物质控制、检验和追溯而创造和发展起来的方法和技能的总和，是由一系列相关参与者以及多学科、多层次的知识和信息相互作用，并与环境发生关系而形成的不断演化的社会过程。复杂适应系统（complex adaptive system，CAS）理论自 1994 年由美国圣塔菲研究所霍兰教授提出便迅速引起学术界关注，成为当代系统科学的热点。复杂适应系统中的成员被称为具有适应能力的主体（adaptive agent），其能与环境以及其他主体进行交互作用，主体在持续的交互过程中不断学习或积累经验，并据之改变自身的结构和行为方式。农产品质量安全技术系统的适应性主体在各自的利益驱动下，通过主体之间以及主体与环境之间的反复调适，基于供应链进行农产品质量安全技术研发、应用和转移，使农产品质量安全技术系统在层次和功能等方面形成复杂适应性。因此，农产品质量安全技术是一个典型的复杂适应系统（图 2-1），基于复杂适应性视角获得农产品质量安全技术系统管理的新思路和新方法，对于促进技术系统良性运作，更有效地依托技术系统保障农产品质量安全，具有重要的理论和实践意义。

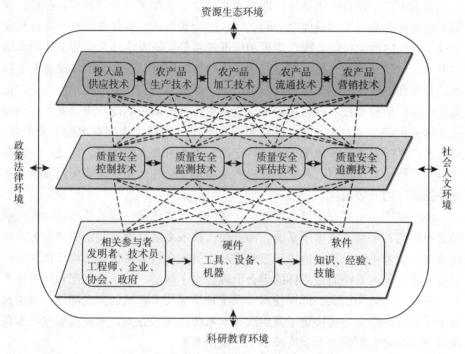

图 2-1　农产品质量安全技术复杂适应系统

2.2.2　农产品质量安全技术系统的复杂适应性特征

农产品质量安全技术系统具有复杂适应性特征，众多各自独立而又相互关联的系统主体以特定的结合方式形成系统的递进层次，系统主体和系统层次共同实现农产品质量安全技术系统的功能。此外，农产品质量安全技术系统处于开放的外部环境当中，得到资源、机制、人才和意识等支撑和保障。

（1）农产品质量安全技术系统主体众多。主体①是农产品质量安全技术系统的基本单元，是复杂适应性形成的前提。主体分为相关参与者、硬件和软件3 类，它们相互关联，缺一不可。相关参与者包括 4 种：一是技术研发主体，即科研机构、大专院校、农业推广部门和民营科技机构及其中的发明者、技术员、工程师等；二是技术应用主体，即生产企业、加工企业、批发零售企业、物流企业等；三是技术监管主体，即政府部门、行业协会和第三方组织等；四是技术受益主体，即农产品消费者个人和家庭。硬件是指与农产品质量安全技

---

① 在复杂适应系统中，所有个体都处于一个共同的大环境中，但各自又根据它周围的局部小环境，并行地、独立地进行着适应性学习和演化，个体的这种适应性和学习能力是智能的一种表现行式，因此把这种个体称为主体，也称智能体。

术相关的工具、设备、机器等，即农产品质量安全技术物化到种子、肥料、仪器、设备和药剂等实物载体之中的载体、途径和形式。软件是指农产品质量安全技术应用的经验技能、操作流程和标准体系等。研发主体在监管主体的激励约束下，运用硬件和软件，根据应用主体的实际需求，进行农产品质量安全技术的开发和创新；应用主体在利益驱动下，通过节点企业间的硬软件共享，提高农产品质量安全技术的应用效率；监管主体发挥调控职能，为研发主体和应用主体提供资金、人才、基础设施和制度支撑；消费主体则对无公害农产品、绿色农产品等先进技术成果表现出特定的购买动机和支付意愿。总之，主体在进行相互沟通和反馈时，共同实现农产品质量安全技术系统从简单到复杂，从无序到有序的升级演化。

（2）农产品质量安全技术系统层次递进。主体依照一定的技术目的彼此联结有机组成若干基本技术子系统，而低层次技术系统又通过特定的结合方式构成高层次技术系统，从而递进形成农产品质量安全技术系统的结构层次。农产品质量安全技术系统通过主体的组合形成技术主体层、技术功能层和技术作业层三重复杂的结构层次。低层技术子系统是高层技术系统的组成部件，低层次技术子系统的结合方式决定了高层次技术系统的演进方向，同时高层次技术系统的整体功能也制约着低层次技术子系统的发展。

技术主体层由数量众多、类型各异的相关参与者、硬件和软件构成。其中，相关参与者包含政府、协会、企业、科研机构、技术人员和消费者等；硬件和软件涵盖农业、生物、化学和物理等学科领域。技术主体根据资源禀赋、市场需求、生态环境、政策法规等影响因素的变化而自发调适、与时俱进。

技术功能层由相关参与者、硬件和软件3类主体按照不同的模式组成质量安全控制技术子系统、质量安全检测技术子系统、质量安全评估技术子系统和质量安全追溯技术子系统，每一子系统又包含若干不同功能和用途的技术类型。控制技术是农产品质量安全的基础和前提，降低和避免有毒有害物质残留，提供农产品质量安全水平；检测技术为农产品质量安全甄别提供客观依据，是质量安全预测、预警和监管的重要手段；评估技术为农产品质量安全度量和信息披露提供数据支撑，是农产品质量安全事后处理和风险分析的有效路径；追溯技术可对质量安全问题农产品进行责任跟踪和召回。上述4类技术子系统相互作用调整，从而推进其他技术的创新和转移，最终促进农产品质量安全水平的整体提高。

技术作业层中的子系统按照农产品质量安全形成的核心环节和支持环节有机组合，形成投入品供应技术子系统、生产技术子系统、加工技术系统、流通技术系统和营销技术系统等，如原产地环境控制技术，无公害食品、绿色食品、有机食品的生产技术规程和标准，产中施肥、病虫害防治、灌溉及管理过程控制技术以及产后加工、包装、运输控制、商标注册等技术贯穿于农产品供应链的各环节，共同保障农产品质量安全的实现。

（3）农产品质量安全技术系统功能互补。农产品质量安全技术系统依托若干技术具体类型、技术应用主体以及技术创新和管理机制，通过生产加工技术保证农产品质量安全稳定，借助检测评估技术保证农产品质量安全竞争有序，依托信息技术和物流技术保证农产品质量安全可追溯。

保证农产品质量安全稳定性。针对农产品季节性、易腐性和难储运等特点，技术功能层中的控制技术子系统贯穿于技术作业层中生产、加工和储运等环节，相关主体运用技术硬件和软件共同降低农产品外观、质量、口感、营养价值、保质期限、农药残留量等不确定性因素的影响，从而保证农产品属性与质量安全的稳定。

保证农产品质量安全竞争有序性。技术功能层中的检测技术子系统和评估技术子系统为农产品质量安全提供了市场信号，通过条形码、二维码等科技应用提高了商标注册、品牌防伪和市场监管的效率，创造了农产品质量安全良好的市场竞争环境。此外，网络技术使消费者可通过互联网进行农产品质量安全信息的查证和咨询，化解农产品质量安全信息不对称问题，使农产品质量安全的市场竞争更加公正公平。

保证农产品质量安全可追溯性。技术功能层中的追溯技术子系统运用信息和物流技术对农产品质量安全作业层中各环节进行记录查询，使农产品质量全程信息得以存储、传递和识别，加强质量安全的溯源、质控与防伪，并从产品加工过程中的每道工序从后向前追踪至原料产地，出现质量安全事故时可落实到责任个体并辨清问题症结，做到对质量安全问题产品的及时召回。

（4）农产品质量安全技术系统环境复杂。农产品质量安全技术是一个开放系统，主体不断与系统边界以外的各因素发生物质、能量和信息的动态交互，系统环境对主体产生促进或抑制作用，系统环境的变化引起主体和系统层次的相应调整。

自然生态环境提供资源支撑。农产品安全生产需要良好的资源禀赋、空气、水土等产地环境，由于工业"三废"的不合理排放以及农用化学物质的不合理使用，导致农业生态环境中的水、土、气中重金属及有毒物质超标严重，资源生态环境的污染和恶化在客观上促进产地环境调控技术的研发创新，为农产品质量安全技术系统提供资源支撑。

政治法律环境提供机制支撑。农产品质量安全技术相关政策、法规和制度通过调配资源、资金和人才对主体进行激励约束，并提供农产品质量安全技术的标准体系和信息网络，为主体之间以及主体与环境之间的沟通互动创造条件，为农产品质量安全技术系统提供机制支撑。

科研教育环境提供人才支撑。相关科研部门、大专院校和培训机构在很大程度上影响着农产品质量安全技术的研发、推广和应用。科研教育环境决定了农产品质量安全技术的先进程度和演进效率，为农产品质量安全技术系统提供人才和智能支撑。

社会文化环境提供意识支撑。企业社会责任和诚信意识、消费价值观念等文化因素引导着主体行为，渗透于技术功能层和技术作业层中，促使相关主体在各类技术应用和各环节流程中各尽其责，相互配合，为农产品质量安全技术系统提供意识形态支撑。

2.2.3　农产品质量安全技术系统复杂适应性的表征

复杂适应系统理论把系统成员看作具有自身目标、内部结构和生存动力的主体，强调"适应性造就复杂性"。复杂适应系统在演化过程中，用聚集、非线性、流和多样性来描述主体在适应和进化中的特征，用标识、内部模型和积木来描述主体与外部环境交流互动时的机制（李中东，支军，2008）。复杂适应性的本质体现在以下3个维度：一是主体的自主学习和自发调适；二是主体间的交互作用；三是主体与环境间的反馈过程。简而言之，适应性主体通过不断地与其他主体和环境进行交互作用而调整自身的行为方式，在系统层次结构和功能方面形成了复杂性。由此，农产品质量安全技术系统具备复杂适应系统的4个特征和3个基本机制，其不断组合而衍生出系统复杂适应性的其他特征和演进规律（图2-2）。

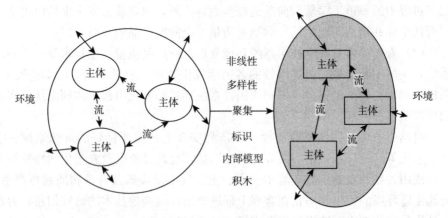

图2-2　农产品质量安全技术系统复杂适应性的表征

（1）聚集催生农产品质量安全技术系统的耦合过程。聚集是指复杂适应主体在一定条件下彼此接受而组成新的聚集体，即由较小的、较低层次的个体通过特定方式结合形成较大的、较高层次的个体的演变过程。聚集特征使主体在更适合的环境中得到层次提升和功能优化。一方面，相关参与者、硬件和软件的自主创新和排列组合涌现出新的质量安全技术类型；另一方面，众多供应商、生产商、批发商和零售商通过竞合关系连接成供应链新主体，以更好地适应环境变化。主体在不断聚集过程中形成农产品质量安全技术系统的新主体，如龙头企业主导、生产基地主导、大型批发市场主导、农超对接零售商主导等不同的农产品质量安全供应链模式。例如，德国农产品质量安全技术体系突出第三方机构职能，包括协助政府参与农产品质量安全检测的欧洲生物化学分析有限公司，宣传推广农业耕作方式转变的国际有机农业联合会，根据自身质量安全技术理念制定耕作、生产和加工制度的欧洲零售商农产品工作集团等（苏春森，2008），形成多方主体聚集参与的良好局面。

（2）非线性造就农产品质量安全技术系统的动态演进。非线性是指在主体间以及主体与环境间反复交互作用中并非遵循简单的、被动的、单向的因果关系，而是主动的适应关系。非线性是系统行为必然的属性，是系统呈现高阶次状态和经历曲折演进的内在根源。农产品质量安全技术系统表现出强烈的非线性特征，不同主体有着自己的经营目标和决策准则，单一主体行为的变化会受到其他主体变化的影响，同时也会对其他主体产生影响。如种苗和化肥供应商的技术需求制约着农产品种植企业的技术应用需求，生产企业的技术使用意愿也制约着批发零售企业的流通范围和效率。此外，消费者对农产品质量安全技术应用成果的支付意愿影响着技术研发和应用主体的供给需求。总之，单个主体行为的变化会引起相关主体行为的连锁反应，进而给系统演进带来不确定性。

（3）流形成农产品质量安全技术系统的反馈网链。流是指主体之间以及主体与环境之间存在着物质流、能量流和信息流，各种流的交换顺畅是复杂适应系统正常运行的前提（霍兰，2011）。农产品质量安全技术系统各层次的主体之间以及主体和环境之间进行着物质、能量和信息的交流而组成复杂的正反馈和负反馈网链，质量安全技术信息及其应用成果、质量安全经验教训等通过反馈网链在供应商、制造商、批发商和零售商以及政府、科研机构、协会、消费者组织之间进行反复传递和转移，引导各主体调整各自的行为准则和决策标准。

（4）多样性引发农产品质量安全技术系统的创新扩散。多样性是指主体间的相互作用和不断适应过程，造成个体向不同方向发展变化，从而在规模、属性和功能方面存在的差别不断发展和扩散，最终形成主体类型的分化。多样性是复杂适应系统涌现的重要原因。农产品质量安全技术系统的多样性不仅表现在主体类型和角色方面，还表现为不同地区的主体在技术研发、应用和推广时具有的不同性质、规模和服务效率，使各子系统包括多样化的技术种类，如表

2-2所示。此外，主体通过纵向一体化、横向一体化等联盟合作方式而产生多样性结构，使主体间的关联作用变得复杂多样。

表2-2 农产品质量安全技术系统的多样性

子系统	多 样 性
基础技术	农业耕作灌溉技术、生态农业技术和低碳农业技术等
控制技术	种植改良技术、清洁生产技术、土肥营养技术、病虫害和疫病防治技术、加工技术、包装技术、保藏技术、物流技术、仓储技术、保险技术、订单交易技术等
评估技术	顾客数据库技术和风险评估技术等
监测技术	速测技术、仪器分析技术、免疫分析技术、生物传感器技术和品牌注册技术等
追溯技术	二维码技术、射频技术、数据共享技术和网络技术等

（5）标识提供农产品质量安全技术系统的信息路径。标识是指用于区别主体并促进主体的筛选和合作而形成的识别标记。标识是复杂适应系统为了聚集和边界生成而普遍存在的一种机制（李传殿等，2011），标识的功能在于为主体提供在环境中搜索和接受信息的具体方法，为主体之间的功能耦合创造信息路径、规范交易流程并节约交易成本。农产品质量安全技术系统中标识体现为技术标准和技术认证，如安全农产品条码标签、分级、品牌和身份信息等。例如，欧盟农产品检测标准共有550个，美国《联邦法规法典》中包含农产品标准352个，我国农产品目前已形成了农产品生产技术规程、检验测试等一系列标准，并在实践中得到推广和应用。

（6）内部模型构成农产品质量安全技术系统的反应机制。内部模型是指对于整个系统而言个体具有的复杂内部机制，是主体在适应环境过程中的行为规则，反映了主体对外在刺激的反应能力。农产品质量安全技术系统主体适应经济发展、科技进步、市场需求、消费习惯和社会文化等外界环境刺激，在实践中积累知识并合理调整自身内部结构。如相关管理部门和企业根据"历史经验"成立项目小组，进行农产品质量安全的事前防范、事中处理和事后追溯，参照处理类似问题的行为模式，根据案例经验和数据来逐步形成并优化策略。

（7）积木实现农产品质量安全技术系统的自发调适。积木是指系统中已被检验证实能够重复使用的相对简单构件，通过改变结构方式而重新组合，在跨越层次中将个体类型的多样性转化为新的规律和特征。积木解决了复杂适应系统的特征和规律在不同层次之间相互联系和转化的问题。农产品质量安全技术系统在面对每一时期新的技术需求和市场需求的变化时，根据以往处理类似问题的"信息""知识""业务流程"等经验和方法，不断分解和改变组合方式，进行资金、资源、人才的优化组合而形成农产品质量安全技术研发、推广和应用的个性化解决方案。

综上所述，聚集、非线性、流、多样性、标识、内部模型和积木 7 个基本点构成了农产品质量安全技术系统复杂适应性的内部机理，系统演化符合复杂适应系统的整体规律，即系统主体具有自主意识和行为能力，与其他主体不断交互物质、能量和信息，并根据其他主体行为以及环境变化不断调整自身行为模式。

2.2.4 农产品质量安全技术系统复杂适应性的管理对策

基于农产品质量安全技术系统的复杂适应性，应充分发挥系统主体的适应性，促进主体自身、主体之间以及主体和环境之间的信息和能量交互作用，以推进农产品质量安全技术系统的要素、层次和功能涌现，实现农产品质量安全技术系统的均衡协调和整体最优。

（1）激励主体创新，促进农产品质量安全技术系统涌现。倡导农产品质量安全技术支撑观念。树立科技创新观念，开展多渠道、全方位的宣传教育活动，借助新闻媒体传播农产品质量安全技术支撑的成功经验和典型案例。调动政府部门、涉农企业、农村合作组织、农户、技术人员和消费者等多方主体的能动性，各尽其责，积极构建农产品质量安全技术产业链，共同建立高效协调的技术创新体系和监管机制。

明确农产品质量安全技术研发重点。结合我国经济社会发展水平以及农产品质量安全现状，借鉴发达国家农产品质量安全技术体系的经验和模式，以保障消费者人身安全为宗旨，把国家粮食安全、农业产业升级、企业发展作为目标，把增产增效并重和生产生态协调作为原则，将依托农产品供应链确立产地环境调控技术、生产过程控制技术、预警及评价检测技术和溯源追踪技术作为质量安全技术的研发重点，如加强饲料安全控制技术、动物养殖中新型未知添加物筛查技术、农产品安全快速检测及精准检测技术等。

建立农产品质量安全技术创新机制。突破企业、行业、区域以及学科边界，通过制度倾斜、经费资助、税费优惠、公共产品和人才培养等途径，调动农产品质量安全技术研发应用主体的积极性，促进技术持续创新，提高技术扩散和应用的经济效益及社会效益。通过深化农业科研院所改革，加大质量安全技术仪器设备、资料软件的投资力度，营造良好的技术创新物质环境。同时，完善科研项目立项和评价机制并增加科研经费支助力度，为农产品质量安全技术创新提供制度激励。

（2）加强主体协同，促进农产品质量安全技术系统均衡。推进农产品质量安全技术标准建设。无公害农产品、绿色农产品、有机农产品有不同的检测标准和生产规范等技术要求，统一标准可提高技术转移效率，是系统主体间交互的前提。创建农产品质量安全标准物质测量指标，建立健全农产品加工、流通、品牌等相关技术标准体系，全面提升农产品质量安全的保障水平。

构建农产品质量安全技术战略联盟。构建农产品质量安全技术战略联盟，可节约技术研发、推广和应用成本，降低技术交易成本，促进系统主体和功能的聚集和涌现。一方面，加强农产品供应链各主体的内部管理，在技术标准、技术使用意愿、技术应用评估体系等方面达成共识，为战略合作奠定基础。另一方面，促进农产品供应链各主体的纵向和横向联盟，通过供应链核心企业向前或向后延伸，采取农超对接等供应链一体化合作模式，节约质量安全技术的转移成本，提高质量安全技术的应用效率。

开展农产品质量安全技术产学研合作。联合农业企业、农业科研院校和科研机构规划产学研合作，建设农产品质量安全技术重点学科、重点实验室和技术示范基地，加强国际技术交流与合作。为此，应创建农产品质量安全技术成果的数据信息资源共享模式，促进区域之间、企业之间协同运作，实现农产品安全技术系统的产业经济效益、企业利润效益和社会福利效益整体最优。

（3）提供环境支撑，促进农产品质量安全技术系统最优。提升农产品质量安全技术推广能力。创建以农产品种类为点、以涉农供应链为线、以区域综合试验站和研发中心为面的农产品质量安全技术组合模式，加速生产流通过程中的技术推广，充分发挥技术创新、试验示范和辐射带动的积极作用。实施技术推广税费减免等政策，提高技术转移意愿，培育以核心企业为主导的技术联盟，加快农业技术成果转化。

提供农产品质量安全技术公共服务。一是推进农业龙头企业、农作物生产示范基地的质量安全技术信息化建设，采用座谈会、听证会、披露农产品质量安全技术调研报告等形式提供信息渠道，提高农业质量安全技术的信息服务水平。二是开展农产品质量安全诚信企业评比、名优安全农产品产品推荐、农产品质量安全技术技能竞赛，为技术主体赢得公众信任，树立品牌形象，提高市场竞争力创造条件。三是成立农产品质量安全技术集体组织，扶持农民专业合作社、供销合作社和专业技术协会等社会力量参与农产品质量安全产前、产中、产后技术服务，组织农户学习应用先进质量安全技术成果。

加强农产品质量安全技术教育培训。首先，大力发展高等农业教育，制订科学的人才培养计划，加快农产品质量安全技术重点学科建设，建立实践教学基地，组织学生深入农村和农业企业基层实习。其次，加强农产品质量安全技术人才队伍建设，实施创新人才培养计划，建立完善技术人才引进机制和绩效考核标准。再次，通过继续教育、岗位培训等形式开展基层技术人员培训，提升农产品质量安全技术队伍的科技素质和实践技能。

农产品质量安全技术研发、推广和管理不仅是我国保障农产品质量安全的战略选择，而且是农业产业化进程和社会经济可持续发展的客观需要。农产品质量安全技术系统是一个复杂适应系统，政府、协会、企业、科研机构和大专院校、消费者及公众等复杂适应主体之间以及主体与环境之间通过交互作用，不断调适自身行为而实现系统层次和功能的涌现。通过制度体系、财税产品、基础设施以及信息网络等手段，激励系统主体各尽其责，寻求农产品质量安全技术系统的优化路径，实现系统的均衡发展和整体最优。

2.3 本章小结

运用过程系统及其可靠性的理论和方法，分析农产品供应链质量安全过程系统可靠性的"人—机—环境"综合作用。基于过程系统的综合集成，从提升人员素质、创新协作模式、加强技术支撑、统一技术标准、构建追溯体系、健全监管制度和坚持整体最优七方面，探讨提高农产品供应链质量安全过程系统可靠性的策略建议。与此同时，农产品质量安全的关键在于技术创新和应用。农产品质量安全技术系统的复杂适应性表现为聚集、非线性、流和多样性4个特征以及标识、内部模型和积木3种机制。基于复杂适应系统的运作机理，激励主体创新，促进主体协同，提供环境支撑，实现农产品质量安全技术系统的均衡发展和整体最优。

3 农产品供应链核心企业质量安全控制意愿

近年来，中国频繁爆发畜产品含有违禁药物、水产品重金属含量超标、奶制品源头污染和蔬菜农药残留等农产品质量安全事件，凸显了中国农产品质量安全面临的严峻形势和隐藏的重大危机。农产品质量安全问题不仅关系到城乡居民的消费与健康，更关系到农业发展和农民增收、区域经济发展、政府形象和社会稳定，已经引起政府、业界和消费者的高度关注。中国农业生产分散、农产品流通环节多和市场范围大，势必增加了农产品质量安全风险发生的概率。农产品质量安全管理是一项涵盖生产、加工、流通和消费多个环节的复杂系统工程，因此，在农产品质量安全管理中既要发挥政府的监管职能，更要同时建立起有效的安全、优质农产品供应链。在美国、欧盟和日本等农业较为发达的国家和地区，实施农产品供应链管理是保障农产品质量安全的有效路径。加强农产品供应链管理可以促进农产品质量安全水平提高，农产品供应链成员之间良好的合作和质量契约有利于保证农产品质量安全，农产品供应链信息系统的构建对农产品质量安全管理相当重要（Ziggers and Trienekens, 1999）。此外，农产品供应链可追溯系统具有召回有质量安全隐患的农产品并明确农产品质量安全责任主体的功能。实践经验表明，在中国，由于农产品质量安全信息追溯困难、法规制度不健全以及监管体系存在漏洞，68.2%的农产品质量安全事件源于供应链相关利益者出于私利目的，在知情的状况下人为匿藏质量安全信息，以次充好，以假冒真，损害消费者利益（文晓巍，刘妙玲，2012）。可见，中国大部分农产品质量安全事件源于农产品供应链相关利益者在利益驱动下采取机会主义行为，导致农产品质量安全面临道德风险。纵观近10年来中国农产品质量安全事故，在农产品供应链的不同环节，质量安全的危害程度存在着显著差异。其中，农产品生产加工环节的质量安全事故爆发频数最多，由滥用添加剂、违法添加其他化学物质和生产空间卫生不合格等原因导致的质量安全事故不仅涉及范围较广，而且伤害人数也较多（刘畅等，2011）。可见，要保障农产品质量安全，必须加强对农产品供应链生产加工源头环节的控制（Henson, Masakure and Boselie, 2005），农产品生产加工环节是农产品供应链质量安全控制的关键点。农产品生产企业是农产品供应链生产加工环节的参与主体，它们通过加强自身内部管理实施农产品质量安全控制，并通过影响供应链成员企业实行合作机制共同加强整个供应链的农产品质量安全控制。农产品供应链核心企业是指在农产品供应链中具有重要地位、有能力影响供应链其他成员企业共同保持动态合作机制的关键企业，它们在质量安全管理中起着主导作用。因此，农产品生产企业是农产品供应链上的核心企业，它们在农产品供应链质量安全控制中起着主导作用。为有效提高农产品供应链质量安全控制水平，应重点关注农产品生产企业质量安全控制意愿。鉴于已有研究的不足和农产品供应链核心企业质量安全控制意愿的重要性，本书基于供应链内部因素、外部因素和环境因素的整体视角，构建农产品供应链核心企业质量安全控制意愿综合研究模型，基于对广东省农产品生产企业的问卷调查数据，实证分析农产品供应链核心企业质量安全控制意愿的影响因素，通过结构方程模型，对概念模型所提出的假说进行验证，为激励农产品供应链核心企业加强质量安全控制意愿，为从源头环节提升农产品供应链质量安全管理水平提供理论依据和决策参考。

3.1　研究模型及假说

农产品供应链是指在农产品生产和流通过程中，将农产品及其相关服务提供给最终用户的上游和下游所有企业所形成的网链结构，即从农产品生产投入品供应、农产品生产加工、农产品仓储运输到农产品分销直销，最终到达消费者的一系列业务流程。农产品供应链的资金流、信息流和物流在农产品生产和流通的不同节点上相向流动，农产品供应链节点企业基于需求与供给关系，形成了一个个紧密相扣的链环。农产品供应链是一个复杂系统，农产品供应链核心企业质量安全控制意愿受到供应链系统中诸多因素的影响，主要因素包括3类：供应链内部因素、供应链外部因素和供应链环境因素（Wisner，2003）。供应链内部因素是指农产品供应链核心企业内部的生产资料、资本、技术和人才等有形要素，以及制度、经营哲学、管理理念和价值取向等无形要素，它们直接对农产品供应链核心企业质量安全控制意愿产生影响。供应链内部因素可概括为农业企业能力和农业企业社会责任（Fouayzi，Caswell and Hooker，2006）。供应链外部因素是指农产品供应链核心企业对供应链上下游成员企业进行组织、领导和协调等纵向协作行为，农产品供应链核心企业与供应链上下游成员企业的协同能力与其质量安全控制意愿密切相关。供应链外部因素主要包括农产品供应链协同和农产品供应链信息共享（Mora and Menozzi，2005）。供应链环境因素是指农产品供应链系统外部力量对农产品供应链核心企业质量安全控制意愿的激励和约束。供应链环境因素可归纳为竞争压力、消费需求、政府监管和媒体监督4个方面（Fotopoulos，Kafetzopoulos and Psomas，2009）。以下将展开讨论供应链内部因素、外部因素和环境因素对农产品供应链核心企业质量安全控制意愿的作用。

3.1.1 农业企业能力与质量安全控制意愿

农业企业能力是指企业在经营管理活动中满足企业生存和发展需要的综合能力，主要包括研发能力、生产加工能力、营销能力、财务能力和组织管理能力等。农产品供应链核心企业的成长需要企业能力的支撑，企业能力让农产品供应链核心企业更好地适应市场需求和竞争环境的变化，从而决定了企业成长的速度和模式（Lin et al.，2011）。农产品供应链核心企业的企业能力是其生产加工优质安全农产品的重要基础，有利于其在农产品质量安全严峻的市场环境中形成竞争优势。因此，企业能力越强，农产品供应链核心企业质量安全控制意愿越强。由此，本书提出以下假说：

H_1：农业企业能力正向影响其质量安全控制意愿。

3.1.2 农业企业社会责任与质量安全控制意愿

农业企业社会责任是指企业基于可持续发展理念，在追求经济效益的同时，兼顾环境效益和社会效益，实现企业盈利、消费者需求和社会福利之间的均衡。企业社会责任驱使企业承担经济责任、环境责任和公益责任，采用低碳安全能源、优质原材料和先进生产技术以保障农产品质量安全。同时，企业社会责任促使企业采用质量安全控制系统。农产品供应链核心企业对消费者健康、环境保护和社会稳定等问题的关注，使其更主动地采取农产品质量安全控制行为（Cranfield，Henson and Holliday，2010）。因此，企业社会责任意识越强，农产品供应链核心企业质量安全控制意愿越强。由此，本书提出以下假说：

H_2：农业企业社会责任正向影响其质量安全控制意愿。

3.1.3 农产品供应链协同程度与核心企业质量安全控制意愿

农产品供应链协同程度是指核心企业通过协议等组织方式与农产品批发企业、农产品零售企业和农产品物流企业等供应链上下游成员企业结成产业合作关系或战略联盟，共同提升供应链质量安全控制能力。农产品供应链成员企业纵向协作越紧密，农产品质量安全水平越高。一方面，农产品供应链成员企业采用供应链纵向协作方式来规避农产品质量安全隐患和风险（Kliebenstein and Lawrence，1995）；另一方面，农产品供应链垂直协作程度对企业质量安全控制行为具有显著影响（Boger，2001）。可见，农产品供应链协同程度越高，农产品供应链核心企业质量安全控制意愿越强。由此，本书提出以下假说：

　　H₃：农产品供应链协同程度正向影响核心企业质量安全控制意愿。

3.1.4　农产品供应链信息共享程度与核心企业质量安全控制意愿

　　农产品供应链信息共享程度是指核心企业通过涵盖农产品生产资料供应商、生产商、分销商、零售商直到消费者的农产品信息系统，基于电子交换技术、条码技术、射频技术、销售时点信息系统等信息技术支撑，与农产品供应链上下游成员企业进行信息传递和分享。农产品供应链信息共享可以有效解决农产品质量安全信息不对称的问题，使农产品供应链信息更加公开透明，从而保障农产品质量安全信息的可追溯性（Paulraj，Lado and Chen，2008）。因此，农产品供应链信息共享越充分，农产品供应链核心企业质量安全控制意愿越强。由此，本书提出以下假说：

　　H₄：农产品供应链信息共享程度正向影响核心企业质量安全控制意愿。

3.1.5　竞争压力与核心企业质量安全控制意愿

　　农产品供应链核心企业面临的竞争压力主要来自竞争企业采取农产品质量安全控制行为，向市场提供质量安全农产品而形成的竞争优势。市场竞争机制促使农产品供应链核心企业生产加工质量安全的农产品，从而提升市场竞争力。竞争压力对农产品供应链核心企业实施质量安全控制行为有着积极的作用（Ollinger and Moore，2008）。因此，竞争压力越大，农产品供应链核心企业质量安全控制意愿越强。由此，本书提出以下假说：

　　H₅：竞争压力正向影响农产品供应链核心企业质量安全控制意愿。

3.1.6　消费需求与核心企业质量安全控制意愿

　　消费者是安全农产品的市场购买主体，他们基于对安全农产品的认知而形成对安全农产品的购买意愿和支付意愿。消费者对安全农产品的消费需求为农产品供应链核心企业实施质量安全控制行为提供了市场动力。可见，生产加工优质安全农产品是农产品供应链核心企业满足消费需求、扩大市场份额、提高核心竞争力的有效途径之一。消费需求对农产品供应链核心企业实施质量安全控制行为有着积极的作用（Ollinger and Moore，2008）。因此，消费者对安全农产品的消费需求越明显，农产品供应链核心企业质量安全控制意愿越强。由此，本书提出以下假说：

　　H₆：消费需求正向影响农产品供应链核心企业质量安全控制意愿。

3.1.7　政府监管力度与核心企业质量安全控制意愿

　　农产品质量安全是重大民生问题，也是涉及公共安全的社会问题，政府对农产品质量安全负有监管的重要职能，包括对农产品供应链核心企业质量安全控制进行综合监督和约束。政府对农产品质量安全的监管力度对农产品生产加工企业质量安全控制的投入规模有显著影响（崔彬等，2011）。农产品生产加工企业是否遵从政府管制，依赖于它们对遵从管制而得到的收益和不遵从管制受到制裁而遭受的损失的权衡（Starbird，2000）。因此，政府监管力度越大，惩戒越严厉，农产品供应链核心企业质量安全控制意愿越强。由此，本书提出以下假说：

H$_7$：政府监管力度正向影响农产品供应链核心企业质量安全控制意愿。

3.1.8 媒体监督力度与核心企业质量安全控制意愿

报刊、杂志、广播、电视和互联网等媒体对不安全农产品危害、农产品质量安全事件当事人问责和惩戒等方面信息的及时报道和评价，对企业的声誉和品牌会产生正面或负面影响。媒体监督是农产品质量安全丑闻或传播的重要影响因素（Bánáti，2011）。农产品供应链核心企业有关质量安全的媒体感知对其质量安全控制意愿有重要影响（Baert et al.，2012），媒体在向公众传播农产品质量安全相关信息方面发挥了积极作用，对农产品生产加工企业质量安全控制行为也有积极影响（Seo et al.，2013）。因此，媒体监督对农产品供应链核心企业质量安全控制意愿具有影响。媒体监督力度越大，农产品供应链核心企业质量安全控制意愿越强。由此，本书提出以下假说：

H$_8$：媒体监督力度正向影响农产品供应链核心企业质量安全控制意愿。

3.1.9 质量安全控制意愿

农产品供应链核心企业质量安全控制意愿是指它们愿意为保障农产品质量安全，按照优质安全农产品生产标准实施的预防、维护、监督和处理农产品质量安全隐患的行为。国内外相关研究大多用农产品供应链核心企业对 HACCP（风险分析与关键点控制）的采纳意愿来测度其质量安全控制意愿，分析了农产品加工企业自主采用 HACCP 的行为与相关激励因素之间的关系，发现采用 HACCP 的外部压力、实施 HACCP 的相关成本和收益、HACCP 对企业绩效的影响以及 HACCP 对提高企业农产品质量安全控制感知的作用等是企业采纳 HACCP 的主要影响因素（Hassan，Green and Herath，2004；Herath and Henson，2006，2010；Herath，Hassan and Henson，2007）。

综上所述，农产品供应链内部因素、农产品供应链外部因素和农产品供应链环境因素是农产品供应链核心企业形成质量安全控制动机和采取质量安全控制行为的关键，是农产品供应链核心企业形成质量安全控制意愿的重要前因。结合研究对象的特征，本书运用结构方程模型，以农业企业能力、农业企业社会责任、农产品供应链协同程度、农产品供应链信息共享程度、竞争压力、消费需求、政府监管力度和媒体监督力度作为农产品供应链核心企业质量安全控制意愿的前因变量，构建了农产品供应链核心企业质量安全控制意愿的综合研究模型（图 3-1）。

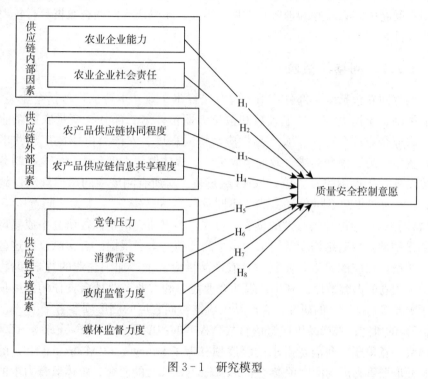

图 3-1　研究模型

3.2　样本说明与量表设计

3.2.1　样本说明

本书所用数据来自课题组 2013 年 7—8 月对广东省广州市、佛山市、汕头市、惠州市、梅州市、云浮市和茂名市 214 家农产品生产加工企业的问卷调查。问卷调查采用调查员走访农产品生产加工企业，与被访者面谈，现场填写问卷的方式进行。本次调查共发放调查问卷 250 份，回收问卷 237 份，回收率为 94.8%。剔除无效问卷后得到有效问卷 214 份，有效率为 90.3%。调查对象涵盖了不同企业类型、产品类别、年销售额、员工人数和被访者职位的农产品生产加工企业。

在 214 个样本企业中，国有企业、集体企业和民营企业共占样本总数的 84.1%；肉类、鱼类和果蔬类生产加工企业共占样本总数的 58.4%；年销售额在 1 000 万元以上的占样本总数的 49.1%；员工人数在 100 人以上的占样本总数的 51.9%；被访者职位为经理级别的占样本总数的 91.1%。可见，样本企业多为民营企业，具有一定的经营规模和员工人数，它们是农产品供应链生产加工环节质量安全控制的重要主体，是农产品供应链核心企业的代表，能够对调查问卷内容有较好的理解与把握。因此，本书研究的调查数据具有较理想的代表性和可靠度。

3.2.2　问卷与量表

调查问卷包括两个部分：第一部分是样本企业基本特征，包括企业类型、产品类别、年销售额、员工人数和被访者职位；第二部分是变量农业企业能力、农业企业社会责任、农产品供应链协同程度、农产品供应链信息共享程度、竞争压力、消费需求、政府监管力度、媒体监督力度和质量安全控制意愿的测度项，所运用的方法是 Likert5 级量表。对所有测度项的赋值均从低到高排列，1 为"非常不同意"，2 为"不同意"，3 为"中立"，4 为"同意"，5 为"非常同意"。为设计出有效的量表，首先，本书研究借鉴以往研究中成熟量表的测量题项，所有结构变量均采用多个测度项。本书根据已有文献修改这些测度项并设计相应的量表，使其适合农产品供应链生产加工企业的背景和特点，以保证问卷的内容效度。其中，农业企业能力和农业企业社会责任的测度项参考了 Lin 等（2011）的研究；农产品供应链协同程度的测度项参考了 Richey 等（2012）的研究；农产品供应链信息共享程度的测度项参考了 Paulraj 等（2008）的研究；竞争压力和消费需求的测度项参考了 Ollinger 和 Moore（2008）的研究；政府监管力度的测度项参考了 Starbird（2000）的研究；媒体监督力度的测度项参考了 Seo 等（2013）的研究；质量安全控制意愿的测度项参考了 Fouayzi 等（2006）的研究。然后，问卷由农业经济管理领域的 5 位专家进行评阅，并根据他们的意见进行了修改，根据其反馈意见对问卷进行完善。最终形成了包含40 个测度项的量表，具体测度项及其得分如表 3-1 所示。

表 3-1　变量测度项、平均值及标准差

潜变量名称	测度项	平均值	标准差
农业企业能力（CA）	CA_1 本企业提供了高性价比的农产品	4.273	0.710
	CA_2 本企业提供了高质量的农产品	4.382	0.667
	CA_3 本企业提供了技术含量高的农产品	3.897	0.888
	CA_4 本企业农产品质量安全管理制度完善	4.139	0.818
	CA_5 本企业拥有比竞争对手更优秀的人才队伍	3.806	0.818

（续）

潜变量名称	测度项	平均值	标准差
农业企业社会责任（CSR）	CSR_1 本企业非常关注消费者福利和权益	4.242	0.691
	CSR_2 本企业对农产品质量安全表现出相当高的责任心	4.382	0.639
	CSR_3 本企业明确意识到农产品质量安全问题的社会危害	4.479	0.630
	CSR_4 本企业自觉履行了保障农产品质量安全的社会责任	4.442	0.628
	CSR_5 本企业长期向市场提供了质量安全农产品	4.467	0.600
	CSR_6 本企业具有强烈的社会责任意识	4.400	0.661
农产品供应链协同程度（SCC）	SCC_1 本企业与供应链上下游企业共同生产、加工质量安全农产品	4.085	0.711
	SCC_2 本企业与供应链上下游企业共同把握好市场中难得的机遇	3.915	0.760
	SCC_3 本企业与供应链上下游企业共同配送质量安全农产品	4.085	0.744
农产品供应链信息共享程度（IC）	IC_1 本企业与上下游企业共享内部的农产品质量信息	3.842	0.811
	IC_2 本企业为上下游企业提供各类他们需要的农产品质量信息	4.012	0.681
	IC_3 本企业与上下游企业农产品信息传递十分频繁和及时	3.606	0.809
	IC_4 本企业与上下游企业互相通报农产品质量安全控制的最新进展	3.770	0.746
	IC_5 本企业与上下游企业经常面对面地制订计划或者沟通	3.648	0.840
	IC_6 本企业与上下游企业交换彼此的经营业绩信息	3.461	0.873
竞争压力（MP）	MP_1 竞争企业严格控制自己生产加工农产品的质量	3.764	0.748
	MP_2 竞争企业采用了严格的质量安全标准	3.703	0.751
	MP_3 竞争企业向市场提供了质量安全的农产品	3.727	0.752
消费需求（CD）	CD_1 消费者对农产品质量安全要求越来越高	4.503	0.570
	CD_2 消费者对质量安全农产品的需求不断增加	4.515	0.580
	CD_3 消费者对质量安全农产品有着较强的购买意愿	4.418	0.645
政府监管力度（GR）	GR_1 政府建立了严格的农产品质量安全监管法规体系	4.018	0.785
	GR_2 政府对农产品质量安全事故进行严厉惩戒	3.952	0.868
	GR_3 政府对农产品质量安全监管高度重视	4.024	0.917
	GR_4 政府对农产品质量安全实施了标准化监管	3.776	0.906
	GR_5 政府建立了完备的农产品质量安全信用档案	3.752	0.858
媒体监督力度（MS）	MS_1 媒体对农产品质量安全事件报道真实、准确	3.515	0.947
	MS_2 媒体对农产品质量安全事件报道迅速、及时	3.733	0.849
	MS_3 媒体对农产品质量安全具有监督作用	4.145	0.674
	MS_4 媒体对农产品质量安全事件密切关注	4.158	0.653
	MS_5 媒体对农产品质量安全具有警示作用	4.152	0.686

（续）

潜变量名称	测度项	平均值	标准差
质量安全控制意愿（QSCI）	$QSCI_1$ 本企业打算将来使用农产品质量安全控制认证体系	4.394	0.809
	$QSCI_2$ 本企业计划将来使用农产品质量安全控制认证体系	4.364	0.812
	$QSCI_3$ 本企业希望将来使用农产品质量安全控制认证体系	4.400	0.771
	$QSCI_4$ 本企业准备将来使用农产品质量安全控制认证体系	4.321	0.834

注：调查问卷中农产品质量安全控制认证体系是指 QS、ISO 9000 和 HACCP 等。

3.3　实证分析结果

3.3.1　测量模型分析

本书研究采用可靠性分析对潜变量的内部一致性信度系数（Cronbach's α 值）进行检验，采用验证性因子分析（confirmatory factor analysis，CFA）对潜变量的复合信度、收敛效度和区别效度进行检验。信度指量表的一致性、稳定性及可靠性，内部一致性信度系数和复合信度（composite reliability，CR）均可用来测度模型中各潜变量的内部一致性，即均可检验潜变量的信度。本书研究潜变量的信度和收敛效度检验结果如表 3-2 和表 3-3 所示。表 3-2 显示，各潜变量的 Cronbach's α 值都高于 0.7，CR 值均高于 0.5，表明本书研究潜变量具有较高的信度。表 3-3 中各潜变量对应分量表的 KMO 统计值均在 0.7 以上，高于推荐值 0.5，且 Bartlett 检验结果的显著性水平均小于 0.001，表明本书研究量表适合进行因子分析。此外，所有测度项的标准负载都在 0.7 以上，且都在 0.001 的水平上显著；各因子（潜变量）的平均抽取方差（average variance extracted，AVE）都高于 0.5，说明潜变量均拥有较好的收敛效度。

表 3-2　信度和收敛效度检验结果

潜变量名称	测度项	CITC	Cronbach's α 值	删除测度项后 α 值	CR	标准负载	AVE	KMO 值	Bartlett 球体检验
农业企业能力（CA）	CA_1	0.509		0.796	0.807	0.73			
	CA_2	0.645		0.762		0.70			
	CA_3	0.598	0.809	0.773		0.83	0.663	0.710	326.646
	CA_4	0.648		0.755		0.80			
	CA_5	0.600		0.771		0.70			

（续）

潜变量名称	测度项	CITC	Cronbach's α值	删除测度项后α值	CR	标准负载	AVE	KMO值	Bartlett球体检验
农业企业社会责任（CSR）	CSR_1	0.707		0.923		0.74			
	CSR_2	0.826		0.906		0.85			
	CSR_3	0.763	0.925	0.914	0.928	0.81	0.683	0.874	758.753
	CSR_4	0.857		0.902		0.91			
	CSR_5	0.769		0.914		0.81			
	CSR_6	0.793		0.910		0.83			
农产品供应链协同程度（SCC）	SCC_1	0.736		0.763		0.82			
	SCC_2	0.672	0.845	0.824	0.846	0.74	0.648	0.722	207.097
	SCC_3	0.730		0.766		0.85			
农产品供应链信息共享程度（IC）	IC_1	0.679		0.864		0.77			
	IC_2	0.636		0.871		0.74			
	IC_3	0.722	0.882	0.856	0.885	0.76	0.564	0.851	515.219
	IC_4	0.785		0.847		0.86			
	IC_5	0.701		0.860		0.71			
	IC_6	0.648		0.870		0.75			
竞争压力（MP）	MP_1	0.731		0.815		0.80			
	MP_2	0.765	0.863	0.783	0.861	0.86	0.673	0.733	229.375
	MP_3	0.722		0.823		0.80			
消费需求（CD）	CD_1	0.909		0.935		0.90			
	CD_2	0.900	0.955	0.938	0.859	0.83	0.672	0.701	229.937
	CD_3	0.848		0.953		0.72			
政府监管力度（GR）	GR_1	0.671		0.905		0.71			
	GR_2	0.797		0.880		0.83			
	GR_3	0.779	0.907	0.884	0.907	0.82	0.662	0.844	547.519
	GR_4	0.814		0.875		0.87			
	GR_5	0.770		0.885		0.83			
媒体监督力度（MS）	MS_1	0.486		0.747		0.79			
	MS_2	0.535		0.719		0.77			
	MS_3	0.572	0.762	0.709	0.783	0.73	0.506	0.676	253.637
	MS_4	0.600		0.702		0.78			
	MS_5	0.521		0.724		0.65			

（续）

潜变量 名称	测度项	CITC	Cronbach's α 值	删除测度 项后 α 值	CR	标准 负载	AVE	KMO值	Bartlett 球体检验
质量安全 控制意愿 （QSCI）	$QSCI_1$	0.909		0.935		0.94			
	$QSCI_2$	0.900	0.955	0.938	0.955	0.93	0.843	0.722	207.097
	$QSCI_3$	0.848		0.953		0.87			
	$QSCI_4$	0.904		0.937		0.93			

对于区别效度的检验，如果测量方程因子的平均抽取方差的平方根大于该因子与其他因子的相关系数，则测量方程因子具有较好的区别效度，区别效度检验结果如表 3-3 所示。各个因子的平均抽取方差的平均根（表中对角线上的数字）均大于相应的相关系数，所以，各个潜变量之间具有较好的区别效度。

表 3-3 区别效度检验结果

	CA	CSR	SCC	IC	MP	CD	GR	MS	QSCI
CA	**0.814**	—	—	—	—	—	—	—	—
CSR	0.813	**0.826**	—	—	—	—	—	—	—
SCC	0.644	0.558	**0.805**	—	—	—	—	—	—
IC	0.599	0.449	0.733	**0.751**	—	—	—	—	—
MP	0.479	0.481	0.387	0.397	**0.820**	—	—	—	—
CD	0.593	0.457	0.495	0.487	0.407	**0.819**	—	—	—
GR	0.365	0.244	0.261	0.241	0.284	0.294	**0.814**	—	—
MS	0.501	0.601	0.415	0.338	0.261	0.568	0.240	**0.711**	—
QSCI	0.277	0.286	0.285	0.234	0.043	0.035	0.044	0.248	**0.918**

3.3.2 结构模型分析

本书研究使用 Lisrel 8.7 软件对所提出的结构方程模型假说进行检验。表 3-4 为模型的整体拟合优度指标值和判断准则，所有指标值均达到了理想的水平，所以，本书研究模型的拟合优度良好。路径系数及其显著性水平如图 3-2所示，图中除了 H_2 和 H_5 路径外，其余路径都显著。农业企业能力、农产品供应链协同程度、农产品供应链信息共享程度、消费需求和政府监管力度均对质量安全控制意愿有显著的正向影响，媒体监督力度对质量安全控制意愿有显著的负向影响。质量安全控制意愿的回归判定系数 R^2 为 0.62，大于 0.2，显示本书研究模型对调查数据的拟合效果良好，较高程度地解释了农产品供应链核心企业质量安全控制意愿。

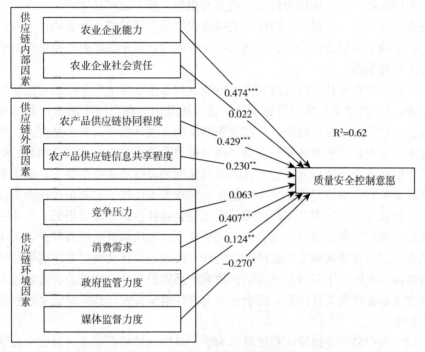

图3-2 结构方程模型路径系数

注：***、**、*分别表示在0.001、0.01、0.05的水平上显著。

表3-4 模型拟合度评估结果

	χ^2/df	GFI	SRMR	NFI	NNFI	CFI	RMSEA
判断准则	<3	>0.9	<0.08	>0.9	>0.9	>0.9	<0.08
实际值	1.826	0.930	0.061	0.919	0.977	0.961	0.064

本书研究了农产品供应链核心企业质量安全控制意愿的影响因素，除 H_2、H_5 和 H_8 以外的假说都得到了支持。本书研究得出的主要结论有：

（1）企业能力是影响农产品供应链核心企业质量安全控制意愿的最重要因素，其路径系数为0.474。由此可知，农产品供应链核心企业能力越强，其农产品质量安全控制意愿也越强。农产品供应链核心企业综合运用资本、技术、人才等生产要素，严格控制投入品质量，实施质量安全标准，规范生产加工流程，从农产品供应链源头环节确保农产品质量安全。近年来，国家选择了北京顺鑫农业股份有限公司、上海光明食品集团和南京雨润控股集团等一批具有产业基础和优势特色的农业产业化龙头企业作为现代农业产业体系建设的重要主体，它们在实施农产品供应链质量安全控制中发挥了积极的示范作用。然而，由于中国农业产业基础较为薄弱，仍然有相当一部分农产品生产加工企业的质量安全控制意愿有待提高。因此，要提高农产品供应链核心企业质量安全控制意愿，必须全面提升农产品供应链核心企业能力，这是保障农产品供应链质量安全的重要手段。

（2）农业企业社会责任对农产品供应链核心企业质量安全控制意愿影响并不显著，H₂路径关系没有得到支持。这可能是因为在当前中国农产品质量安全信息不对称、法制不健全以及监管不到位的市场环境中，农产品生产加工企业过多地追求企业利润和股东权益，而忽视消费者人身安全和社会福利。近年来，个别农业企业使用有毒有害投入品和添加剂进行违法生产加工，成为重大农产品质量安全事故的责任主体，这在一定程度上反映了农业企业社会责任的缺失。在农业发达国家，农产品质量安全与企业社会责任密切相关，企业社会责任促使农产品供应链核心企业树立诚信至上、以质取胜的经营理念，采用先进的生产方法提供优质安全农产品，实现经济效益、社会效益和环境效益的均衡与协调。因此，中国亟须建设以保障农产品质量安全、维护消费者利益为中心的农业企业社会责任体系，把企业社会责任落实到农产品质量安全控制的具体工作中。

（3）农产品供应链协同程度是影响农产品供应链核心企业质量安全控制意愿的第二重要因素，其路径系数为 0.429。这表明，农产品供应链协同程度越高，农产品供应链核心企业质量安全控制意愿越强。一方面，农产品供应链核心企业通过"公司＋农户"等组织形式带动农户发展专业化、标准化和规模化生产，有效消除了农业分散经营导致的农产品质量安全隐患；另一方面，农产品供应链核心企业与批发、零售和物流等节点企业开展纵向合作，例如采取"农超对接"等合作形式，共同实现农产品供应链从源头到餐桌的全程质量安全控制。

（4）农产品供应链信息共享程度对农产品供应链核心企业质量安全控制意愿有显著的正向影响，其路径系数为 0.230。这说明，农产品供应链信息共享越充分，农产品供应链核心企业质量安全控制意愿越强。建立农产品供应链质量安全信息系统，对产地环境、生产方法、检测结果和销售流向等农产品信息进行记录而形成涵盖生产者、经销商和消费者的可追溯数据链，是加强农产品质量安全信号显示、促进农产品质量安全信息实现可追溯的有效途径，可以使农产品供应链核心企业与上下游成员企业共享农产品质量安全信息资源。农产品供应链信息共享能够解决农产品交易中因信息不对称而产生的逆向选择、道德风险等问题，节约农产品供应链核心企业的信息搜寻成本和交易成本，有利于提高其质量安全控制意愿。因此，应构建农产品供应链信息共享平台，规范农产品供应链信息追溯工作。

（5）竞争压力对农产品供应链核心企业质量安全控制意愿影响并不显著，H_5 路径关系没有得到支持。这可能是因为当前中国尚未形成完善的市场竞争环境。一方面，中国缺乏严格的农产品市场准入机制，诸如农产品流通中的强制性检验制度、农产品质量认证制度、农产品产地标识制度和农产品质量责任追踪制度等尚未全面有效实施；另一方面，中国农产品市场尚未形成以质量安全为中心的品牌竞争格局，无公害农产品和有机农产品等安全农产品尚未形成竞争优势。可见，缺乏有效的市场竞争压力，是导致当前中国农产品供应链核心企业质量安全控制意愿不足的原因之一。因此，应创造公平、公开的农产品市场竞争环境，提升农产品供应链核心企业质量安全控制意愿。

（6）消费需求对农产品供应链核心企业质量安全控制意愿有显著的正向影响，其路径系数为 0.407。这表明，消费者对质量安全农产品的购买意愿和支付意愿越强，农产品供应链核心企业质量安全控制意愿越强。随着人们生活水平的提高，在规避食品安全风险意识的作用下，消费者对安全农产品的需求日益增长，他们愿意为安全农产品支付溢价。因此，消费者对安全农产品的实际购买为农产品供应链核心企业实施质量安全控制行为提供了驱动力。但是，由于农产品在质量属性上具有信任品特征，消费者往往依据农产品最佳状态时的颜色、光泽、肥瘦等感观标准进行购买决策，这诱发了农产品生产加工企业采取违法行为，以满足消费者对农产品质量属性的主观偏好。因此，引导消费者形成正确的农产品消费观念，有利于激励农产品供应链核心企业提升质量安全控制意愿。

（7）政府监管力度对农产品供应链核心企业质量安全控制意愿有显著的正向影响，其路径系数为 0.124。这说明，政府对农产品质量安全的监管水平越高、监管力度越大，就越能约束农产品供应链核心企业形成质量安全控制意愿。因此，政府监管是提升农产品供应链核心企业质量安全控制意愿的有效手段之一。近年来，中国先后颁布实施了《农产品质量安全法》《食品安全法》及配套的农药、兽药、饲料等管理条例，制定了农产品产地安全、包装标识、检验检测等方面的部门规章及强制性技术规范，建立了农产品质量安全例行监测、行业普查和监督抽查制度。因此，为增强农产品供应链核心企业质量安全控制意愿，必须进一步健全中国农产品质量安全的政府监管机制。

（8）媒体监督力度对农产品供应链核心企业质量安全控制意愿有显著的负向影响，其路径系数为 -0.270。这说明，媒体对农产品质量安全的监督力度越大，农产品供应链核心企业质量安全控制意愿反而越低。这可能是由于部分媒体舆论的消极作用降低了农产品供应链核心企业质量安全控制意愿。近年来，中国农产品质量安全事件频繁发生，"舌尖上的安全"成为社会各界高度关注的焦点问题。但是，部分媒体没能正确把握对农产品质量安全的报道重点和舆论尺度，存在报道的真实性不够和客观性不足等问题，导致媒体没有很好地发挥宣传教育、舆论引导和意见领袖等作用，甚至产生消费者恐慌和信任危机等负面效应。因此，应发挥媒体在还原农产品质量安全事件真相、正面引导舆论、缓解公众恐慌情绪、维护产业发展和保护农民利益等方面的积极作用。

根据本书研究结果，农业企业能力、农产品供应链协同程度、农产品供应链信息共享程度、消费需求和政府监管力度对农产品供应链核心企业质量安全控制意愿有显著的正向影响，其中，农业企业能力是最重要的影响因素，农产品供应链协同程度是第二重要的影响因素，其后依次是消费需求、农产品供应链信息共享程度和政府监管力度；媒体监督力度对农产品供应链核心企业质量安全控制意愿有显著的负向影响。这验证了农产品供应链核心企业质量安全控制意愿的研究假说，即其质量安全控制意愿受到供应链内部、供应链外部和供应链环境三方面因素的综合影响。

3.4 研究结论与政策启示

本书以广东省农产品生产加工企业为例，实证分析了农产品供应链核心企业质量安全控制意愿的重要前因。研究结果表明，农业企业能力、农产品供应链协同程度、农产品供应链信息共享程度、消费需求和政府监管力度对农产品供应链核心企业质量安全控制意愿有不同程度的显著的正向影响，而媒体监督力度对农产品供应链核心企业质量安全控制意愿有显著的负向影响。基于以上研究结论，本书得到以下启示：第一，通过政策引导、资金扶持和技术服务等举措，大力培育质量安全控制能力强、处于行业领导地位的农业产业化龙头企业。第二，鼓励农产品供应链核心企业加强生产加工技术的研发与应用，全面提升质量安全控制能力。第三，引导农产品供应链核心企业经营管理者和员工树立保障农产品质量安全的社会责任意识，健全质量安全问责制度。第四，提升农产品供应链纵向协作程度，建立并实施农产品可追溯体系。第五，培育消费者对安全农产品的消费偏好和维权意识。第六，发挥政府部门对农产品质量安全的监管职能，完善法规体系，加大惩戒力度。第七，发挥媒体对农产品生产加工企业质量安全控制意愿的舆论监督作用。

本书研究的理论模型不仅适合解释农产品供应链生产加工环节核心企业的质量安全控制意愿，也可能适用于分析农产品供应链批发企业、零售企业和物流企业等农产品供应链其他环节核心企业的质量安全控制意愿，后续研究可进一步实证检验本书研究模型的推广效果。本书研究结论具有一定的理论和实践价值，但仍存在某些局限。本书实证分析的样本是广东省 214 家农产品生产加工企业，然而，不同地区农业产业化经营、农业科技、农产品质量安全监管和社会经济发展水平存在着差异，若在中国其他农业相对发达地区抽取更分散的样本，研究结论的效力会进一步提高。此外，不同国家经济和社会发展不平衡，如果本书的研究模型在农业发达国家和地区的市场中进行检验，结论可能会不同。因此，有必要将来进行跨区域的比较研究。

3.5 本章小结

本章构建了农产品供应链核心企业质量安全控制意愿模型，分析了农业企业能力、农业企业社会责任、农产品供应链协同程度、农产品供应链信息共享程度、竞争压力、消费需求、政府监管力度和媒体监督力度 8 个前因变量对农产品供应链核心企业质量安全控制意愿的影响，并在广东省采集了 214 个有效样本，采用结构方程模型对理论模型进行了实证检验和分析。研究结果表明，农业企业能力、农产品供应链协同程度、农产品供应链信息共享程度、消费需求和政府监管力度对农产品供应链核心企业质量安全控制意愿具有不同程度的显著的正向影响，媒体监督力度对农产品供应链核心企业质量安全控制意愿具有显著的负向影响。

4 农产品供应链核心企业
质量安全管理模式

农产品质量安全管理涉及从生产、加工到销售的整个农产品供应链。基于质量安全构建农产品供应链，核心企业必然有所担当，这一问题已引起学术界的重视（刘畅等，2011）。张煜和汪寿阳（2010）认为农产品供应链应由核心企业主导各节点的合作与协调，包括与质量安全紧密相关的物流、信息流的控制与管理。郑红军（2011）对农产品供应链生产环节的农业龙头企业质量安全控制机理进行研究。彭建仿（2011）基于共生理论探讨农产品质量安全的供应链协同治理模式，提出了供应链核心企业主导供应链成员共同适应、共同激发、共同合作和共同进化，共同实现农产品质量安全控制。我国高度分散的农户难以承担保障农产品质量安全的重任，农产品质量安全与农产品供应链核心企业[①]紧密相关。截至 2011 年年底，我国农业龙头企业有 11 万多家，年销售收入达 5.7 万亿元，所提供的农产品及加工制品占全国市场供应量的 1/3，占全国主要城市"菜篮子"产品供应量的 2/3，占全国农产品出口总额的 4/5[②]。农业龙头企业作为农产品供应链核心企业，在农业产业化进程中发挥主导作用，为促进经济社会发展和改善民生做出了重要贡献。位于农产品供应链不同环节的核心企业在质量安全管理中担当着不同的角色，发挥着不同的功能。因此，考察现阶段我国农产品供应链核心企业质量安全管理的若干模式，探讨农产品供应链核心企业质量安全管理的思路与对策，对于农产品供应链核心企业增强质量安全管理能力，降低农产品供应链质量安全风险，更好地满足日益复杂的消费需求，应对日益激烈的国际竞争，实现农业产业化的持续发展，维持社会稳定和谐，具有重要的理论意义和现实价值。

4.1 农产品供应链核心企业质量安全管理目标

当前我国正处于传统农业向现代农业的转型时期，农产品质量安全问题与

---

① 农产品供应链核心企业是指在农产品供应链中具有重要地位、有能力影响供应链其他成员企业共同保持动态合作机制的关键企业，其可以是农产品生产企业、加工企业或流通企业等，其在质量安全管理中起着主导作用。

② 摘自 2012 年 11 月 27 日回良玉在中国农业产业化龙头企业协会成立大会上的讲话。

农业生产经营方式和组织形式密切相关。从田头到餐桌的农产品供应链包括多种类型，其中，最完整、最复杂的农产品供应链包括农资材料的供应，农户、农场、基地和农业企业参与的农产品生产，农产品加工、农产品批发和零售、餐饮和消费等多个环节（图4-1）。据调查数据显示，近10年来我国农产品质量安全事件在农产品供应链中发生频数由大到小依次为：农产品深加工、农产品初加工、农产品零售和餐饮、农产品生产、农产品流通和农产品消费等环节（文晓巍，刘妙玲，2012）。可见，农产品质量安全隐患存在于供应链不同环节，核心企业应根据其所处的节点设定管理目标，进行角色选择和职能定位，与农产品供应链上下游企业进行协同合作，适应经济、技术、法律和社会等供应链环境，实现农产品供应链质量安全管理的整体最优。我国农产品供应链由众多个体农产品生产者、生产加工企业、产地与销地批发市场的批发商、农贸市场的零售商、超市和消费者组成，农产品供应链主体多且分散，流通环节长、相关参与主体缺乏协作以及农产品质量安全保障体系匮乏。农产品供应链核心企业应发挥主导作用，通过提高农产品供应链产业化程度、标准化程度、市场化程度和信息化程度来实现农产品供应链质量安全管理。

4.1.1　提高产业化程度保障农产品供应链源头环节质量安全

我国农业生产经营主体面广量大、小而分散，目前全国共有2.4亿农户，户均承包耕地7.5亩[①]，农民专业合作社37.91万家，实有入社农户2 900万左右，仅占全国农户总数的12%[②]，农业生产组织化程度低和生产经营方式落后是导致农产品质量安全问题的重要原因。农业产业化龙头企业主导农产品供应链，提高农业生产的组织化程度，把分散经营的农户联合起来，解决我国大多数农产品生产规模小，地理位置分散，生产随意性大而引发质量安全问题。农业产业化模式能够增加农产品供应链核心企业与上下游企业协作，为合同农户提供技术指导实施安全生产，以及加强农产品产地环境监测和投入品控制，从而在农产品供应链源头环节加强质量安全管理。

4.1.2　提高标准化程度保障农产品供应链加工环节质量安全

推进农业标准化是狠抓农产品供应链质量安全的重要手段，是解决我国农产品缺乏完善的生产加工标准体系、检验检测体系和质量评价体系的根本措施。诸如农产品加工过程中超量使用食品添加剂或人工合成色素，农产品包装

---

① 亩为非法定计量单位，1亩≈667米²。——编者注
② 摘自章力建《中国农产品质量安全现状及展望》，http://topics.gmw.cn/2011-09/10/content_2617233.htm。

标签不规范，以次充好等行为导致农产品质量安全隐患。通过严格执行从原材料选择，到加工、包装、保鲜和储运等标准体系，强化农产品供应链加工过程质量控制。

4.1.3 提高市场化程度保障农产品供应链流通环节质量安全

我国目前农产品物流技术和设备落后，八成以上的生鲜农产品以常温物流为主，导致农产品供应链物流过程"二次污染"严重。核心企业推动农超对接等产销衔接形式，完善农产品批发市场、农产品超市的网点布局，加强农产品产地预冷和冷链运输，发展农产品电子商务扩大网上交易规模，从而提高农产品流通效率以保障农产品供应链质量安全。

4.1.4 提高信息化程度保障农产品供应链质量安全全程追溯

信息不对称是造成农产品质量安全问题的重要原因。我国农产品缺乏信息采集和信息共享机制，标签标注混乱，产品认证质量不高，品牌意识不强，尚未建成完善的农产品质量安全可追溯信息系统。发挥核心企业带头作用，运用信息化手段，完善并实施可追溯系统，提高农产品供应链质量安全水平。

农产品供应链质量安全隐患分布在供应链源头环节、供应链中间环节和供应链终端环节。相应地，农产品供应链核心企业质量安全管理可由生产企业主导、加工企业主导、批发企业主导、零售企业主导和电商企业主导等。由于企业性质、规模、组织形式、经营类别的差异，位于农产品供应链不同环节的核心企业在质量安全管理中必然发挥着不同职能，形成各具特色的管理模式，它们实施农产品供应链质量安全管理的模式既有差异，也有共性。农产品供应链核心企业质量安全管理应既要加强核心企业内部管理，又要和供应链上下游企业协作，以及适应供应链环境。因此，核心企业应综合运用资本、技术、人力和制度等内部要素，与供应链上下游企业共同把握市场机遇，彼此共享信息，加强农产品供应链的物流控制、信息追溯和技术支撑，依据政府监管、媒体监督和市场压力而调整企业内部和外部质量安全管理行为。因此，在农产品供应链中担当不同角色的核心企业，既是农产品供应链的实体交易中心和信息交换中心，也是农产品供应链的物流集散调度中心，肩负推动供应链质量安全管理整体良性运作的重要职能。

4.2 农产品供应链核心企业质量安全管理的模式比较

位于农产品供应链不同环节的核心企业，在农业产业组织、农产品生产加

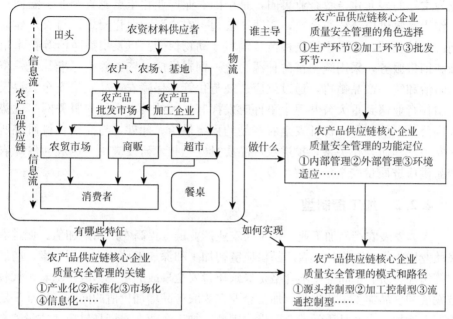

图 4-1　农产品供应链核心企业质量安全管理目标

工、农产品流通分销、农产品整合营销、农产品信息追溯和农业技术应用等方面各具优势，发挥着质量安全管理示范带头作用，在主导农产品供应链质量安全管理过程中形成了源头控制型、加工控制型、流通控制型、终端控制型和营销控制型等模式。对我国农产品供应链核心企业质量安全管理的模式及案例进行研究与分析，有助于揭示我国农产品供应链核心企业质量安全管理的规律与共性。

4.2.1　源头控制型

生产企业位于农产品供应链源头，其质量安全管理的意愿、能力和效率，在很大程度上决定了农产品供应链质量安全的整体水平。由于产地环境污染、投入品含有毒有害物质和滥用违禁药物等原因导致的质量安全事故不仅涉及范围较广，而且危害程度较严重。因此，生产企业是农产品供应链质量安全管理的关键点。生产企业主导农产品供应链质量安全管理，通过推行产业化模式实现标准化、专业化和规模化生产，化解我国分散的小农经济和家庭作坊经营隐匿的农产品质量安全危机。源头控制型是指由农业龙头企业实施农业产业化模式，实施质量安全标准，严格产地环境监测，做好生产记录并积极参与可追溯体系建设，对存在质量安全问题的产品主动召回销毁，履行农业企业社会责任。广东温氏食品集团股份有限公司是以养鸡业、养猪业为主导的多元化畜牧企业集团，是全国农业产业化重点龙头企业。温氏集团作为畜牧供应链核心企业，实践"公司＋农户"产业化模式，与农户建立利益联结机制，为农户提供种苗、饲料、动物保健品以及疾病防治等技术培训和销售服务，采用统一畜禽种源、统一饲料供应、统一养殖标准、统一疫病防治和统一产品销售，通过供应链规范化管理保障农产品质量安全。温氏集团在行业遇到重大公共卫生事件时发挥其强大的技术力量和服务网络优势提供公共卫生服务，保证安全农产品的稳定供给。此外，与高校和科研院所建立了产学研合作关系，推进农产品质量安全技术研发应用，也成为保障农产品供应链质量安全的有效手段。

4.2.2　加工控制型

大力发展农产品加工业，是延长农业产业链、提高农产品附加值、促进农民就业增收的有效途径。农产品供应链初加工和深加工环节，滥用色素、防腐剂等添加物质和车间卫生不合格是导致质量安全事故的重要原因。随着现代科技发展和食品加工工艺进步，加工企业在为农产品增加价值的同时，也在一定程度上增加了农产品质量安全隐患。因此，加工企业在农产品供应链质量安全管理中同样扮演着重要角色。加工控制型是指核心企业推行农产品包装标准化、加工精益化、保鲜科学化、分拣自动化和配送快捷化，向前驱动农产品养殖种植等生产主体，向后驱动农产品批发、零售和营销等主体共同保障农产品供应链质量安全。北京旗舰食品集团有限公司是集研发、加工和销售于一体的农产品深加工企业，是国家农业产业化重点龙头企业、全国农产品加工业示范企业。旗舰集团严格控制原材料、加工设备、加工环境和加工能源，精选山东小麦种植基地的麦心粉、西山水系的矿物质水为安全优质原料，采用醒发和蒸制一体化主食加工工艺和隧道式自动化生产设备保障质量安全，严格控制加工车间环境全封闭无交叉污染，使用太阳能替代燃煤锅炉供气，为农产品加工提供低碳安全能源，基于现代化封闭式生产线建成北京市主食生产配送中心，扩大安全加工产品的市场范围。

4.2.3　流通控制型

批发企业处于农产品供应链中间环节，发挥着调节供需、流通集散的重要职能。流通控制型是指处于主导地位的批发企业对农产品供应链上下游企业的选择，同时保证安全农产品的市场供给和市场需求。一方面，批发核心企业严格筛选进场供货商并索证索票，对供货商和采购商实行现场检验和质量安全档案制度；另一方面，批发核心企业对大型零售企业和餐饮企业等采购商实行定向供给。南粤食品水产有限公司是广东省政府为推动粤澳紧密合作发展而在澳门组建的广东南粤集团有限公司的下属企业，主营广东输澳门的活畜禽、塘鱼和蔬果等农产品批发业务①。南粤食品水产建成的澳门批发市场建筑面积17 215平方米，是澳门唯一的鲜活农产品批发市场，它解决了澳门过去鲜活农产品批发市场分散、卫生无保障、交通堵塞及环境污染等问题，确保鲜活农产品的保质保量供应。据统计，南粤食品水产批发市场经营的各类蔬果、蛋品和活禽等保持着10多年来无重大安全事故的良好记录。在粤澳跨境合作背景下，南粤食品水产批发市场促进了粤澳双方建立农产品安全管理体系、注册监管制度、高层互访机制、应急处置机制和疫情信息通报机制，在确保粤澳农产品供应链质量安全方面取得明显成效。

4.2.4 终端控制型

零售企业位于农产品供应链的终端环节，推动农产品从流通领域进入消费领域，是质量安全管理最后一道防线。在我国农改超进程中，超市拥有先进的管理理念、完善的物流设备、可靠的单品管理和跟踪系统，具备多种经营质量安全农产品的客观条件，成为农产品生产企业、加工企业和批发企业连接市场的桥梁，是安全优质农产品重要的零售终端，因此，超市具备主导农产品供应链质量安全管理的能力。终端控制型是指超市实践"超市＋基地"供应链模式，缩短农产品流通环节、实现质量安全的信息溯源，改善农产品零售终端陈列展示的卫生环境，披露农产品质量安全信息，加强内部监控力度和完善外部监督机制来保障供应链农产品质量安全。华润万家有限公司是我国最大规模的零售连锁超市，是我国首批农超对接试点企业之一，成为零售企业主导农产品供应链质量安全管理的典范。华润万家已在全国23个省、250多个市县建立了72个农产品采购基地，占地总面积约70 000亩，涉及140多个品类②，在缩短渠道提高质量安全水平方面发挥了优势。华润万家通过严格的内部控制和外部监督保障农产品质量安全：一方面，严格挑选供货商并对供应品进行复查和抽查，对肉禽蛋奶类等关系到国计民生的农产品索要动检票据并在卖场公示，现场配备蔬果农药残留、猪肉含水量、现场加工品的配料和添加剂等指标的快速检测设备。另一方面，设立质量咨询服务台、意见箱和400顾客服务电话，满足顾客投诉和售后等需求，并积极配合工商、质检、食品药品等行政执法部门的检查监督。此外，聘请专家和技术人员对员工进行培训，提高员工的

---

① 澳门没有鲜活商品种植养殖基地，广东由于地缘因素成为澳门最大的农产品供应地，是内地农产品供澳的重要通道。粤澳农产品供应链质量安全关系到澳门居民和旅游者的身体健康和生命安全，关系到澳门的社会经济稳定，一直受到两地的高度重视。

② 摘自华润万家内部报道《牵手万家，责任中国》，http：//www.crc.com.cn/Responsibility/practice/other/201111/t20111114_208727.htm。

质量安全管理意识、知识水平和操作技能。

4.2.5 营销控制型

近年来农产品电子商务方兴未艾，农产品电子商务企业借助网络营销平台，创新了B2C新型农产品供应链模式。营销控制型是指电商龙头企业与农产品生产企业、加工企业和批发企业等结成战略联盟，选择高端优质农产品的市场定位，综合运用市场定位、产品组合、线上推广、线下配送、广告和促销等整合营销传播手段，发挥电子商务和物流配送优势，创造并传递农产品质量安全价值。百森商城①隶属广州万森电子商务有限公司，主营进口水果和国内高端水果，是中国B2C市场最大的食品网购平台。百森推广安全优质水果营养均衡搭配的健康膳食理念，以提供多元化的高端水果为市场定位；精选新西兰奇异果、美国车厘子和智利蓝莓等进口高端水果，开发儿童营养果餐、美白瘦身果餐、高血脂养护果餐和孕妇养护果餐等安全农产品组合；设立话务呼叫中心系统，开展快速免费配送服务，承诺水果质量问题可免费调换甚至全额退款。此外，百森以高端礼品卡形式保障安全农产品的利润空间，并在一线城市开设直营实体店，提供线上下单，线下提货服务，创新安全农产品高效销售渠道，降低农产品变质腐烂风险。

综上所述，源头控制型、加工控制型、流通控制型、终端控制型和营销控制型等农产品供应链核心企业主导质量安全管理模式各具优势，它们针对各自的性质、角色和职能，在实践中形成了"公司＋农户"、技术应用、严进严出、内外监管和整合营销等农产品质量安全管理特色，确保农产品供应链整体质量安全的实现，如表4-1所示。

表4-1 农产品供应链核心企业质量安全管理的模式

模式	农产品供应链核心企业	质量安全管理案例
源头控制型	北京锦绣大地、上海光明乳业、湖南金健米业、新疆库尔勒香梨、伊犁泰康养殖场、福建安溪茶厂	温氏集团：国家农业产业化龙头企业、中国畜牧业最具影响力品牌，通过农业产业化经营保障农产品供应链质量安全
加工控制型	北京三元、露露集团、河南众品、南京雨润、重庆涪陵榨菜、山西陈醋、广西黑五类、海南椰树集团	旗舰集团：国家农业产业化龙头企业、国家农产品加工业示范企业，通过应用先进加工设备和工艺保障农产品供应链质量安全

---

① 百森商城官网 http://www.bufsun.com。

（续）

模式	农产品供应链核心企业	质量安全管理案例
流通控制型	冀东果蔬批发市场、寿光蔬菜批发市场、天津北方生猪批发市场、浙江义乌农贸城、舟山水产批发市场	南粤食品水产：广东驻澳门旗舰企业、澳门唯一鲜活农产品批发市场，通过严控供货商和采购商保障农产品供应链质量安全
终端控制型	华联、家乐福、苏果、沃尔玛、农工商、新一佳、好又多、华联、易初莲花、麦德龙、永旺、百佳	华润万家：国家农超对接试点企业、中国最大规模零售连锁超市，通过农超对接，内外监管保障农产品供应链质量安全
营销控制型	中粮我买网、上海好吃大王、广州青怡农业	百森商城：B2C食品网购平台、广东守合同重信用网商企业，通过定位、产品、分销和促销保障农产品供应链质量安全

4.3 农产品供应链核心企业质量安全管理的实现路径

农产品供应链核心企业质量安全管理是一项复杂的系统工程，应以"整体最优"为宗旨，既要发挥核心企业的主导职能，又要注重核心企业与上下游企业、政府、媒体和市场等多方主体的利益协调和均衡；既要实现质量安全管理的经济效益，更要兼顾环境效益和社会效益。因此，核心企业质量安全管理决策既要加强核心企业内部控制，又要加强核心企业与农产品供应链上下游企业的协同，同时应注重法律、媒体和市场等农产品供应链环境因素（表4-2）。内部控制包括提升农产品供应链核心企业能力、培育农产品供应链核心企业社会责任和完善农产品供应链核心企业制度规范；外部协同包括推行农产品供应链核心企业主导的纵向一体化、可追溯系统和物流服务中心；环境调适包括农产品供应链核心企业适应农产品供应链质量安全法律监管、农产品供应链质量安全媒体监督和农产品供应链质量安全市场引导。

表4-2 农产品供应链核心企业质量安全管理的实现路径

实现路径		管理策略
内部控制	企业能力	标准化生产能力、技术研发能力、质量安全自检能力和事故应急能力等
	社会责任	经济、环境和社会效益三兼顾，企业盈利、消费者需求和社会福利三均衡
	制度规范	质量安全检验制度、质量安全事故问责制度和质量安全技能培训制度等

（续）

实现路径		管理策略
外部协同	纵向协作	向前或向后一体化，节省交易费用、产生规模效益和化解信息不对称
	信息共享	基于追溯码、呼叫中心接口等建设农产品供应链信息系统和终端查询系统
	物流服务	增强现代物流服务意识，创新物流服务形式，提高物流服务技术
环境调适	法律监管	法律法规约束形成农产品供应链质量安全监管合力
	媒体监督	报纸、杂志、电台、电视和网络等对农产品供应链质量安全进行舆论监督
	市场引导	营造公开、公平、诚信、理性消费的农产品供应链质量安全市场环境

4.3.1　内部控制

农产品供应链核心企业质量安全管理首先应加强核心企业内部质量安全控制，通过整合投入品、资金、设备、技术、人才和观念等要素，提升农产品供应链核心企业质量安全管理能力，培育企业社会责任并规范质量安全管理制度。

（1）提升农产品供应链核心企业综合能力。提升核心企业的标准化生产加工能力、技术研发应用能力、质量安全自检能力和质量安全事故应急能力，是保障农产品供应链质量安全水平的重要前提。首先，核心企业执行农产品生产、检测等产品质量安全相关标准，推行农产品全程标准化生产。其次，加强核心企业技术创新和技术应用，开展产学研合作开发技术含量高的安全农产品。再次，实现核心企业质量安全自检，在生产环节、出厂和销售等检验环节通过对农产品进行检测，准确掌握农产品质量安全状况，采取有效措施防止不合格产品流入市场。最后，核心企业建立质量安全应急机制，实现对突发事件的快速预测、预报和预警，有效控制质量安全事态扩大和蔓延。

（2）培育农产品供应链核心企业社会责任。引导核心企业兼顾经济效益、社会成本和环境效益，注重企业盈利、满足消费者需求和社会福利三者均衡。核心企业应该承担经济责任、环境责任、公益责任等农业企业社会责任，发挥农产品供应链核心企业在促进国民经济持续发展和维持社会稳定和谐中的重要作用。为此，核心企业应采用低碳安全能源，优质原材料和先进生产技术，披露农产品质量安全信息，积极处理质量安全事故，并在行业遭遇质量安全危机时提供公共服务。

（3）完善农产品供应链核心企业制度规范。建立并执行核心企业质量安全管理制度体系，包括质量安全检查验收制度、质量安全事故问责制度和质量安全技能培训制度等。依法建立健全包括名称、产地、数量、生产日期、供货方及其联系方式等信息的进出货档案以及产品检查验收制度，配备先进仪器设备查验农产品检验、检疫合格证明和产品标识，禁止不合格农产品进入市场；设置专业质量安全职能部门，明确质量安全权责，实施质量安全问责制度；面向员工开展质量安全宣传教育、知识讲座、技能培训和竞赛，提高员工的质量安全意识和服务水平。

4.3.2 外部协同

农产品供应链核心企业质量安全管理在加强企业内部控制的基础上，应重视与供应链上下游合作企业在组织形式、信息共享和物流服务等方面形成质量安全协作机制，以核心企业为中心驱动农产品供应链合作企业共同实施质量安全管理。

一是推行农产品供应链纵向一体化。农产品供应链核心企业在向前或向后两个方向上扩展经营业务，通过节省交易费用、产生规模效益和化解信息不对称来提供安全农产品。推行"农产品生产加工企业＋农户基地生产""超市＋农产品加工企业＋农户"等纵向一体化模式，弥补我国农产品生产分散、规模小及社会管理成本过高等缺陷，实现农产品供应链质量安全。

二是实施农产品供应链可追溯系统。构建包括企业信息管理系统和终端查询信息系统的农产品供应链可追溯系统，对农产品生产全过程建立数据库，将产地环境、生产记录、检测结果、销售流向等关键环节运用信息技术进行记录而形成农产品供应链可追溯数据链。为此，应加强农产品供应链核心企业质量安全信息档案建设，运用信息技术实现产地环境、生产和加工过程、产品质量检测、包装标签、运输和流通环节的可追溯管理，做到农产品身份可识别，形成完整的质量安全信息链条和责任可追溯链条。

三是优化农产品供应链物流服务。农产品供应链核心企业应增强现代物流服务意识，运用系统优化原理提高农产品流通效率，降低物流环节的质量安全风险。鼓励核心企业引进和借鉴国外物流企业的管理经验，因地制宜组建自营物流企业或选用第三方物流服务，降低农产品供应链质量安全的物流成本。提高物流服务技术，大力发展农产品网络配送、拍卖和代理等电子交易方式。

4.3.3 环境调适

农产品供应链核心企业质量安全管理必须依靠供应链环境提供支撑保障，法律监管、媒体监督和市场引导为核心企业提供质量安全管理行为规范和约束。

首先，适应农产品供应链质量安全法律监管环境。核心企业应主动适应农产品供应链质量安全法律监管机制。各级农业行政主管部门要各司其职，各负其责，相互配合，形成农产品质量安全监管合力，共同推动农产品供应链质量安全监管工作有效开展。通过农产品供应链的法律监管环境，为核心企业质量安全管理提供约束机制。

其次，适应农产品供应链质量安全媒体监督环境。通过报纸、杂志、电台、电视和网络等媒体，广泛宣传农产品供应链质量安全管理的重要意义，让核心企业充分认识到作为农产品质量安全第一责任人的职责和义务，提高农产品供应链核心企业质量安全监管队伍的思想素质。同时，发挥媒体对农产品供应链核心企业质量安全的报道、舆论和监督职能。

再次，适应农产品供应链质量安全市场引导环境。创造信息公开透明、有序公平竞争和诚信守法的市场环境，激励农产品供应链核心企业实施品牌战略，积极进行无公害农产品和有机农产品等质量认证。与此同时，提升社会公众的农产品质量安全意识，形成全社会关心、支持农产品质量安全管理的良好氛围，积极引导和鼓励消费者主动索要购物凭证，积极溯源维权，为农产品供应链核心企业质量安全管理提供市场驱动力。

4.4　本章小结

农产品质量安全是关系到消费者健康、"三农"发展、社会和谐和政治稳定的重大问题，是一项涵盖农产品生产、加工、储运、批发和零售各环节的复杂系统工程，亟须从供应链视角探寻管理措施。农产品供应链核心企业是质量安全管理的关键主体，在实践中形成了农产品供应链核心企业源头控制型、加工控制型、流通控制型、终端控制型和营销控制型等质量安全管理不同模式。我国农产品供应链质量安全管理的主体和客体要素复杂，形成了生产、加工、批发、零售和电商等不同类型的核心企业主体，涵盖了农、林、牧、副、渔及其加工品等质量安全管理，因此，农产品供应链核心企业质量安全管理由于类别、形式和量纲方面的多样性和差异性，形成了结构和功能各异的农产品供应链核心企业质量安全管理模式。此外，我国地域辽阔，东中西部地区资源禀赋差异较大，农业经济和社会发展地区不平衡，各地区开展农产品供应链核心企业质量安全管理的实践存在客观差异。在农产品生产资源禀赋丰富、农业产业化基础良好和农业技术进步的区域，建议选择源头控制型和加工控制型模式，着力于从农产品供应链源头控制质量安全；在农业集散基地、重点城市等区域，可选择流通控制型模式，从农产品供应链中间环节保障农产品质量安全；在经济发达和人口密集城市，重点发展终端控制型和营销控制型模式，通过市场渗透、消费引导等农产品供应链终端驱动保障农产品质量安全。因此，农产品供应链核心企业质量安全管理应根据各地区的实际情况合理选择模式，通过内部控制、外部协同和环境调适的路径，发挥核心企业的职能和职责，实现农产品供应链质量安全的整体最优。农产品供应链核心企业质量安全管理是一项长期的系统工程，应随着农业产业化进程、农业科技进步和消费需求变化而与时俱进，不断深化理论认识，积极探索实践经验，保障我国农产品质量安全的持续稳定。

5 无公害农产品消费者购买行为

5.1 无公害农产品概述

5.1.1 无公害农产品概念

依据农业部 2002 年 4 月 29 日第 12 号令《无公害农产品管理办法》，无公害农产品是指产地环境、生产过程和产品质量符合国家有关标准和规范的要求，经认证合格获得认证证书并允许使用无公害农产品标志的未经加工或者初加工的食用农产品。无公害农产品具有以下 4 个方面的特征：就功能定位而言，无公害农产品认证是政府推出的公共安全品牌，目的在于保障基本安全，满足大众消费；就运行机制而言，无公害农产品认证推行标准化生产、投入品监管、关键点控制、安全性保障和标志化管理等制度，采取全程质量控制；就制度安排而言，无公害农产品认证采取产地认定与产品认证相结合的方式，产地认定主要解决产地环境安全问题和生产环节质量控制问题，产品认证主要解决产品安全问题和市场准入问题；就发展方式而言，无公害农产品认证属于公益性事业，不收取费用，实行政府推动的发展机制（李庆江，郝利，2010）。

5.1.2 无公害农产品分类

广义的无公害农产品在生产过程中允许限量、限品种、限时间地使用人工合成的安全的化学农药、兽药、肥料、饲料添加剂等，它符合国家食品卫生标准，但比绿色食品标准要宽。广义的无公害农产品包括无污染农产品、绿色农产品、生态农产品和自然农产品等。

无污染农产品。无污染农产品是指农产品在生产、储运过程中，通过严密监测、控制和有效的预防措施，来防止农药、重金属、有害病原微生物等对产品产生污染的农产品。

绿色农产品。绿色农产品是指产自优良生态环境、按照绿色食品标准生产、实行全程质量控制并获得绿色食品标志使用权的安全、优质食用的农产品。

生态农产品。生态农产品是指在保护、改善农业生态环境的前提下，遵循生态学、生态经济学规律，运用系统工程方法和现代科学技术，集约化经营的农业发展模式，生产出来的无害的、营养的、健康的农产品。

自然农产品。自然农产品是指在充分保持自然环境或尽量使用自然原料情况下生产的农产品。用土壤这种基质生产粮食、蔬菜、果品时，应在露天自然状态下，不施化学农药和化肥，只施用有机肥，以防食品被污染和品质不良。

5.1.3 无公害农产品发展历程

20世纪80年代中期，我国植物保护总站在全国22个省（直辖市），200多个城市组织了无公害蔬菜生产实施计划，目的是减少蔬菜中的农药污染，使蔬菜里的农药残留达到食品卫生标准，从而大力推动了无公害蔬菜的发展。2001年4月，农业部贯彻落实《中共中央、国务院关于做好2001年农业和农村经济工作的意见》，正式启动了全国"无公害食品行动计划"，北京、上海、深圳和天津被列为4个试点城市（赵旻，2002）。2001年9月3日农业部颁布了73项无公害农产品的行业标准，突出了蔬菜、水果、茶叶、肉、蛋、奶等15种关系着城乡居民日常生活的"菜篮子"产品。行业标准内容包括产品产地环境条件，生产技术规范，产品质量安全标准以及相应检测的检验方法标准。2009年中央1号文件对农产品质量监管工作提出新的要求，要求无公害农产品的生产要与时俱进，与农业生态建设，农产品标准化示范区、示范农场、优质粮食产业工程、优势农产品产业带动相结合，把无公害农产品生产方式作为我国农产品安全生产的标准化模式。截至2011年11月底，全国共认定无公害农产品产地58 968个，其中种植业产地36 251个，面积5 194万公顷，占全国耕地面积的40%；畜牧业产地16 097个，规模540 928万头；渔业产地6 620个，养殖面积299万公顷；有效无公害农产品56 532个，其中种植业产品39 906个、畜牧业产品8 187个、渔业产品8 439个，产品总量达2.76亿吨，认证的无公害农产品约占同类农产品商品总量的30%（王梓，2012）。

5.1.4 无公害农产品典型企业

温氏集团是一个以养鸡业、养猪业为主导，兼营生物制药和食品加工的多元化、跨地区发展的现代大型畜牧企业集团，现为农业产业化国家重点龙头企业、国家火炬计划重点高新技术企业、广东省自主创新百强企业（郑红军，2011）。温氏集团目前已在广东、广西、福建等22个省（市、自治区）建成110家集种苗生产、饲料供应、技术服务、农户管理、产品销售等环节为一体的养殖分公司。在产品质量安全控制上，温氏集团与合作农户形成了准纵向一体化的组织结构，双方之间实行管理性交易，并对合作农户的生产实行准车间化、标准化的管理，向市场提供安全优质的农产品，"公司＋农户"合作养殖是温氏模式的核心之一，该模式带动了一大批省、市、县、村和农户共同发展养殖业，在饲养过程中严控药物使用，根据国家有关药品用药标准制定内部用药标准，与基地养殖户签订用药协定，明确规定不可外购药物，不可使用违禁药物，且通过生产全程疾病监测机制进行监督。温氏集团在全国的养殖业中率先推行 ISO 9001 质量管理体系，将领导职责、生产标准、采购标准、加工标准、监督审核等管理要求和技术要求融入质量管理体系中，形成全集团的食品安全管理体系。目前，集团下属的养殖企业全部通过了 ISO 9001 和无公害产品及产地认证（郑红军，2011）。

5.2　研究背景

猪肉是满足人们饮食健康的基础农产品，近年来"瘦肉精"等猪肉质量安全事件的爆发，不但严重威胁消费者健康和生命安全，还使相关企业和行业遭受毁灭性打击，因此，确保猪肉质量安全已成为关系到国计民生的头等大事之一。无公害猪肉从产地环境、生物饲料、防病治病、活猪运输、屠宰加工、销售服务全过程按照国家质量标准严格监控管理，不含"瘦肉精"或其他有害激素，具有广阔的市场前景，代表着安全猪肉的发展方向。在通过无公害猪肉保障农产品质量安全方面，消费者扮演着重要的需求导向角色，消费者的实际购买是推进无公害猪肉产业发展和扩大市场覆盖的关键所在。然而，目前消费者对市场上"放心猪肉""安全猪肉"和"土猪肉"等仍然一知半解，消费者对无公害猪肉的实际购买相对有限。了解消费者对无公害猪肉购买行为，分析影响消费者购买无公害猪肉的因素，对扩大消费者对无公害猪肉的消费需求，促进我国无公害猪肉产业发展，提高我国农产品质量安全水平，具有重要的理论价值和现实意义。由此，本书基于消费者行为理论构建消费者对无公害猪肉购买行为的研究模型，以广州市消费者购买"壹号土猪肉"为例，实证分析消费者对无公害猪肉的购买行为及其影响因素，为扩大消费者对无公害猪肉的市场需求和实际消费提供理论依据和决策参考。

5.3　文献综述

目前，国内外学者就消费者对农产品支付意愿、购买行为及其影响因素展开了相关实证研究，研究对象涉及肉、蛋、蔬菜等具体农产品，研究方法主要是描述性统计分析和构建 Probit 回归模型、Logistic 回归模型进行计量经济分析。Dickinson 等（2003）通过实证研究发现美国和加拿大消费者对加贴信息可追溯标签牛肉具有支付意愿。周应恒等（2008）研究上海消费者对加贴信息可追溯标签牛肉的购买行为，发现消费者对信息可追溯性、对标签的认知水平和信任程度，以及性别、婚姻、家庭规模等是决定消费者购买与否的主要因素。祁胜媚等（2011）以扬州消费者调查为例，分析消费者对可追溯猪肉的购买行为，发现收入水平、职业、对农产品质量安全的关注程度、感知程度、对可追溯农产品的了解程度和信任程度等因素显著影响购买行为。周洁红（2005）基于浙江省的调查统计分析消费者对不同安全程度的蔬菜的价格支付意愿和购买行为，以及对政府提供农产品质量安全信息和服务的总体评价和实际需求。何德华等（2007）研究武汉市民对无公害蔬菜的消费行为，分析表明消费者对无公害蔬菜的认知程度、消费者收入水平、年龄和受教育程度等对支付意愿有显著影响。构建回归模型进行实证分析的方法还被应用于消费者对农产品的认知能力及其影响因素的研究当中。马骥和秦富（2009）针对北京消费者对有机农产品消费行为，从信息不对称和收入约束等视角，实证分析消费者对安全农产品的认知能力及影响因素。冯忠泽和李庆江（2008）立足全国 7 省 9 市的实证调查，对消费者的农产品质量安全认知状况和消费行为的影响因素进行计量分析，结果显示消费者对农产品质量安全的认知水平主要与性别、受教育程度和家庭规模显著相关。常向阳和李香（2005）运用 Pearson 相关分析阐明了消费者对绿色蔬菜和有机蔬菜质量安全状况的总体评价和认知程度，并分析了消费者对绿色蔬菜的支付意愿及主要影响因素。尽管学者们已开展农产品购买行为的研究，但现有研究主要关注普通农产品（猪肉、牛肉和蔬菜等），缺乏对无公害农产品购买行为的研究，专门针对无公害土猪购买行为的研究更是少见。

5.4　理论模型构建

基于消费者行为理论，消费者购买决策受到个人、社会、文化和心理等因素的影响，同时，产品外观和质量、消费者购买意愿等因素也会促成购买行为。因此，影响消费者对无公害猪肉购买行为的因素主要包括 6 个方面：一是个人因素，即消费者购买决策受到年龄、生命周期阶段、职业和经济条件、家庭规模和构成的影响。一般而言，随着年龄增长和受教育程度的提高，消费者对无公害猪肉的认知能力会相应提高，收入水平越高则对无公害猪肉的购买意愿和支付意愿越高，而家庭中有小孩和老人的消费者可能对无公害猪肉的购买动机更强烈。二是社会因素，主要是指消费者的家庭成员、相关群体及社会角色与地位等。其中，家庭是社会中最重要的消费者购买组织，配偶和子女，父母和兄弟姐妹等的消费价值取向及其对购买无公害猪肉的认同程度会影响消费者购买与否；此外，亲友和同事的态度也是无公害猪肉购买行为的影响因素。三是文化因素，文化、亚文化和社会阶层等对消费者购买行为有着较为重要的影响，消费者购买无公害猪肉受到不确定性规避、传统概念等约束，规避未来风险，注重食品质量安全的消费者对无公害猪肉的购买倾向更明显，而追求勤俭节约、经济实惠的消费者购买无公害猪肉对价格更为敏感。四是心理因素，即消费者购买无公害猪肉的动机、认知和学习等过程，表现为消费者对猪肉安全的忧患程度，对无公害猪肉的知晓程度、理解程度、查询意愿和信任程度等。五是产品因素，消费者对无公害猪肉的色泽、口感和营养价值的认可程度影响其购买动机和行为。六是购买意愿，即消费者是否愿意购买无公害猪肉，及愿意为无公害猪肉额外支付高价的幅度。购买意愿是购买行为的重要前提，而支付意愿则决定着消费者能否将购买动机转变为实际购买。由此，本书从个人因素、社会因素、文化因素、心理因素、产品因素和购买意愿6个维度构建消费者对无公害猪肉购买行为理论模型，如图5-1所示。

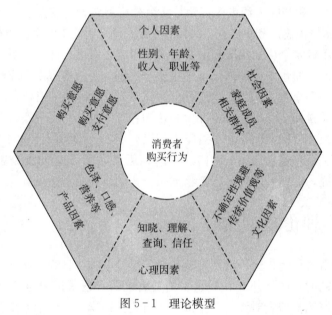

图5-1　理论模型

5.5　数据来源及样本特征

5.5.1　数据来源

"壹号土猪"是广东天地食品集团经长期实践和研究选育的优质土猪种，获得无公害产地和无公害产品认证，是广东省唯一一家被农业部核准的无公害土猪，在广州等珠三角地区共有450多家连锁店。本书所采用的数据为华南农业大学经济管理学院本科生和研究生于2012年7～8月对广州市消费者对"壹号土猪肉"购买行为的抽样调查。调查采用问卷访谈形式进行，调查充分考虑了样本的分散性和随机性，调查地点主要选取在超市、农贸市场和居民生活区附近，调查对象分别为不同性别、年龄、文化程度、家庭规模和家庭月收入等情况。问卷中关于影响消费者对"壹号土猪肉"购买行为的个人因素、社会因素、文化因素和心理因素等为单选项题目，关于消费者对"壹号土猪肉"的购买方式、时间及获取"壹号土猪肉"的信息渠道等为多选项题目。发放调查问卷 300 份，得到有效问卷 262 份，有效问卷回收率为 92.3%。

5.5.2 样本特征

调查问卷的基本特征详见表 5-1。在 262 受访者中，女性占 54.6%，20~50 岁的消费者占 83.3%，已婚的消费者占 61.5%，具有大学或研究生以上文化程度的消费者占 79.5%，企事业单位员工占 56.1%，来自 3 口或 4 口之家的消费者占 60.1%，家庭平均月收入 7 001 元以上的消费者占 57.3%，家庭中有小孩的消费者占 55.3%，家庭中有老人的消费者占 50.4%。可见，受访者多为中青年已婚消费者，文化程度较高，职业和收入较为稳定，是无公害猪肉的现实和潜在消费群体，对调查问卷内容有较好的理解与把握，因此调查数据具有较高的代表性和可信度。

表 5-1 样本特征统计 （N=262）

变量	选项	数量	比例	变量	选项	数量	比例
性别	男	119	45.40%	婚姻	未婚	101	38.50%
	女	143	54.60%		已婚	161	61.50%
年龄（岁）	20 以下	7	2.70%	职业	政府部门员工	11	4.20%
	21~30	100	38.20%		事业单位员工	73	27.90%
	31~40	68	26.00%		企业员工	74	28.20%
	41~50	51	19.50%		私营业主	7	2.70%
	51~60	16	6.10%		离退休人员	26	9.90%
	61 以上	20	7.60%		学生	61	23.30%
文化程度	初中或以下	30	11.50%		其他	10	3.80%
	高中	33	12.60%	家庭月收入（元）	<5 000	73	27.90%
	大学	90	34.40%		5 001~7 000	39	14.90%
	研究生或以上	109	41.60%		7 001~10 000	41	15.60%
家庭规模	1 人	2	0.80%		>10 001	109	41.60%
	2 人	34	13.00%	家庭有无小孩	有	145	55.30%
	3 人	78	29.80%		无	116	44.70%
	4 人	80	30.50%	家庭有无老人	有	132	50.40%
	5 人或以上	68	26.00%		无	130	49.60%

5.6 消费者对无公害猪肉购买行为的描述性分析

5.6.1 影响消费者购买无公害猪肉的社会因素

在调查中，45.8%的被访者选择了"家庭成员不认同其购买壹号土猪肉"，仅有 54.2%的被访者选择了"认同"；54.2%的被访者选择了"亲朋好友不认同其购买壹号土猪肉"，仅有 45.8%的被访者选择了"认同"。可见，消费者购买"壹号土猪肉"的行为没有普遍得到家庭成员和亲朋好友的赞同和支持，这在一定程度上约束了消费者对"壹号土猪肉"的购买意愿和购买行为。究其原因，一方面可能是消费者受传统消费习惯的影响，对无公害猪肉的消费意愿仍然有限；另一方面，这可能与目前无公害猪肉的市场售价过高、品牌知名度不够等有关。

5.6.2 影响消费者购买无公害猪肉的文化因素

就影响消费者购买无公害猪肉的文化因素而言，89.7%的被访者选择"规避食品安全风险"，90.1%的被访者选择"认同节俭传统"。此结果表明，消费者受"民以食为先，食以安为先"的观念影响，对农产品质量安全风险有着较强的规避意识，这可能成为消费者购买无公害猪肉的重要动机。此外，"节俭传统"的价值观对消费者购买行为产生潜移默化的影响，使消费者对无公害猪肉的价格较为敏感，从而制约消费者对无公害猪肉的支付意愿。

5.6.3 影响消费者购买无公害猪肉的心理因素

调查结果表明，80.2%的被访者对"目前市场上猪肉安全状况"表示担心，这与近年来市场上频繁发生猪肉质量安全事故密切相关；84.7%的被访者选择"听说过壹号土猪肉"，可见"壹号土猪肉"的知晓程度较高；91.6%的被访者表示对"壹号土猪肉"的屠宰、加工和检疫程度"不了解"，可见消费者对无公害猪肉的安全生产过程缺乏足够认识；仅有 59.5%的消费者"愿意通过手机、网络或其他渠道查询壹号土猪肉的安全信息"，表明消费者对无公害猪肉的查询意愿不强烈；有 74%的消费者相信"壹号土猪肉"是安全的，说明大部分消费者对无公害猪肉质量安全的信任程度较高。

5.6.4 影响消费者购买无公害猪肉的产品因素

在产品特征方面，69.1%的被访者认为"壹号土猪肉"色泽好，71.4%的被访者认为"壹号土猪肉"口感香，但是，仅有 52.3%的被访者认为"壹号土猪肉"营养价值高。由此可知,"壹号土猪肉"由于肉色鲜红光泽、纤维清晰坚韧,因此多数消费者对其外观色泽感知明显;同时,"壹号土猪肉"煮熟后散发出浓郁的猪肉香味,在口感方面对消费者有着较强的吸引力。但是,消费者对"壹号土猪肉"的营养价值认可程度不十分高,可见有相当部分的消费者不认为无公害猪肉比普通土猪肉更富有营养价值。

5.6.5 消费者对无公害猪肉的购买意愿

关于消费者对"壹号土猪肉"的购买意愿,有72.1%的被访者表示"愿意购买",仅有27.9%的消费者表示"不愿意购买",可见大部分消费者对无公害猪肉有购买动机。关于消费者对"壹号土猪肉"额外支付高价的幅度,绝大部分被访者选择"比普通猪肉贵50%及以下",占总数的71%;仅有61位消费者选择"比普通猪肉贵0.5~1倍",占总数的23.3%;13位消费者选择"比普通猪肉贵1~2倍",占总数的5%;2位消费者选择"比普通猪肉贵2倍以上",占总数的0.8%。可见,消费者对无公害猪肉支付意愿不高,价格是制约消费者购买无公害猪肉的重要因素。

5.6.6 消费者对无公害猪肉的购买倾向

在消费者购买"壹号土猪肉"的地点倾向方面,38.5%的被访者选择在农贸市场购买,67.9%的被访者选择在超市购买,26%的被访者选择在连锁专卖店购买,3.1%的被访者选择在其他地点购买。可见,随着我国"农改超"进程加快,农产品超市化经营渐成气候,越来越多的消费者在超市购买无公害猪肉;而受长期消费习惯的影响,农贸市场仍然是消费者购买农产品较重要的渠道;连锁专卖店作为无公害猪肉流通渠道的新形式,尚未成为消费者购买的主要渠道。在消费者购买"壹号土猪肉"的时间倾向方面,50.4%的被调查者选择在平时购买,33.2%的被调查者选择在周末购买,16.4%的被调查者选择在节假日购买,19.1%的被调查者选择在零售促销时购买,8%的被调查者选择在馈赠亲友时购买。可见,消费者对无公害猪肉的购买属于日常购买行为,零售促销对消费者购买无公害猪肉的刺激不明显。在消费者获取"壹号土猪肉"的信息渠道方面,通过政府部门获取信息的占2.3%,通过认证机构获取信息的占3.8%,通过新闻媒体获取信息的占43.5%,通过网络获取信息的占30.8%,通过零售商获取信息的占40.8%,通过商品标签获取信息的占18.7%,通过亲友介绍获取信息的占39.7%,通过其他渠道获取信息的占11.1%。由此发现,大部分消费者通过新闻媒体、网络、零售商等渠道获得无公害猪肉相关信息,而亲友口碑传播也是无公害猪肉信息传播的重要渠道之一。

5.7 消费者对无公害猪肉购买行为影响因素的实证分析

5.7.1 变量及模型

本书采取影响消费者购买"壹号土猪肉"的个人因素、社会因素、文化因素、心理因素、产品因素和购买意愿的 23 个指标作为解释变量（X），以消费者对无公害猪肉购买行为作为被解释变量（Y），采用二元 Logistic 回归模型进行参数估计。具体变量及其取值和定义如表 5-2 所示。

表 5-2　模型中变量的定义

	变量名称	变量定义
	性别（X_1）	男＝1，女＝0
	年龄（X_2）	＜20 岁＝1，21～30 岁＝2，31～40 岁＝3，41～50 岁＝4，51～60 岁＝5，＞61 岁＝6
	婚姻状况（X_3）	已婚＝1，未婚＝0
	文化程度（X_4）	初中或以下＝1，高中＝2，大学＝3，研究生或以上＝4
个人因素	职业（X_5）	政府部门员工＝1，事业单位员工＝2，企业员工＝3，私营业主＝4，离退休人员＝5，学生＝6，其他＝7
	家庭规模（X_6）	1 人＝1，2 人＝2，3 人＝3，4 人＝4，5 人或以上＝5
	家庭月收入（X_7）	5 000 元以下＝1，5 001～7 000 元＝2，7 001～10 000元＝3，10 001 元以上＝4
	家庭有无小孩（X_8）	有＝1，无＝0
	家庭有无老人（X_9）	有＝1，无＝0
社会因素	家庭成员对购买"壹号土猪肉"的认同程度（X_{10}）	认同＝1，不认同＝0
	亲朋好友对购买"壹号土猪肉"的认同程度（X_{11}）	认同＝1，不认同＝0
文化因素	对"农产品安全风险"的规避程度（X_{12}）	规避＝1，不规避＝0
	对"节俭传统"的认同程度（X_{13}）	认同＝1，不认同＝0

（续）

变量名称	变量定义
心理因素 对猪肉安全的忧患程度（X_{14}）	担心＝1，不担心＝0
对"壹号土猪肉"的知晓程度（X_{15}）	知道＝1，不知道＝0
对"壹号土猪肉"的了解程度（X_{16}）	了解＝1，不了解＝0
对"壹号土猪肉"的查询意愿（X_{17}）	愿意＝1，不愿意＝0
对"壹号土猪肉"的信任程度（X_{18}）	信任＝1，不信任＝0
产品因素 对"壹号土猪肉"色泽的认可程度（X_{19}）	认可＝1，不认可＝0
对"壹号土猪肉"口感的认可程度（X_{20}）	认可＝1，不认可＝0
对"壹号土猪肉"营养的认可程度（X_{21}）	认可＝1，不认可＝0
购买意愿 对"壹号土猪肉"的购买意愿（X_{22}）	愿意＝1，不愿意＝0
对"壹号土猪肉"的支付意愿（X_{23}）	比普通猪肉贵50％及以下＝1，贵1倍＝2，贵2倍＝3，贵3倍＝4，贵4倍及以上＝5
购买行为 对"壹号土猪肉"的购买行为（P）	购买＝1，不购买＝0

Logistic 模型表达式为：

$$P_n = \frac{1}{1 + \exp\left[-\left(b_0 + b_1 x_1 + b_2 x_2 + b_3 x_3 + \cdots + b_n x_n\right)\right]} \quad (1)$$

（1）式中，P_n 表示被解释变量；b_0 表示常数项；b_1、b_2、b_3、$\cdots$、b_n 表示估计系数；x_1、x_2、x_3、$\cdots$、x_n 为解释变量。

5.7.2 模型回归结果

基于上述实证模型，本书运用 SPSS 18.0 统计软件对以上被解释变量和解释变量数据进行 Logistic 回归分析，对变量筛选方法为强迫进入法，变量参数检验方法采用 Wald 检验，直接将全部变量纳入到回归模型中，研究多个变量对"壹号土猪肉"的购买行为的影响，所得的估计结果如表 5-3 所示，模型的估计的整体显著性水平较高。

表 5-3 消费者对无公害猪肉购买行为的二元 Logistic 回归模型分析结果

自变量	参数 B	Sig.	Exp（B）
性别（以女性为对照组）	−1.895**	0.009	0.150
年龄（以61岁以上为对照组）		0.302	
20岁以下	−2.287	0.468	0.102
21～30岁	−4.364	0.135	0.013

（续）

自变量	参数 B	Sig.	Exp（B）
31~40 岁	−1.768	0.519	0.171
41~50 岁	−2.542	0.343	0.079
51~60 岁	0.450	0.854	1.568
婚姻（以未婚为对照组）	−2.230	0.120	0.107
文化程度（以研究生或以上为对照组）		0.046	
初中或以下	−1.934	0.194	0.145
高中	−3.247*	0.027	0.039
大学	−2.596**	0.009	0.075
职业（以政府部门员工为对照组）		0.916	
事业单位员工	1.188	0.541	3.281
企业员工	1.079	0.592	2.942
私营业主	1.385	0.574	3.994
离退休人员	−0.506	0.869	0.603
学生	−0.060	0.976	0.941
其他	−0.126	0.959	0.882
家庭人口数（以 5 人或以上对照组）		0.806	
1 人	−5.736	0.548	0.003
2 人	0.063	0.969	1.065
3 人	0.610	0.532	1.841
4 人	0.813	0.364	2.254
收入（以 10 001 元以上为对照组）		0.506	
5 000 元以下	1.418	0.173	4.128
5 001~7 000 元	0.980	0.343	2.664
7 001~10 000 元	1.256	0.200	3.511
家庭中有无小孩（以无为对照组）	1.055	0.251	2.872
家庭中有无老人（以无为对照组）	−0.881	0.238	0.414
家庭成员是否认同您购买"壹号土猪肉"（以否为对照组）	4.048***	0.000	57.257
亲朋好友是否认同您购买"壹号土猪肉"（以否为对照组）	1.969*	0.023	7.163
是否规避"食品安全风险"（以否为对照组）	1.628	0.103	5.093
对"节俭传统"是否认同（以否为对照组）	0.435	0.683	1.545
对目前市场上猪肉安全状况是否担心（以否为对照组）	0.005	0.995	1.005
是否听说过"壹号土猪肉"（以否为对照组）	1.497	0.081	4.466

（续）

自变量	参数 B	Sig.	Exp（B）
是否了解"壹号土猪肉"的屠宰、加工和检疫程序（以否为对照组）	3.621*	0.017	37.381
是否愿意通过手机、网络或其他渠道查询"壹号土猪肉"的安全信息（以否为对照组）	−0.984	0.205	0.374
是否相信"壹号土猪肉"是安全的（以否为对照组）	2.975***	0.001	19.594
是否觉得"壹号土猪肉"色泽好（以否为对照组）	−2.170*	0.021	0.114
是否觉得"壹号土猪肉"口感香（以否为对照组）	0.835	0.358	2.305
是否觉得"壹号土猪肉"营养价值高（以否为对照组）	−0.514	0.520	0.598
是否愿意购买"壹号土猪肉"（以否为对照组）	3.350***	0.001	28.506
愿意为"壹号土猪肉"额外支付高价的幅度（以比普通猪肉贵50%及以下为对照组）		0.007	
比普通猪肉贵0.5～1倍	3.331***	0.001	27.956
比普通猪肉贵1～2倍	0.712	0.729	2.038
比普通猪肉贵2倍以上	−2.628	0.610	0.072
常数项	−5.018	0.200	0.007

注：①模型检验结果：卡方检验值为251.488，自由度为41，显著性概率为0.000；−2倍的对数似然值＝109.137；Cox-Snell R^2＝0.617；Nagelkerke R^2＝0.825。②*表示在0.05水平上显著；***表示在0.01水平上显著；***表示在0.001水平上显著；EXP（B）等于发生比率，可以测量解释变量一个单位的增加给原来的发生比率带来的变化。

表5-3中的Logistic模型回归结果表明：家庭成员对消费者购买无公害猪肉的认同程度，消费者对无公害猪肉的信任程度，消费者对无公害猪肉的购买意愿和支付意愿在0.001水平上显著，是影响消费者对购买无公害猪肉购买行为的最显著因素；亲朋好友对消费者购买无公害猪肉的认同程度，消费者对无公害猪肉的了解程度，消费者对无公害猪肉色泽的认可程度在0.05水平上显著，是影响消费者对购买无公害猪肉购买行为的较显著因素；性别和文化程度是比较显著的人口统计学影响因素。此外的其他变量均不显著。

从个人因素来看，消费者的性别、文化程度对无公害猪肉的购买行为产生显著影响，其余个人因素变量对购买行为的影响不显著。就性别而言，女性消费者对无公害猪肉进行购买的可能性高于男性，即女性比男性更倾向于购买无公害猪肉，一般来说，女性在家庭食物消费中处于主导地位，具有更多的决策权，对家庭成员饮食营养和身体健康的关注程度高于男性，对无公害猪肉的消费意识更强。就文化程度而言，大学文化程度和高中文化程度消费者对无公害猪肉购买概率低于研究生或以上文化程度消费者，一般来说，文化程度越高的消费者接受新事物比较容易，对无公害农产品的认知程度较高，对无公害猪肉的购买倾向也越大。

从社会因素来看，家庭成员和亲朋好友对购买无公害猪肉的认同程度均会影响消费者对无公害猪肉的购买行为，得到家庭成员和亲朋好友的认同的消费者进行购买的可能性高于得不到家庭成员和亲朋好友认同的消费者。其中，家庭成员对购买无公害猪肉的认同程度是较重要的影响因素，其主要原因是无公害猪肉是消费者家庭共同消费的农产品，家庭成员的态度和评价会影响消费者的购买决策。此外，亲朋好友等相关群体的意见对消费者购买行为也有一定影响。

从文化因素来看，文化因素的两个变量，即消费者对农产品安全风险的规避程度和消费者对传统节俭的认同程度均没有对消费者购买无公害猪肉行为产生显著影响。消费者普遍规避农产品质量安全风险，这与消费者是否购买无公害猪肉不相关；此外，消费者是否认同长期形成的节俭消费观念，也不直接影响其对无公害猪肉的购买行为。

从心理因素来看，对无公害猪肉了解程度和信任程度均对购买行为产生显著影响。首先，消费者了解无公害猪肉是其产生购买意愿和购买行为的前提。其次，信息不对称导致消费者无法准确甄别农产品质量安全，消费者对无公害猪肉质量安全的认知水平对其购买行为具有积极作用，对无公害猪肉的饲养、屠宰、加工和储运等相关生产加工过程了解程度越高的消费者，越倾向于购买无公害猪肉。消费者对无公害猪肉的了解程度直接影响其对无公害猪肉质量安全的价值评价和消费态度，进而影响其对无公害猪肉的购买行为。再次，消费者对无公害猪肉质量安全的信任水平是其实际购买的前提，如果消费者不信任，其就不会采取购买行为。对无公害猪肉信任程度越高的消费者越倾向于购买无公害猪肉。当前，相关媒体报道猪肉质量安全事故的负面信息导致消费者对猪肉质量安全不信任的态度，这也会影响其购买无公害猪肉。

从产品因素来看，消费者对无公害猪肉色泽的认可程度是一个显著变量，且其影响为负向，说明觉得无公害猪肉色泽好的消费者进行购买的可能性较小。究其原因，可能与目前市场上猪肉质量安全事故有关，色泽鲜红的无公害猪肉可能让消费者联想到猪肉添加剂，从而制约其购买行为。

从购买意愿来看，消费者对无公害猪肉的购买意愿和支付意愿均对购买行为产生显著影响。表示愿意购买无公害猪肉的消费者采取实际购买行为的可能性较高，愿意支付比普通猪肉贵 0.5~1 倍的消费者进行购买的可能性更高。一般而言，无公害猪肉的市场售价要比普通猪肉的市场售价高出一定比例，愿意为无公害猪肉额外支付高价，而且支付程度达到一定水平的消费者，才更可能将潜在购买意愿转变为现实购买行为。

5.8　结论与政策建议

5.8.1　结论

本书在构建消费者对无公害猪肉购买行为理论模型基础上，建立了包括个人因素、社会因素、文化因素、心理因素、产品因素和购买意愿的回归模型，实证评价了广州消费者对"壹号土猪肉"的购买行为。本书得出的主要研究结论如下：

第一，消费者对猪肉质量安全问题表示普遍担忧，绝大部分消费者表示规避农产品质量安全风险和愿意购买无公害猪肉，可见消费者对无公害猪肉有着较强的潜在消费需求，但由于受到对无公害猪肉认知程度、信任程度等因素制约，消费者对无公害猪肉实际购买仍不足。

第二，消费者对无公害猪肉的购买行为并没有广泛得到其家庭成员和亲朋好友的认同。

第三，消费者对无公害猪肉生产和储运过程缺乏足够认知，对无公害猪肉质量安全了解程度甚低，愿意主动查询无公害猪肉质量安全信息的消费者比较少，但大部分消费者相信无公害猪肉是安全的。

第四，消费者多数认为无公害猪肉色泽鲜红、口感香，但仅有半数消费者认为无公害猪肉比普通猪肉更富有营养价值。

第五，消费者对无公害猪肉具有较强的购买意愿，但绝大部分消费者对无公害猪肉的价格支付意愿不高，均不愿意支付超过一倍的价格。

第六，消费者多数在平时和周末在超市购买无公害猪肉，新闻媒体、网络、零售商和亲友口碑传播是无公害猪肉信息传播的重要渠道。

第七，Logisitic 模型回归结果表明，家庭成员对消费者购买无公害猪肉的认同程度，消费者对无公害猪肉的信任程度，消费者对无公害猪肉的购买意愿和支付意愿等是影响消费者对无公害猪肉购买行为的最显著因素；亲朋好友对消费者购买无公害猪肉的认同程度，消费者对无公害猪肉的了解程度，消费者对无公害猪肉色泽的认可程度是影响消费者对无公害猪肉购买行为的较显著因素，性别和文化程度是比较显著的人口统计学影响因素。

5.8.2　政策建议

鉴于本书的研究结果，为拉动无公害猪肉市场需求，增加消费者对无公害猪肉的购买，促进无公害猪肉产业发展，应采取如下措施：①政府和农业企业应加大信息平台建设，提供无公害猪肉信息可追溯系统，建立规范的无公害猪肉信息发布渠道，提高消费者对无公害猪肉的了解程度和信任程度。②通过新闻媒体、网络和零售商开展宣传教育，普及无公害猪肉质量安全知识，引导消费者树立无公害猪肉消费观念，无公害猪肉零售企业通过整合营销传播向消费者提供良好的购买体验，并形成积极的口碑传播。③政府通过扩大无公害农业规模化生产，适度对无公害猪肉生产企业进行税费减免和财政补贴，简化无公害猪肉认证程序，降低无公害猪肉的生产成本和相关认证费用，进而降低无公害猪肉的市场价格。④拓展完善无公害猪肉的销售渠道和市场流通体系，加快发展无公害猪肉网络配送、农场直购等新型流通方式，为消费者购买无公害猪肉提供更多便利。⑤加强无公害猪肉生产技术研发与应用，提高无公害猪肉的科技含量和安全性，从而提升消费者对无公害猪肉的信任程度和购买意愿。

5.9　本章小结

本章基于消费者行为理论，从个人因素、社会因素、文化因素、心理因素、产品因素和购买意愿 6 个维度，构建消费者对无公害猪肉购买行为研究模型。通过对广州市消费者对"壹号土猪肉"购买行为的调查，采用 Logistic 回归分析方法，分别对消费者购买行为进行描述性统计分析，对影响消费者购买行为的因素进行计量分析。实证结果表明，家庭成员对消费者购买无公害猪肉的认同程度、消费者对无公害猪肉的信任程度、消费者对无公害猪肉的购买意愿和支付意愿是影响消费者对无公害猪肉购买行为的最显著因素；亲朋好友对消费者购买无公害猪肉的认同程度、消费者对无公害猪肉的了解程度和消费者对无公害猪肉色泽的认可程度是影响消费者对无公害猪肉购买行为的较显著因素，性别和文化程度是比较显著的人口统计学影响因素。

6　有机农产品消费者购买行为

6.1　有机农产品概述

6.1.1　有机农产品概念

国际有机农业运动联盟（International Federation of Organic Agriculture Movements，IFOAM）把有机农业描述为一种可以维护土壤、生态系统和人类健康的生产系统。联合国食品法典委员会的《有机农产品生产、加工、销售指南》中认为：有机农业是在考虑当地自然条件的前提下，基于低的外界投入和不使用人工合成化肥和农药，以促进和增加生物多样性、生物循环和土壤生物活性的一个全面管理系统。我国有机食品发展中心指出，有机农业是一种完全不使用化学肥料、农药、生长调节剂和畜禽饲料添加剂等人工合成物质，也是用基因工程生物及其产物的生产体系，其核心是建立和恢复农业生态系统的生物多样性和良性循环，以维持农业的可持续发展（钱静斐，2014）。我国国家认证认可监督管理委员会编制并发布的新版《有机产品认证实施规则》（CNCA - N - 009：2011）和新版《有机产品》国家标准（GB/T 19630—2011）中将有机农业定义为遵照特定的农业生产原则，在生产中不采用基因工程获得的生物及其产物，不使用化学合成的农药、化肥、生长调节剂、饲料添加剂等物质，遵循自然规律和生态学原理，协调种植业和养殖业的平稳，采用一系列可持续的农业技术以维持持续稳定的农业生产体系的一种农业生产方式（孙立勇，2011）。

有机食品是指来自于有机农业生产体系，根据有机农业生产要求和相应生产标准生产加工，并通过合法、独立的有机食品认证机构认证的一切农副产品（李显军，2004；刘学锋，张侨，2014）。目前我国有机食品主要是包括粮食、蔬菜、水果、奶制品、畜禽产品、水产品及调料等[①]。有机农产品是指根据有机农业的原则以及有机农产品生产标准和方式生产加工出来的，并且通过了有机食品认证机构认证的农产品。它是纯净、天然、安全无污染、健康营养的农产品，也可称为"绿色生态食品"。在无公害农产品、绿色农产品和有机农产

---

① 中国国家认证认可监督委员会官网. 中国食品农产品认证信息系统. 有机产品知识普及 [EB/OL]，http：//www. cnca. gov. cn/ywzl/rz/spncp/zspj/201205/t20120516 _ 2010. shtml.

品中，有机农产品是安全等级最高、营养价值最高，最安全无污染的。

6.1.2 有机农产品发展现状

20世纪70年代发达国家兴起有机农业和有机食品，带动了世界范围内有机农业和有机食品的蓬勃发展。1972年国际有机农业运动联盟成立，1991年欧盟委员会通过有机农业条例。20世纪90年代，我国有机农产品生产以出口为目标，主要出口到日本、欧盟及北美，95%以上的有机农产品都通过有机贸易出口。随着我国农业步入从追求数量增长向高产优质高效并重的战略转变，2000年以后我国有机农产品市场增长趋势明显。

总体而言，我国有机农产品起步晚、发展快。1994年，国家环境保护总局有机食品发展中心成立，标志着我国有机食品的开发和认证管理工作在全国展开（李双璐，2016）；1995年，国家环保总局制定了《有机食品标志管理章程》和《有机食品生产和加工技术规范》，初步形成了较为健全的有机食品生产标准和认证管理体系（孙建，2012）；1999年，国家环境保护总局有机食品发展中心制定了《有机产品认证标准》；2001年，国家环保总局正式发布了《有机食品认证管理办法》；2005年，国家质检总局发布的《有机产品认证管理办法》正式实施，实现了有机产品认证的国际互认①，标志着我国有机农业进入了规范发展阶段。2016年，国务院印发的《发挥品牌引领作用推动供需结构升级的意见》中明确提出，增加优质农产品供给，全面提升农产品质量安全等级，大力发展无公害农产品、绿色食品、有机农产品和地理标志农产品。截至2015年12月31日，全国共有10 949家生产企业获得了中国有机产品认证证书12 810张，我国境内按照中国有机标准进行的有机植物生产面积152.4万公顷，其中有机种植面积为92.7万公顷，野生采集面积为59.7万公顷；有机植物生产产量为596.6万吨，其中有机认证产量为572.9万吨，野生采集产量为23.7万吨②。截至2016年年底，我国建立国家有机产品认证示范区57个，获证面积达200万公顷，有机产品年销售额达360亿元③。

---

① 中绿华夏有机食品认证中心官网. 我国《有机产品认证管理办法》和有机产品国家标准正式实施［EB/OL］. http：//www. ofcc. org. cn/index. php？auto_id=551&optionid=676.

② 中国绿色食品发展中心官网. 首届中奥有机农业研讨会在维也纳成功举办［EB/OL］. http：//www. greenfood. agri. cn/xw/yw/201702/t20170206_5468216. htm.

③ 中国国家认证认可监督委员会. 2017年全国认证认可工作会议暨第十五次全国认证认可工作部际联席会议［EB/OL］. http：//www. cnca. gov. cn/rdzt/2017/qgh/hg2016/201701/t20170118_53583. shtml.

6.2 研究背景

我国是世界上最大的蔬菜生产国，据联合国粮农组织统计，中国蔬菜播种面积和产量分别占世界的 43% 和 49%，均居世界首位。据我国农业部数据显示，我国蔬菜产量已从 1991 年的 2.04 亿吨增至 2011 年的 6.79 亿吨，首度超过粮食成为我国第一大农产品。蔬菜产业已成为我国农业和农村发展的支柱产业，在保障市场供应、增加农民收入等方面发挥了重要作用。蔬菜是城乡居民日常膳食结构中必不可少的重要农产品，我国人均蔬菜拥有量达到每人每年 370 千克，位居世界第一。近年来，在我国农产品质量安全的严峻形势下，海南"毒豇豆"、青岛"毒韭菜"、沈阳"毒豆芽"等蔬菜农药残留群体性中毒事件的频繁发生，已经严重威胁到消费者健康，也对农业产业安全和农业企业发展产生负面影响。因此，保证蔬菜质量安全已成为政府和业界重点关注的问题。蔬菜按其安全程度和健康标准从低到高依次称为无公害蔬菜、绿色蔬菜和有机蔬菜，因此，有机蔬菜的安全级别最高。有机蔬菜是指采用可持续农业技术，根据国际有机农业的生产技术标准生产加工，禁止使用人工合成的化肥、农药、激素和转基因产物，经有机食品认证机构认证允许使用有机食品标志的蔬菜。因此，大力发展有机蔬菜产业已成为解决蔬菜质量安全问题的良好途径之一。消费者是有机蔬菜的最终购买者，为生产者、批发商和零售商、政府部门等相关主体推进有机蔬菜产业发展提供市场驱动力。因此，消费者对有机蔬菜的实际购买，成为扩大有机蔬菜市场份额，提高有机蔬菜产业竞争力，保障蔬菜质量安全的重要基础。增加消费者对有机蔬菜的了解，培养消费者对有机蔬菜的消费习惯，提高消费者对有机蔬菜的购买意愿，是促成消费者对有机蔬菜实际购买的前提。为了扩大有机蔬菜的市场需求，帮助政府、认证机构和涉农企业等主体从消费者角度制定合理有效的有机蔬菜管理和营销策略，有必要探究有机蔬菜消费者购买行为的影响因素。

6.3 文献回顾与模型构建

当前，国内外学者围绕消费者对安全农产品认知能力、支付意愿和购买行为及其决策因素等展开了相关实证研究，研究对象涵盖绿色农产品、无公害农产品和可追溯农产品等种类，涉及肉、蛋、蔬菜等具体案例，研究方法主要是描述性统计分析、构建多元回归模型进行计量分析以及构建结构方程模型进行实证分析。杜鹏（2012）基于顾客体验视角，运用实验法探讨了顾客体验对消费者绿色食品支付意愿的影响机理，实证研究发现，认知体验和质量体验与消费者绿色食品购买意愿呈显著正相关，但顾客体验对消费者绿色食品支付溢价并没有显著影响。常向阳和李香（2005）运用相关分析方法阐明了消费者对绿色蔬菜质量安全状况的认知程度，并分析了消费者对绿色蔬菜的支付意愿及其影响因素。冯忠泽和李庆江（2008）立足全国 7 省 9 市的调查数据，对农产品质量安全消费者认知能力及影响因素进行了实证分析，研究结果发现，消费者对农产品质量安全的认知水平主要与性别、受教育程度和家庭规模有关。马骥和秦富（2009）以北京消费者购买有机农产品为例，从信息不对称和收入约束等视角，实证分析了消费者对安全农产品的认知及其影响因素。在研究消费者对农产品购买行为及其影响因素方面，Dickinson 等（2003）通过实证研究发现，美国和加拿大消费者对加贴信息可追溯标签牛肉具有较强的支付意愿。周洁红（2005）基于浙江省的调查，分析了消费者对不同安全程度的蔬菜的价格支付意愿。何德华等（2007）研究武汉市民对无公害蔬菜的消费行为，分析结果表明，消费者对无公害蔬菜的认知程度、消费者收入水平、年龄和受教育程度等对支付意愿的影响显著。周应恒等（2008）研究上海消费者对加贴信息可追溯标签牛肉的购买行为，发现消费者对信息标签的认知和信任程度，以及性别、婚姻、家庭规模等是影响消费者购买的主要因素。Han（2006）构建美国消费者对转基因食品购买意愿模型，验证了拥有信息量对支付意愿的影响。罗丞（2010）构建了中国消费者对安全食品支付意愿的框架，实证分析了信息、信念、态度和意愿之间的关系，发现道德规范和知觉行为控制直接影响消费者支付意愿。文晓巍和李慧良（2012）以广州为例，研究感知利得与风险、信任态度对消费者可追溯肉鸡购买意愿的影响，实证结果表明感知利得对信任态度、购买意愿和监督意愿有显著的正向影响。

综上所述，尽管学者们已开展了消费者对安全农产品购买行为研究，然而，以往研究大多以无公害农产品、可追溯农产品等为研究对象，专门针对有机蔬菜的实证研究尚不多见。此外，以往文献主要从消费者认知角度，选择人口统计因素、安全农产品的关注程度、信任等变量，研究消费者对安全农产品的购买习惯和支付意愿，忽视了营销组合、营销环境、消费者特征和消费者心理对购买意愿和行为的综合作用。因此，本书基于消费者行为理论，从营销组合、营销环境、消费者特征和消费者心理 4 个方面考虑，构建了有机蔬菜消费者购买意愿和行为理论模型，实证分析了有机蔬菜消费者购买行为及其影响因素，研究结论对扩大有机蔬菜市场份额，促进有机蔬菜产业发展，保障蔬菜质量安全提供了理论支持和决策依据。

基于消费者购买行为"刺激—反应"理论（科特勒等，2009），消费者购买行为主要受到"营销刺激"和"心理反应"两方面的作用，其中，营销刺激包括营销组合和营销环境，心理反应包括消费者特征和消费者心理。消费者受到产品、价格、分销和促销等营销组合因素刺激，以及政策、经济、社会和技术等营销环境因素刺激，结合消费者个人特征和社会特征，以及认知和信任等心理反应的复杂作用，消费者产生购买意愿，进而采取购买行为。因此，消费者对有机蔬菜购买意愿和行为的影响因素包括营销组合、营销环境、消费者特征和消费者心理 4 个方面，其中，购买意愿是营销组合、营销环境、消费者特征和消费者心理与购买行为之间的中介变量，即营销组合、营销环境、消费者特征和消费者心理通过影响消费者购买意愿进而影响消费者购买行为。具体而言，营销组合包括产品、价格、分销和促销，有机蔬菜营养价值等因素形成消费者对质量的感知，有机蔬菜价格合理性反映了消费者对价值的评价，分销渠道则决定了消费者购买的便利性，促销可传递产品、价格和分销信息，促使消费者对有机蔬菜产生购买需求。营销环境包括有机蔬菜产业政策的支持、产业经济的增长、产业社会环境的消费价值取向，以及产业技术的进步，这些都影响着消费者对有机蔬菜的购买意愿和行为。消费者特征包括性别、年龄、文化程度和家庭收入等，例如，消费者对有机蔬菜的认知能力随着年龄增长和受教育程度的提高而提高，消费者对有机蔬菜的购买意愿随着收入水平提高而提高。消费者心理包括消费者对蔬菜安全的忧患程度，以及对有机蔬菜的了解意愿、查询意愿及信任程度，消费者对有机蔬菜的客观全面认识，对有机蔬菜质量信息的搜寻和学习，是消费者购买有机蔬菜的重要影响因素。购买意愿即消费者是否愿意购买有机蔬菜，它直接决定了消费者能否采取实际购买行为。基于此，本书从营销组合、营销环境、消费者特征和消费者心理 4 个维度，构建了有机蔬菜消费者购买意愿和行为理论模型，如图 6-1 所示。

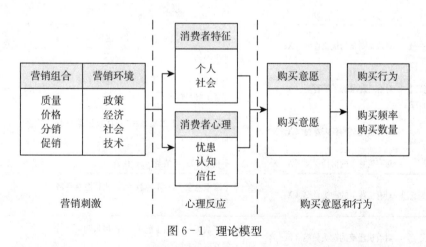

图 6-1 理论模型

本书基于营销组合、营销环境、消费者特征和消费者心理 4 个维度，采取影响消费者有机蔬菜购买意愿和购买行为的 16 个指标作为解释变量（X），以购买意愿作为中介变量（X），以消费者有机蔬菜购买行为的 2 个指标作为被解释变量（Y），采用有序 Logistic 回归模型进行参数估计。具体变量及其取值和定义如表 6-1 所示。

表 6-1　模型中变量的定义

	变量名称	变量定义	均值	标准差
营销组合	对有机蔬菜质量的认同程度（X_1）	不认同=1；不清楚=2；认同=3	2.242	0.695
	对有机蔬菜价格的认同程度（X_2）	不认同=1；不清楚=2；认同=3	2.004	0.930
	对有机蔬菜分销的认同程度（X_3）	不认同=1；不清楚=2；认同=3	1.793	0.816
	对有机蔬菜促销的认同程度（X_4）	不认同=1；不清楚=2；认同=3	1.893	0.924
营销环境	对有机蔬菜产业政策环境的信心（X_5）	不认同=1；不清楚=2；认同=3	2.353	0.646
	对有机蔬菜产业经济环境的信心（X_6）	不认同=1；不清楚=2；认同=3	2.336	0.647
	对有机蔬菜产业社会环境的信心（X_7）	不认同=1；不清楚=2；认同=3	2.128	0.624
	对有机蔬菜产业技术环境的信心（X_8）	不认同=1；不清楚=2；认同=3	2.277	0.506
消费者特征	性别（X_9）	女=0；男=1	0.405	0.492
	年龄（X_{10}）	30 岁以下=1；31～40 岁=2；41～50 岁=3；51～60 岁=4；61 岁以上=5	2.931	1.131
	文化程度（X_{11}）	初中或以下=1；高中=2；大学=3；研究生或以上=4	3.194	0.780
	家庭月收入（X_{12}）	6 000 元以下=1；6 001～10 000 元=2；10 001～15 000 元=3；15 001～20 000 元=4；20 000 元以上=5	2.799	1.422
消费者心理	对蔬菜安全的忧患程度（X_{13}）	不担心=1；有点担心=2；比较担心=3；非常担心=4	3.256	0.752
	对有机蔬菜的了解程度（X_{14}）	不了解=1；有点了解=2；比较了解=3；非常了解=4	1.668	0.786
	对有机蔬菜的查询意愿（X_{15}）	不愿意=1；不太愿意=2；比较愿意=3；非常愿意=4	2.699	1.091
	对有机蔬菜的信任程度（X_{16}）	不相信=1；不清楚=2；相信=3	2.308	0.681
购买意愿	对有机蔬菜的购买意愿（X_{17}）	非常不愿意=1；不愿意=2；比较愿意=3；非常愿意=4	2.810	0.910
购买行为	对有机蔬菜的购买频率（Y_1）	从不购买=1；极少购买=2；偶尔购买=3；经常购买=4	2.090	0.865
	对有机蔬菜的每次购买数量（Y_2）	购买量为 0=1；1 天的量=2；3 天的量=3；1 周的量=4；1 周以上的量=5	1.879	0.761

本书模型设置关于消费者对有机蔬菜购买意愿和行为的变量均为有序的类别变量，因此本书采用有序 Logistic 回归方法分析影响消费者对有机蔬菜购买意愿和行为的因素。有序 Logistic 回归模型表达式为：

$$P(y=j \mid x_i) = \frac{1}{1 + e^{-(\alpha+\beta X_i)}} \qquad (6.1)$$

式中，x_i 表示第 i 个指标，y 代表消费者对有机蔬菜的购买意愿的程度（非常不愿意、不愿意、比较愿意、非常愿意）、购买频率（从不购买、极少购买、偶尔购买、经常购买）和购买数量（购买量为 0、1 天的量、3 天的量、1 周的量、1 周以上的量）的概率。建立累计 Logistic 模型：

$$\text{Logit}(P_j) = \text{In}[P(y \leqslant j)/P(Y \geqslant j+1)] = \alpha_j + \beta X \qquad (6.2)$$

式中，$P_j = P(y=j)$，$j=1，2，3，4，5$；X 表示影响农户评价的指标，β 是一组与 X 对应的回归系数，α_j 是模型的截距。在得到 α_j 和 β 的参数估计后，某种特定情况（如 $y=j$）发生的概率就可以通过以下等式得到：

$$P(y \leqslant j \mid X) = \frac{e^{-(\alpha+\beta X_i)}}{1 + e^{-(\alpha+\beta X_i)}} \qquad (6.3)$$

6.4 数据来源与样本特征

6.4.1 数据来源

本书实证研究所采用的数据由华南农业大学经济管理学院研究生于 2013 年 6 月 1 日至 30 日期间对广州市消费者有机蔬菜购买意愿和行为的抽样调查。调查采用问卷访谈的形式进行，调查地点主要集中在广州市农贸市场、超市、居民住宅区和商务中心附近，调查对象涵盖不同性别、年龄、文化程度和家庭月收入的消费者。问卷中关于影响营销组合、营销环境、消费者特征、消费者心理、购买意愿和购买行为等测度项均为单选题。本次问卷调查共随机访问了 307 位消费者，调查共获得问卷 307 份，回收率为 100%。剔除无效问卷后得到有效问卷 289 份，有效率为 94.14%。

6.4.2 样本特征

样本特征如表 6-2 所示，在 289 位被访者中，女性占样本总数的 59.22%；40 岁以下占样本总数的 74.74%；具有大学或研究生以上文化程度占样本总数的 87.20%；家庭平均月收入 6 001 元以上的占样本总数的 76.14%。可见，被访者大多数为中青年消费者，文化程度较高，收入较为稳定，是有机蔬菜的现实和潜在的购买者，对调查问卷内容有较好的理解与把握，因此，本书研究的调查数据具有较理想的代表性和可靠度。

表 6-2　样本特征统计（N＝289）

		男			女	
性别	样本数		117		172	
	比例（%）		40.48		59.52	

		30 岁以下	31～40 岁	41～50 岁	51～60 岁	61 岁及以上
年龄	样本数	136	80	42	18	13
	比例（%）	47.06	27.68	14.53	6.22	4.50

		初中及以下	高中	大学	研究生及以上
文化程度	样本数	14	23	145	107
	比例（%）	4.84	7.96	50.17	37.02

		6 000 元及以下	6 001～10 000 元	10 001～15 000 元	15 001～20 000 元	20 000 元以上
家庭收入	样本数	69	69	52	49	50
	比例（%）	23.88	23.88	18.00	16.96	17.30

6.5　有机蔬菜消费者购买意愿和行为的实证分析

6.5.1　有机蔬菜消费者购买意愿和行为的描述性统计分析

（1）营销组合。①是否认为有机蔬菜营养价值高。46.02%的被访者认为有机蔬菜营养价值高，53.98%的被访者表示不认同或不清楚，由此可知，仍有相当部分的消费者对有机蔬菜的营养价值的认可程度不高，这可能与消费者的学习意愿和有机蔬菜的宣传介绍不足有关。②是否认为有机蔬菜售价合理。仅有13.84%的被访者认为有机蔬菜售价合理，可见，与普通蔬菜相比，有机蔬菜较高的市场价格使大部分消费者难以接受。③是否认为有机蔬菜购买方便。仅有29.41%的被访者认为有机蔬菜购买方便，可见，目前有机蔬菜的零售网点不发达，有待进一步加强市场流通体系建设。④是否认为有机蔬菜经常宣传促销。仅有13.84%的被访者认为有机蔬菜经常促销，可见，有机蔬菜缺乏足够的广告、营业推广等促销活动。营销组合的描述性统计分析结果见表6-3。

表 6-3　营销组合的描述性统计分析

		不认同	不清楚	认同
对有机蔬菜质量的认同程度（X_1）	样本数	43	113	133
	比例（%）	14.88	39.10	46.02

（续）

		不认同	不清楚	认同
对有机蔬菜价格的认同程度（X_2）	样本数	124	125	40
	比例（%）	42.91	43.25	13.84
		不认同	不清楚	认同
对有机蔬菜分销的认同程度（X_3）	样本数	132	72	85
	比例（%）	45.68	24.91	29.41
		不认同	不清楚	认同
对有机蔬菜促销的认同程度（X_4）	样本数	140	109	40
	比例（%）	48.44	37.72	13.84

（2）营销环境。①是否认为有机蔬菜产业得到国家政策支持。46.02%的被访者认为有机蔬菜产业得到国家政策支持，53.98%的被访者表示不清楚或不认同，可见，消费者普遍对有机蔬菜产业政策不太了解，这可能与缺乏足够的政策报道有关。②是否认为有机蔬菜产业经济迅速增长。47.06%的被访者对有机蔬菜产业的经济增长表示认同，这表明消费者普遍对有机蔬菜产业经济发展表示乐观。③是否认为有机蔬菜产业能改变消费习惯。59.52%的被访者认为有机蔬菜产业对消费习惯有一定的影响，然而，13.84%的被访者认为有机蔬菜产业对消费习惯没有影响，26.64%的被访者不清楚有机蔬菜产业是否对消费习惯有影响，这可能由于传统节俭观念在一定程度上制约消费者对有机蔬菜的购买。④是否认为有机蔬菜产业技术不断进步。66.78%的被访者认为有机蔬菜产业技术不断进步，可见，大部分消费者对农业科技进步充满信心。营销环境的描述性统计分析结果见表6-4。

表6-4 营销环境的描述性统计分析

		不认同	不清楚	认同
对有机蔬菜产业政策环境的信心（X_5）	样本数	27	129	133
	比例（%）	9.34	44.64	46.02
		不认同	不清楚	认同
对有机蔬菜产业经济环境的信心（X_6）	样本数	28	125	136
	比例（%）	9.69	43.25	47.06
		不认同	不清楚	认同
对有机蔬菜产业社会环境的信心（X_7）	样本数	40	77	172
	比例（%）	13.84	26.64	59.52

（续）

对有机蔬菜产业技术环境的信心 (X_8)		不认同	不清楚	认同
	样本数	8	88	193
	比例（%）	2.77	30.45	66.78

（3）消费者心理。①是否担心蔬菜质量安全。41.87%的被访者表示对蔬菜安全状况非常担心，可见，蔬菜安全问题已引起消费者的关注和焦虑。②是否了解有机蔬菜种植和检疫程序。仅有2.77%的被访者表示非常了解，由此可知，大部分消费者不了解有机蔬菜的生产加工和质检的流程。③是否愿意查询有机蔬菜质量安全信息。37.37%的被访者表示不愿意，可见，有相当部分的消费者对有机蔬菜安全信息的学习意愿不强，这是导致有机蔬菜信息不对称的原因之一。④是否相信有机蔬菜质量安全可靠。12.46%的被访者表示不相信，43.25%的被访者表示不清楚，其原因可能是因为政府、认证机构和媒体对有机蔬菜质量安全的宣传报道不足。消费者心理的描述性统计分析结果见表6-5。

表6-5 消费者心理的描述性统计分析

		不担心	有点担心	比较担心	非常担心
对蔬菜安全的忧患程度 (X_{13})	样本数	7	33	128	121
	比例（%）	2.42	11.419	44.29	41.87
		不了解	有点了解	比较了解	非常了解
对有机蔬菜的了解程度 (X_{14})	样本数	145	103	33	8
	比例（%）	50.17	35.64	11.42	2.77
		不愿意	不太愿意	比较愿意	非常愿意
对有机蔬菜的查询意愿 (X_{15})	样本数	60	48	100	81
	比例（%）	20.76	16.61	34.60	28.03
		不相信	不清楚	相信	
对有机蔬菜的信任程度 (X_{16})	样本数	36	125	128	
	比例（%）	12.46	43.25	44.29	

（4）购买意愿。22.14%的被访者表示非常愿意购买，48.10%的被访者表示比较愿意购买，可见消费者对有机蔬菜有着较强的购买意愿。购买意愿的描述性统计分析结果见表6-6。

表 6 - 6　购买意愿的描述性统计分析

对有机蔬菜的购买意愿（X_{17}）		非常不愿意	不愿意	比较愿意	非常愿意
	样本数	33	53	139	64
	比例（%）	11.42	18.34	48.10	22.14

（5）购买行为。①对有机蔬菜的购买频率。28.37%的被访者表示从不购买，39.1%的被访者表示极少购买，仅有27.68%的被访者表示偶尔购买和4.84%的被访者表示经常购买，可见大部分消费者没有实际购买有机蔬菜，这可能与有机蔬菜的市场价格较高有关。②对有机蔬菜每次的购买数量。在实际购买有机蔬菜的被访者中，52.25%的被访者表示每次购买1天的量，14.19%的被访者表示每次购买3天的量，因此，少量零星购买符合我国居民蔬菜消费的传统习惯。购买行为的描述性统计分析结果见表6-7。

表 6 - 7　购买行为的描述性统计分析

对有机蔬菜的购买频率（Y_1）		从不购买	极少购买	偶尔购买	经常购买
	样本数	82	113	80	14
	比例（%）	28.37	39.10	27.68	4.84
对有机蔬菜每次的购买数量（Y_2）		购买量为0	1天的量	3天的量	1周的量	1周以上的量
	样本数	91	151	41	3	3
	比例（%）	31.49	52.25	14.19	1.04	1.04

6.5.2　有机蔬菜消费者购买意愿与行为的有序 Logistic 回归分析

本书运用统计软件 SPSS 20.0，采用有序 Logistic 模型进行回归分析。与二元 Logistic 回归模型类似，有序 Logistic 回归模型也是用于构建因变量为分类变量的回归模型，不同的是二元 Logistic 回归模型的因变量是二分变量，而有序 Logistic 回归模型的因变量是有顺序或者大小区别的分类变量。本书构建了6个模型，其中，购买意愿为中介变量，营销刺激（营销组合和营销环境）和心理反应（消费者特征和消费者心理）的变量通过影响购买意愿进而影响购买行为。模型1研究营销刺激对购买意愿的影响，模型2研究营销刺激和购买意愿对购买频率的影响，模型3研究营销刺激和购买意愿对购买数量的影响，模型4研究营销刺激和心理反应对购买意愿的影响，模型5研究心理反应和购买意愿对购买频率的影响，模型6研究心理反应和购买意愿对购买数量的影响。回归分析结果见表6-8和表6-9。

表 6-8　营销刺激与有机蔬菜消费者购买意愿和行为的有序 Logistic 回归结果

自变量		模型 1 β 值	模型 1 EXP (β)	模型 2 β 值	模型 2 EXP (β)	模型 3 β 值	模型 3 EXP (β)
	截距 1	−3.772	—	0.932	—	0.471	—
	截距 2	−2.436	—	3.210	—	3.588	—
	截距 3	−0.117	—	5.818	—	5.964	—
	截距 4	—	—	—	—	6.682	—
营销组合	对有机蔬菜质量的认同程度（X_1）	0.102	1.107	−0.158	0.854	−0.024	0.976
	对有机蔬菜价格的认同程度（X_2）	0.392**	1.480	0.086	1.090	0.187	1,206
	对有机蔬菜分销的认同程度（X_3）	0.133	1.142	−0.002	0.998	0.100	1.105
	对有机蔬菜促销的认同程度（X_4）	0.098	1.103	0.025	1.025	−0.108	0.898
营销环境	对有机蔬菜产业政策环境的信心（X_5）	−0.290	0.748	−0.244	0.783	−0.219	0.803
	对有机蔬菜产业经济环境的信心（X_6）	−0.275	0.760	0.014	1.014	−0.124	0.883
	对有机蔬菜产业社会环境的信心（X_7）	0.050	1.051	0.194	1.214	−0.134	0.875
	对有机蔬菜产业技术环境的信心（X_8）	−0.767***	0.464	−0.674***	0.510	−0.573***	0.564
中介变量	对有机蔬菜的购买意愿（X_{17}）	—	—	1.408***	4.088	1.269***	3.557
	Cox and Snell	0.121		0.340		0.299	
	拟合优度卡方值	37.259		120.210		102.519	
	卡方检验概率值	0.000		0.000		0.000	
	−2log 似然估计值	558.434		545.672		503.875	

表 6-9　心理反应与有机蔬菜消费者购买意愿和行为的有序 Logistic 回归结果

自变量		模型 4 β 值	模型 4 EXP (β)	模型 5 β 值	模型 5 EXP (β)	模型 6 β 值	模型 6 EXP (β)
	截距 1	3.224	—	5.217	—	4.396	—
	截距 2	4.838	—	7.539	—	8.008	—
	截距 3	7.599	—	10.237	—	10.642	—
	截距 4	—	—	—	—	11.384	—
消费者特征	性别（X_9）	0.117	1.124	0.212	1.236	−0.491	0.612
	年龄（X_{10}）	−0.073	0.930	−0.045	0.956	−0.111	0.895
	文化程度（X_{11}）	0.384*	1.468	−0.082	0.921	0.411*	0.663
	家庭月收入（X_{12}）	0.297**	1.346	0.175	1.191	0.371***	1.449

（续）

自变量		模型 4		模型 5		模型 6	
		β值	EXP (β)	β值	EXP (β)	β值	EXP (β)
消费者心理	对蔬菜安全的忧患程度（X_{13}）	0.327 *	1.387	0.522 **	1.685	0.613 ***	1.846
	对有机蔬菜的了解程度（X_{14}）	0.451 **	1.570	0.252	1.287	0.607 ***	1.835
	对有机蔬菜的查询意愿（X_{15}）	0.809 ***	2.246	0.195	1.215	0.288 *	1.334
	对有机蔬菜的信任程度（X_{16}）	−0.018	0.982	0.093	1.097	−0.217	0.805
中介变量	对有机蔬菜的购买意愿（X_{17}）	—	—	1.204 ***	3.333	1.128 ***	3.089
	Cox and Snell		0.318		0.363		0.392
	拟合优度卡方值		110.657		130.317		143.912
	卡方检验概率值		0.000		0.000		0.000
	−2log 似然估计值		610.054		565.481		463.293

注：① * 表示在 0.05 水平上显著；** 表示在 0.01 水平上显著；*** 表示在 0.001 水平上显著；② 表中所填的模型参数均为 EXP（β），即为发生比率，可以测量解释变量一个单位的增加给原来的发生比率带来的变化。

在营销组合方面，对有机蔬菜价格的认同程度（0.392）对购买意愿有显著正向影响，对有机蔬菜质量的认同程度、对有机蔬菜分销的认同程度和对有机蔬菜促销的认同程度均对购买意愿没有显著影响。这意味着消费者对有机蔬菜价格的认同程度越高，其购买意愿就越高。由此可见，有机蔬菜价格仍是影响购买意愿的重要因素。营销组合因素均没有对购买频率和购买数量产生显著影响，其原因可能是营销组合因素可能通过影响购买意愿再间接影响购买行为。

在营销环境方面，对有机蔬菜产业技术环境的信心（−0.767）对购买意愿有显著负向影响，产业技术对有机蔬菜购买频率（−0.674）和购买数量（−0.573）均有显著负向影响，对有机蔬菜产业政策环境的信心、经济环境的信心和社会环境的信心等因素则没有呈现出显著影响。这说明消费者对有机蔬菜产业技术水平的信心越高，反而其购买意愿则越低。这可能是因为消费者对有机蔬菜的认知水平不高，他们担心有机农业产业技术水平越高，有机蔬菜生产加工过程中可能隐藏的技术风险和安全隐患就越多，因此对有机蔬菜购买意愿反而降低。

在消费者特征方面，文化程度（0.384）和家庭月收入（0.297）对购买意愿有显著正向影响，性别和年龄对购买意愿没有显著影响。这意味着消费者的文化程度和家庭月收入越高，他们的购买意愿越高。所有消费者特征因素均没有对购买频率产生显著影响，而文化程度（0.411）和家庭月收入（0.371）对购买数量则产生了显著正向影响。这可能由于消费者特征变量通过影响购买意愿间接影响购买频率，而文化程度和家庭月收入则直接对购买数量产生显著正向影响，即文化程度越高和家庭收入越高的消费者，其有机蔬菜购买数量越大。

在消费者心理方面，消费者对蔬菜安全的忧患程度（0.327）、对有机蔬菜的了解程度（0.451）和对有机蔬菜的查询意愿（0.809）对购买意愿有显著正向影响。此外，消费者对蔬菜安全的忧患程度（0.522）对购买频率产生显著正向影响，消费者对蔬菜安全的忧患程度（0.613）、对有机蔬菜的了解程度（0.607）和对有机蔬菜的查询意愿（0.288）对购买数量有显著正向影响，这说明了消费者心理因素通过不同的路径对购买行为产生了较大影响。其中，购买频率仅受到忧患程度的显著正向影响，而没有受到其他因素的显著影响，这可能是因为其他心理因素通过影响购买意愿间接影响购买频率；购买数量则同时受到忧患程度、了解程度和查询意愿的直接影响，这意味着消费者心理因素对购买意愿产生较大的影响，消费者对蔬菜安全问题越重视，对有机蔬菜生产加工程序越了解，对有机蔬菜信息查询意愿越明显，就会产生越强烈的购买意愿，相应地对有机蔬菜的购买频率也越高。

在购买意愿方面，消费者对有机蔬菜购买意愿在模型2（1.408）、模型3（1.269）、模型5（1.024）和模型6（1.128）中对有机蔬菜购买行为均有显著正向影响。由此，本书发现消费者购买意愿受到营销刺激和心理反应的影响，对消费者购买行为产生直接影响，这说明了消费者对有机蔬菜购买意愿越强，其对有机蔬菜采取实际购买行为的可能性就越大。

6.6 结论及政策建议

本书基于消费者行为理论，基于营销刺激和心理反应综合视角，从营销组合、营销环境、消费者特征和消费者心理4个因素考虑，构建了有机蔬菜消费者购买意愿和行为理论模型，以广州市消费者为调查对象，采集了289个有效样本，运用有序Logistic回归方法实证分析了有机蔬菜消费者购买意愿和行为的影响因素。研究结果表明，对有机蔬菜价格的认同程度是显著正向影响购买意愿的营销组合因素，对有机蔬菜产业技术环境的信心是显著负向影响购买意愿和行为的营销环境因素，文化程度和家庭月收入是显著正向影响购买意愿的消费者特征因素，消费者对蔬菜安全的忧患程度、对有机蔬菜的了解程度和查询意愿是显著正向影响购买意愿和行为的消费者心理因素，购买意愿对购买行为有显著正向影响。本研究还发现，相当一部分的消费者对有机蔬菜种植和检疫程序不了解，且有相当比例的消费者不愿意学习有机蔬菜的安全信息，消费者对有机蔬菜的购买意愿较为强烈，但是实际购买不足。

基于以上研究结论，为增加消费者对有机蔬菜的购买，促进有机蔬菜产业的发展，本书提出以下政策建议：第一，扩大有机蔬菜规模化生产，简化有机蔬菜认证程序，降低有机蔬菜认证费用，提高有机蔬菜的价格竞争力和市场吸引力；第二，完善有机蔬菜的市场流通体系，提高有机蔬菜的流通效率，降低有机蔬菜的流通成本费用，为消费者购买有机蔬菜提供便利；第三，推进有机蔬菜信息化建设，建立并完善有机蔬菜质量安全可追溯系统，提高消费者对有机蔬菜的了解程度，为消费者主动学习有机蔬菜信息提供渠道和便利，引导消费者对有机蔬菜的市场需求；第四，加强有机蔬菜安全生产技术研发与应用，帮助消费者正确认识和体验有机蔬菜的科技含量和安全性，提升消费者对有机蔬菜的购买意愿；第五，推进有机蔬菜营销策略的实施，在零售现场通过陈列展示、广告、促销和主题活动等形式开展有机蔬菜零售促销，通过新闻媒体、网络加大对有机蔬菜的宣传介绍，推进有机蔬菜品牌建设并提升品牌美誉度。

6.7　本章小结

本章基于消费者行为理论，从营销组合、营销环境、消费者特征和消费者心理 4 个维度，构建了消费者有机蔬菜购买意愿和行为理论模型。通过对广州市消费者进行实地调查，采集了 289 个有效样本，对有机蔬菜消费者购买意愿和行为进行了描述性统计分析，运用有序 Logistic 回归模型分析了影响有机蔬菜消费者购买意愿和行为的主要因素。实证结果表明，对有机蔬菜价格的认同程度是显著正向影响购买意愿的营销组合因素，对有机蔬菜产业技术环境的信心是显著负向影响购买意愿和行为的营销环境因素，文化程度和家庭月收入是显著正向影响购买意愿的消费者特征因素，消费者对蔬菜安全的忧患程度、对有机蔬菜的了解程度和查询意愿是显著正向影响购买意愿和行为的消费者心理因素，购买意愿对购买行为有显著正向影响。

7 可追溯农产品消费者购买行为

7.1 可追溯农产品概述

7.1.1 可追溯农产品概念

欧盟《通用食品法》将食品可追溯性定义为"在所有的生产、加工和销售阶段对加进的食品、饲料及其所有物进行溯源和跟踪的能力。"食品的可追溯性包括从农产品初级加工到最终消费者整个信息追踪，其实质就是整个食品链的可追溯性（秦玉青等，2007）。可追溯农产品是指在包装上都严格记录着生产、加工、运输、销售等各个环节信息的农产品，能实现从生产基地、批发商、运输商到销售商的可追溯（王军伟，2016）。消费者可运用网络、手机等方式对可追溯农产品的标识信息进行查询，能够了解到农产品各个环节的信息，追踪到农产品生产与销售过程的情况。根据农产品具体种类，可将可追溯农产品分为生鲜产品（水果、蔬菜和肉类）可追溯、加工成品可追溯、水产品可追溯和谷物粮食可追溯等类型（甄李，2016）。国际食品法典委员会将农产品可追溯系统定义为"能够在整个供应链传递过程中保障信息连续性的系统"，其功能是在农产品出现质量事故时能快速有效地查询质量安全风险环节，并且必要时对问题农产品进行召回，保证产品质量水平。

7.1.2 可追溯农产品发展历程

1997 年，欧盟为了应对疯牛病质量安全事件，开始建立食品质量安全追溯体系，成为世界上最早实施农产品质量安全追溯系统的地区（赵荣等，2011）。2002 年，美国国会通过了《生物性恐怖主义法案》，将食品安全提高到国家安全战略高度，要求企业必须建立食品可追溯制度（邢文英，2006）。同年，英国和加拿大等国家也开始实施食品安全可追溯系统（刘欣等，2016）。2003 年，日本制定并开始实施《食品安全基本法》，要求对进入日本市场的农产品进行"身份"认证；2008 年，建立大米可追溯体系，不断扩大农产品可追溯范围。

与此同时，我国也积极开展农产品可追溯制度建设。2003 年，我国印发了《关于建立农产品认证认可工作体系实施意见》，明确提出"通过认证标志建立质量可追溯制度"。同年，国家质检总局启动了"中国条码推进工程"，并在多地开展了农产品可追溯试点工作。2005 年，北京市开展了自产蔬菜产品质量追溯试点。2008 年，北京市建立并启用奥运食品安全监控和追溯系统，实施奥运食品安全追溯制度，实现奥运食品从生产基地到最终消费地的全程监控，成为农产品可追溯系统应用的成功范例（曹庆臻，2015）。2007 年和 2008 年中央 1 号文件要求建立健全农产品可追溯制度；2010 年和 2013 年中央 1 号文件均提出了农产品质量安全可追溯建设相关要求，包括健全农产品标识和可追溯制度、推进农产品和出口农产品质量可追溯体系建设、健全农产品质量安全和食品安全追溯体系等。2013 年 12 月，中央农村工作会议明确提出"要形成覆盖从田间到餐桌全过程的监管制度"，"抓紧建立健全农产品质量和食品安全追溯体系，尽快建立全国统一的农产品和食品安全信息追溯平台"。2014 年，农业部农垦局提出"积极探索打造农垦追溯产品电子商务销售平台，提升农垦追溯产品整体品牌影响力"（叶亚芝，2014）。2017 年国家七部委联合发布《关于重要产品信息化追溯体系建设的指导意见》，提出完善农产品追溯体系的具体任务。

7.1.3　可追溯农产品发展现状

2012 年，农业部在种植、畜牧、水产和农垦等行业开展了农产品质量安全追溯点。截至 2013 年年底，我国可追溯农产品品种范围已覆盖谷物、蔬菜、水果、茶叶、肉、蛋、奶、水产品等主要农产品，试点城市范围涵盖北京、上海、南京、无锡、杭州和苏州等地区，并正逐步向其他大中型城市拓展（徐玲玲等，2014）。例如，2002 年农垦系统率先提出要建立农产品质量安全追溯制度，截至 2015 年年底，农垦可追溯企业已达 342 家，遍布 28 个垦区，种植业产品可追溯规模达到 668 万亩、畜禽产品 7 457 万只（头）、水产品 60 万亩，追溯范围涵盖谷物、蔬菜、水果、茶叶、畜禽肉、禽蛋、水产、牛奶等主要农产品及葡萄酒等农产加工品的可追溯农产品（恳轩，2016）。

我国涌现出一批批可追溯农产品生产经营企业。例如，2016 年，江苏省苏垦米业集团的大米追溯面积由初期 5 万亩增加到 60 多万亩，实现了全垦区大米产业质量追溯体系全覆盖，"苏垦"牌大米连续多年中标南京市中小学食堂招标项目，为保障中小学饮食安全做出了突出贡献。又如，新疆和田昆仑山枣业股份有限公司生产的和田玉枣实行一袋一码，通过实施可追溯系统，有效保障产品质量安全，实现了市场销售持续增长的良好发展态势。再如，中国农垦经济发展中心的下属企业北京龙达科贸发展总公司在天猫平台上开通"农垦溯源馆"，销售的农垦可追溯农产品严格按照"生产有记录、安全有监管、质量有检测、产品有标识"的要求进行生产管理，优质可追溯农产品备受渠道商认同和消费者青睐。目前，龙达公司已组织来自 15 家企业的 163 种产品进入

"农垦溯源馆"，主要产品包括辽宁五四农场大米、新疆牛肉干、宁夏枸杞、安徽茶叶和云南咖啡等。

7.2 研究背景

我国是世界亚热带水果生产大国，亚热带水果的总收获面积和产量均居世界前位。以亚热带水果主产区广东为例，2008 年全省水果产量为 983.5 吨，占全国水果产量的 8.7%；荔枝、龙眼、香蕉、芒果等亚热带水果产量为 729 万吨，占全省水果产量的 74.1%。近年来，随着城市居民购买力以及健康保健意识的加强，富含维生素和矿物质的亚热带水果已成为城市居民膳食的重要组成部分（崔朝辉等，2008）。在我国农产品质量安全管理水平低下、质量安全事件频繁发生的背景下，农药和有毒有害物质残留超标等水果质量安全隐患堪忧。农产品质量安全问题的主要症结在于信息不对称而导致市场失灵，实施农产品质量安全可追溯体系是解决农产品质量安全信息不对称的有效途径（何莲，凌秋育，2012）。农产品质量可追溯体系是农业龙头企业建设现代农业的重点之一，实施亚热带水果的可追溯体系，是加强亚热带水果质量安全管理的现实选择，是推进现代农业建设的重要内容，是发挥农业龙头企业示范带动作用的有效途径。在农业部发布的《全国农产品质量安全检验检测体系建设规划（2011—2015 年）》中，强调要建设面向所有大宗农产品和特色优势农产品，覆盖主要投入品、产地环境和产出品的国家农产品质量安全追溯信息平台。例如，2008 年海南省率先在全国建立水果质量追溯系统并组建质量追溯管理中心。迄今为止，海南省纳入质量追溯管理的亚热带水果生产企业、合作社 29 家，可追溯热带水果品种 13 个，覆盖面积 6 万多亩，年产值达 3.6 亿多元，追溯产品增加的附加值达 7 000 多万元①。因此，实施可追溯体系是保障我国亚热带水果质量安全的重要举措，是扩大亚热带水果市场份额，促进亚热带水果产业发展的关键。可追溯亚热带水果是指对亚热带水果的生产、流通和销售过程的关键控制点和具体责任人实施信息化管理，消费者通过上网、手机短信和 POS 机等方式输入溯源码标签，可了解亚热带水果的产地、育种、施肥、用药、采摘、运输、加工和销售等环节质量安全的信息。消费者是可追溯亚热带水果的市场需求对象，消费者对可追溯亚热带水果的实际购买为生产者、批发商和政府监管部门等相关利益主体实施质量安全可追溯体系提供市场驱动力。因此，为有效推进质量安全可追溯体系的实施，应关注消费者对可追溯亚

---

① 海南惠农网．海南省亚热带水果质量追溯监管平台启动仪式在海口举行［EB/OL］．http：//www．hn-hn．net.

热带水果的购买行为。然而，以往的消费者可追溯农产品购买行为研究主要从认知视角分析购买行为的影响因素，忽视了产品因素、情感因素和个体特征因素对购买行为的综合作用。因此，本书构建了一个可追溯亚热带水果消费者购买行为综合模型，研究消费者对可追溯亚热带水果购买行为及其影响因素，为完善并实施亚热带水果质量安全可追溯体系提供理论依据和决策参考。

7.3　文献综述

对安全农产品消费者购买行为研究主要集中于消费者对安全农产品认知能力、支付意愿及其影响因素的理论和实证研究。在安全农产品消费者认知方面，常向阳和李香（2005）运用相关分析方法阐明了消费者对绿色蔬菜质量安全状况的认知程度，并分析了消费者对绿色蔬菜的支付意愿及其影响因素。冯忠泽和李庆江（2008）立足全国 7 省 9 市的调查数据，对消费者的农产品质量安全认知能力及影响因素进行了实证分析，研究结果发现，消费者对农产品质量安全的认知水平主要与性别、受教育程度和家庭规模有关；杜鹏（2012）运用实验法探讨了顾客体验对消费者绿色食品支付意愿的影响机理，研究发现，认知体验和质量体验与消费者绿色食品购买意愿呈显著正相关，但顾客体验对消费者绿色食品支付溢价并没有显著影响。在安全农产品消费者支付意愿方面，周洁红（2005）基于浙江省的实证调查发现，消费者对不同安全程度的蔬菜的价格支付意愿存在明显差异。何德华等（2007）实证分析了武汉市民对无公害蔬菜的消费行为，结果表明，消费者对无公害蔬菜的认知程度、消费者收入水平、年龄和受教育程度等对支付意愿的影响显著。罗丞（2010）构建了中国消费者对安全食品支付意愿的框架，实证分析了信息、信念、态度和意愿之间的关系，发现道德规范和知觉行为控制直接影响消费者支付意愿。

发达国家和地区较早地开展了农产品质量安全追溯标准化工作，已建立了以预防、控制和追踪为特征的农产品质量安全可追溯体系，并配备健全的法律法规和完善的行政机构，从而实现了对农产品质量安全的全程监控。国内外学者在消费者对可追溯农产品的认知能力、支付意愿和购买行为及其影响因素方面进行了相关研究。Jille（2002）提出可追溯信息是消费者购买前对农产品质量属性确认的必要条件。Halawany and Giraud（2007）研究发现，农产品可追溯体系对消费者购买决策的作用取决于可追溯质量标识的可信性和趣味性。Dickinson 等（2003）通过实证研究发现，美国和加拿大消费者对加贴可追溯标签牛肉具有较强的支付意愿。Han（2006）构建了美国消费者对转基因食品购买意愿模型，研究结果发现，消费者掌握可追溯信息量越多，其支付意愿越明显。周应恒等（2008）发现，消费者对信息标签的认知和信任程度，以及性别、婚姻和家庭规模等是影响消费者购买可追溯标签牛肉的主要因素。王锋等（2009）从人口统计因素、经济因素和心理因素角度探讨了消费者对可追溯农产品的认知和支付意愿，研究结果表明，消费者对可追溯农产品的认知程度较低，职业和信任程度是影响支付意愿的主要因素。赵荣等（2011）运用因子分析法实证分析了消费者可追溯食品购买意愿，研究结果表明，消费者收入水平、食品安全规制程度、可追溯食品安全信息可信度是重要影响因素。王怀明等（2011）采用实验模型法测度多种质量安全标识共存条件下的消费者支付意愿，研究结果表明，可追溯标识能够增加消费者对安全认证标识的信任度进而提高其支付意愿。文晓巍和李慧良（2012）研究感知利得与风险、信任态度对消费者可追溯肉鸡购买意愿的影响，实证结果表明，感知利得对信任态度、购买意愿和监督意愿有显著的正向影响。

综上所述，国内外学者对安全农产品消费者购买行为的研究已开展了实证研究，其研究对象涵盖绿色农产品、无公害农产品和可追溯农产品等种类，涉及肉、蛋、蔬菜等具体案例，研究方法主要是描述性统计分析和二元回归分析。在实施农产品可追溯系统加强农产品质量安全风险预警，保障消费者人身安全，推进农业产业化进程的背景下，尽管学者们已开展了可追溯农产品消费者购买行为研究，然而，以往研究大多以畜产品、水产品等为研究对象，缺少专门针对可追溯亚热带水果购买行为的实证研究。此外，以往文献主要从消费者认知角度，选择人口统计因素、可追溯农产品的关注程度、信任等变量建立二元 Logistic 模型，对可追溯农产品的购买习惯和支付意愿，缺乏基于产品特征、个体特征、认知和情感综合视角考察消费者对可追溯农产品的购买行为，运用结构方程技术进行实证分析的研究成果更是少见。

7.4　概念模型及研究假说

鉴于已有研究的不足和可追溯亚热带水果消费者购买行为的重要性，本书将从产品特征、认知因素和情感因素视角，构建一个综合的消费者可追溯亚热带水果购买行为研究模型，实证分析消费者对可追溯亚热带水果购买行为及其影响因素，为扩大可追溯亚热带水果市场份额，促进亚热带水果质量安全可追溯体系的有效实施提供决策依据。安全农产品的消费者购买行为受诸多因素的影响，主要包括 4 类：产品因素、认知因素、情感因素和个体特征因素（Tobin, Thomson and LaBorde, 2012）。在可追溯亚热带水果的背景下，产品因素主要包括可追溯性和亚热带水果的安全性；消费者认知因素主要涉及对可追溯亚热带水果的信息质量和产品展示的认知；情感因素主要包括消费者对可追溯亚热带水果的信任和偏好；购买经历是一个重要的个体特征因素。下面将展开讨论这 4 类因素对消费者购买可追溯亚热带水果的影响以及购买经历的调节作用。

7.4.1　可追溯性与购买动机

国际食品法典委员会（CAC）与国际标准化组织 ISO（8042：1994）把可追溯性的概念定义为"通过登记的识别码，对商品或行为的历史和使用或位置予以追踪的能力"。可追溯性是指对亚热带水果从产地、育种、施肥、用药、采摘、运输、加工和销售各个环节的质量安全信息进行数字化记录。消费者通过上网、手机短信和 POS 机等方式输入水果追溯码，可了解产地、育种、施肥、用药、采摘、运输、加工和销售等环节质量安全的信息。可追溯性保障了消费者的知情权，并增强了消费者对质量安全事故的举证能力。如果亚热带水果具有可追溯性，消费者的购买动机会增强。以往研究发现可追溯性显著地影响消费者购买羊肉的动机（Plessis and Rand，2012）。所以，本书提出了以下假设：

H_1：可追溯性正向影响可追溯亚热带水果消费者购买动机。

7.4.2　安全性与购买动机

世界卫生组织（1996）将食品安全界定为"对食品按其原定用途进行制作、食用时不会使消费者健康受到损害的一种担保"。安全性是一个综合概念，既包括生产安全，也包括经营安全；既包括结果安全，也包括过程安全；既包括现实安全，也包括未来安全（Smith，2013）。可追溯亚热带水果的安全性可表述为种植、养殖、加工、包装、储藏、运输、销售、消费等活动符合国家强制标准和要求，不存在可能损害或威胁人体健康的有毒有害物质以导致消费者病亡或者危及消费者及其后代的隐患。在"食以安为先"的传统消费观念影响下，消费者对农产品质量安全风险有着较强的规避意识，这可能成为消费者购买可追溯亚热带水果的重要动机（Abebaw，Fentie and Kassa，2010）。

所以，本书提出了以下假设：

H_2：安全性正向影响可追溯亚热带水果消费者购买动机。

7.4.3　信息质量与购买动机

信息质量是指可追溯亚热带水果信息的易读性、丰富性、精准性和权威性。其中，信息易读性是指消费者理解可追溯亚热带水果信息的难易程度，信息丰富性是指可追溯亚热带水果从源头到终端信息的详细程度，信息准确性是指可追溯亚热带水果质量的可靠程度，信息权威性是指可追溯亚热带水果信息发布机构的公正和权威程度。良好的信息质量可以帮助消费者对可追溯亚热带水果产品属性和质量形成客观的、全面的认知，解决了水果质量安全信息不对称问题，促进消费者形成购买动机。以往研究发现信息质量对消费者使用转基因农产品有显著的正向影响（Marra，Hubbell and Carlson，2001）。所以，本书提出了以下假设：

H₃：信息质量正向影响可追溯亚热带水果消费者购买动机。

7.4.4　产品展示与购买动机

产品展示是指通过对农产品本身，以及零售终端的货架、堆头、图片、文字、灯光、音乐和POP广告等要素进行空间布局和整合规划，讲究科学性与艺术性相结合，以达到促进销售与提升产品价值的目的（张蓓，2010）。可追溯亚热带水果的产品展示形象生动地呈现可追溯亚热带水果的外观、营养成分、食用功效等，并借助信息化技术装备，展现质量安全可追溯信息，从而引起消费者对可追溯亚热带水果的注意、兴趣和购买欲望，促进消费者产生购买动机。以往的研究发现产品展示正向影响消费者的购买动机（Verhagen and Dolen，2009）。所以，本书提出了以下假设：

H₄：产品展示正向影响可追溯亚热带水果消费者购买动机。

7.4.5　信任与购买动机

信任是指在某种不确定的环境中，一方根据自己的主观判断，认为另一方将会做出符合自己期望的行为（Pavlou，2002）。消费者对可追溯亚热带水果的信任是指消费者根据自己的主观判断，认为可追溯亚热带水果在供应链的生产加工、物流和零售环节的主体会按照质量安全标准，采取不损害消费者健康的组织行为。可见，信任更多地强调消费者对可追溯亚热带水果的主观信赖，消费者的信任程度越高，越能降低他们的感知风险，越有可能形成购买动机。无论是线上市场还是线下市场，以往的许多研究认为信任是消费者购买动机的一个重要前因（Hong and Cho，2011）。所以，本书提出了以下假设：

H₅：信任正向影响可追溯亚热带水果消费者购买动机。

7.4.6　偏好与购买动机

偏好是潜藏在人们内心的一种情感和倾向，是主观的，也是相对的概念（Childers，1986）。消费者在潜意识的支配下对可追溯亚热带水果产生了满意、喜爱等主观体验，产生了兴趣和嗜好，进而采取重复、习惯的购买行为。因此，偏好是指消费者对可追溯亚热带水果接受的心理程度。消费者对某种商品的偏好程度与消费者对该商品的需求量正相关，如果其他因素不变，对某种商品的偏好程度越高，消费者对该商品的需求量就越大。所以，本书提出了以下假设：

H₆：偏好正向影响可追溯亚热带水果消费者购买动机。

7.4.7 购买动机与购买行为

理性行为理论认为个体的动机是促使其行为发生的关键因素（Fishibein and Ajzen，1975）。购买动机是消费者为实现在物质、精神和感情上的需求满足而引起人们购买某种商品或劳务的愿望或意念，它是消费者实行某种购买活动的一种心理过程或内部动力，是消费者购买行为的出发点。消费者基于对可追溯亚热带水果的安全需求、营养需求、体验需求和品牌需求的满足，产生了对可追溯亚热带水果的购买动机，购买动机是消费者做出可追溯亚热带水果购买决策的内在驱动力，使消费者对可追溯亚热带水果购买行为得以实现和维持。所以，本书提出了以下假设：

H₇：购买动机正向影响可追溯亚热带水果消费者购买行为。

7.4.8 购买经历的调节作用

消费者在购物的过程中无论是在信息收集还是在购买决策阶段都会受到其过去的知识和经验等因素的影响（Rodgers，Negash and Suk，2005）。购买经历是指消费者对可追溯猪肉、可追溯牛肉、可追溯蔬菜和可追溯水果等可追溯农产品的以往购买经历，可以用可追溯农产品的购买频率来说明。购买经历增强了消费者购买可追溯亚热带水果的适应感，从而有效地降低了消费者感知不确定性，进而增强消费者购买决策能力（杜鹏，2012）。低购买经历的消费者对可追溯农产品缺乏足够的购买体验，感知可追溯性带来的知情权和举证权较低，相反，高购买经历的消费者充分认知可追溯性的优点，进而产生了对可追溯亚热带水果更强的购买动机。同样，购买经历丰富的消费者，拥有较多相关知识，对可追溯亚热带水果的安全性更为了解。而且，消费者对可追溯农产品的购买经历让消费者对可追溯亚热带水果的信息质量具有更准确的判断和理解能力，对可追溯亚热带水果的性能和特点的全面掌握，从而增强了购买动机。此外，充足的购物经历让消费者更好地在可追溯亚热带水果的产品展示中产生注意、兴趣和购买欲望，从而购买动机更明显。最后，以往的购买经历会诱发消费者对可追溯亚热带水果的信任和偏好，也就是说，让消费者基于信任和偏好而重复地、习惯地产生购买动机和购买行为。由此可以推想，购买过可追溯农产品的消费者比没有购买过可追溯农产品的消费者更容易产生可追溯亚热带水果的购买动机，购买经历可能会调节可追溯性、安全性、信息质量、产品展示、信任和偏好与购买动机的关系。所以，本书提出了以下假设：

H₈ₐ：购买经历对可追溯性与购买动机的关系有正向调节作用。

H_{8b}：购买经历对安全性与购买动机的关系有正向调节作用。

H_{8c}：购买经历对信息质量与购买动机的关系有正向调节作用。

H_{8d}：购买经历对产品展示与购买动机的关系有正向调节作用。

H_{8e}：购买经历对信任与购买动机的关系有正向调节作用。

H_{8f}：购买经历对偏好与购买动机的关系有正向调节作用。

综上所述，可追溯亚热带水果的产品因素、认知因素和情感因素是消费者对可追溯亚热带水果形成良好的体验和评价，产生购买动机和购买行为的重要因素，是可追溯亚热带水果消费者购买动机和购买行为的重要前因。结合研究对象的特征，本书运用结构方程模型，以可追溯性、安全性、信息质量、产品展示、信任和偏好作为可追溯亚热带水果消费者购买行为的前因变量，以购买经历作为调节变量，构建了可追溯亚热带水果消费者购买行为的综合研究模型（图 7 - 1）。

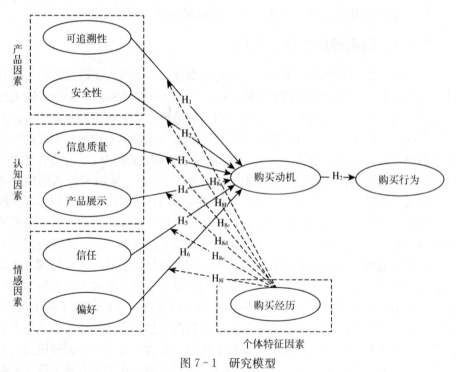

图 7 - 1　研究模型

7.5　研究设计

7.5.1　数据收集和样本特征

本书所用数据来自对广东、广西和海南三省消费者进行随机抽样调查，样本选取地点是农贸市场、超市、水果专卖店、居民住宅区和商务中心附近，调查对象涵盖不同性别、年龄、文化程度、家庭月收入和家庭结构的消费者。广东、广西和海南是我国亚热带水果的主产区，目前，这三省的亚热带水果溯源标识试点工作已启动。广东省茂名市名富果业有限公司通过实施农产品质量追溯系统项目，消费者可通过电话、短信或登录网站发送质量追溯码查询到番石榴、红杨桃等亚热带水果从田间生产到销售各环节的详细信息。广州市和海口市家乐福超市、南宁市沃尔玛超市将二维码或数字码等可追溯标签运用于芒果、菠萝等亚热带水果品种，消费者可通过亚热带水果可追溯标签查询亚热带水果的产地和生产时间，净重、等级、合作社和农户等质量安全信息。

样本特征如表 7-1 所示。在 321 位被访者中，135 位来自广东，95 位来自广西，91 位来自海南，对这 3 个子样本的人口统计变量（性别、年龄、文化程度）做方差分析后，发现不存在显著性差异。321 个总样本中，女性占55.8%；20～39 岁占 76.4%；具有大学或研究生以上文化程度的占 85.4%；政府部门和企事业单位员工占样本总数的 71%；家庭月收入 6 000 元以上的占54.5%；家庭中有老人或小孩的占 69.5%。可见，被访者多为年轻消费者，文化程度较高，职业和收入较为稳定，他们是可追溯亚热带水果的主要消费群体，对调查问卷内容有较好的理解与把握，因此，本书的调查数据具有较理想的代表性和可靠度。

表 7-1 样本特征统计（$N=321$）

性别		女			男	
	样本数	142			179	
	比例（%）	44.2			55.8	
年龄（岁）		20 以下	20～29	30～39	40～49	50～59	60 以上
	样本数	13	167	78	40	12	11
	比例（%）	4.0	52.1	24.3	12.5	3.7	3.4
文化程度		初中及以下	高中	大学	研究生及以上
	样本数	8	39	198	76
	比例（%）	2.5	12.1	61.7	23.7
职业		政府部门	事业单位	企业	私营业主	离退休	学生	其他
	样本数	78	73	77	14	15	49	15
	比例（%）	24.3	22.7	24.0	4.4	4.7	15.2	4.7
家庭收入（元）		4 000 及以下	4 000～6 000	6 000～8 000	8 000～12 000	12 000 以上
	样本数	80	66	54	56	65
	比例（%）	24.9	20.6	16.8	17.5	20.2

（续）

		没有老人或没有小孩	有老人或有小孩
家庭结构	样本数	98	223
	比例（％）	30.5	69.5

		广东	广西	海南
来源地	样本数	135	95	91
	比例（％）	42.1	29.6	28.3

7.5.2　问卷与量表

调查问卷包括两部分：第一部分是样本的人口统计特征，包括性别、年龄、文化程度等指标，以及消费者是否具有购买经历和是否采取购买行为；第二部分是变量可追溯性、安全性、信息质量、产品展示、信任、偏好和购买动机的测度项，运用的方法是 Likert 5 级量表。对所有变量的赋值均从低到高排列，1 为"非常不赞同"，2 为"不赞同"，3 为"中立"，4 为"赞同"，5 为"非常赞同"。

为设计出有效的量表，首先，本书借鉴以往研究中的成熟量表的测量题项，所有结构变量均采取多个测度项。本书根据已有文献修改这些测度项并设计相应的量表，使其适合可追溯亚热带水果的背景和特点，以保证问卷的内容效度。其中，可追溯性的测度项参考了文献（Plessis and Rand，2012）的研究；安全性的测度项参考了文献（Cuesta，Edmeades and Madrigal，2013）的研究；信息质量的测度项参考了文献（Kim，Ferrin and Rao，2008）的研究；产品展示的测度项参考了文献（Verhagen and Dolen，2009）的研究；信任的测度项参考了文献（Lee and Chung，2009）的研究；偏好的测度项参考了文献（何莲，凌秋育，2012）的研究；购买动机和购买行为的测度项参考了文献（Kim，Ferrin and Rao，2008）的研究。然后，问卷由农业经济管理领域的 6 位专家进行评阅，并根据他们的意见进行了修改。此后，邀请 20 位研究生进行问卷前测，根据其反馈意见对问卷进行完善，使问卷语句更加符合调查对象的思维逻辑及实际情况，使问题项的意思表达易于被调查对象理解和接受。最终形成了包含 26 个测度项的量表，具体测度项及得分如表 7-2 所示。

表7-2 变量测度项、平均值及标准差

变量名称	测度项		平均值	标准差
可追溯性 (TRACE)	可追溯亚热带水果能让我了解水果的来源	$TRACE_1$	3.77	0.85
	可追溯亚热带水果保障了我对产品信息的知情权	$TRACE_2$	3.81	0.89
	可追溯亚热带水果保障了我对质量安全的举证权	$TRACE_3$	3.62	0.91
安全性 (SECUR)	可追溯亚热带水果施加的化肥和农药符合质量安全标准	$SECUR_1$	3.40	0.79
	可追溯亚热带水果不含损害人体生命安全的有毒物质	$SECUR_2$	3.24	0.82
	可追溯亚热带水果的添加剂在质量安全标准范围之内	$SECUR_3$	3.35	0.74
信息质量 (INFOR)	可追溯亚热带水果能提供丰富详细的信息	$INFOR_1$	3.48	0.80
	可追溯亚热带水果能提供真实准确的信息	$INFOR_2$	3.30	0.79
	可追溯亚热带水果能提供公正权威的信息	$INFOR_3$	3.21	0.82
产品展示 (DISPL)	可追溯亚热带水果的零售现场宽敞舒适	$DISPL_1$	3.57	0.79
	可追溯亚热带水果的零售现场干净明亮	$DISPL_2$	3.59	0.77
	可追溯亚热带水果的陈列整齐	$DISPL_3$	3.59	0.73
	可追溯亚热带水果的陈列富有创意	$DISPL_4$	3.25	0.72
信任 (TRUST)	我相信可追溯亚热带水果生产加工环节的质量安全性	$TRUST_1$	3.39	0.67
	我相信可追溯亚热带水果物流保鲜环节的质量安全性	$TRUST_2$	3.41	0.63
	我相信可追溯亚热带水果零售环节的质量安全性	$TRUST_3$	3.48	0.68
	我相信可追溯亚热带水果一般都是安全的	$TRUST_4$	3.59	0.71
	我相信可追溯亚热带水果是质量可靠的	$TRUST_5$	3.50	0.71
	我认为可追溯亚热带水果的标签信息内容是可信的	$TRUST_6$	3.29	0.69
偏好 (PREFER)	我对可追溯亚热带水果有好感	$PREFER_1$	3.54	0.78
	相对普通亚热带水果而言，我更喜爱可追溯亚热带水果	$PREFER_2$	3.62	0.82
	我对可追溯亚热带水果很感兴趣	$PREFER_3$	3.45	0.85
购买动机 (MOTI)	我愿意购买可追溯亚热带水果	$MOTI_1$	3.59	0.77
	我愿意为可追溯亚热带水果支付比一般水果更高的价格	$MOTI_2$	3.10	0.87
	我愿意向亲戚朋友推荐可追溯亚热带水果	$MOTI_3$	3.38	0.74

7.6 实证分析结果

7.6.1 测量模型分析

首先，本研究使用 SPSS 20.0 对样本数据进行探索性因子分析（exploratory factor analysis，EFA）。KMO（Kaiser-Meyer-Olkin）统计值为 0.889，高于推荐值 0.5，表明观测变量适合进行主成分分析。方差最大旋转后的主成分分析结果如表 7-3 所示，样本数据共解析出 7 个因子，方差解释率为 73.97%，因子结构清晰，各个指标在对应因子上的负载大于在其他因子上的交叉负载，显示各指标均能有效地反映其对应因子，保证了较好的量表效度。

表 7-3 方差最大旋转的主成分矩阵

指标	TRUST	DISPL	SECUR	PREFER	TRACE	INFOR	MOTI
$TRACE_1$	0.024	0.209	0.074	0.066	**0.803**	0.079	0.062
$TRACE_2$	0.128	0.126	0.109	0.142	**0.877**	0.050	0.067
$TRACE_3$	0.119	−0.001	0.034	0.137	**0.829**	0.126	0.134
$SECUR_1$	0.210	0.168	**0.843**	−0.067	0.115	0.133	0.057
$SECUR_2$	0.204	0.166	**0.825**	0.048	0.012	0.196	0.070
$SECUR_3$	0.249	0.244	**0.810**	0.015	0.100	0.068	0.089
$INFOR_1$	0.122	0.352	0.090	0.134	0.370	**0.522**	0.087
$INFOR_2$	0.221	0.139	0.315	0.133	0.131	**0.759**	0.171
$INFOR_3$	0.253	0.048	0.482	0.087	0.226	**0.541**	0.105
$DISPL_1$	0.123	**0.849**	0.264	0.077	0.129	0.035	−0.003
$DISPL_2$	0.121	**0.885**	0.202	0.068	0.111	0.013	0.039
$DISPL_3$	0.160	**0.802**	0.084	0.137	0.151	0.109	0.136
$DISPL_4$	0.056	**0.622**	0.049	0.200	0.059	0.438	0.089
$TRUST_1$	**0.629**	0.051	0.324	0.337	0.143	0.200	−0.021
$TRUST_2$	**0.636**	0.113	0.262	0.404	0.198	0.186	−0.070
$TRUST_3$	**0.669**	0.183	0.362	0.139	0.178	−0.027	0.038
$TRUST_4$	**0.782**	0.144	0.008	0.062	0.072	0.090	0.223
$TRUST_5$	**0.804**	0.153	0.286	0.041	0.046	0.078	0.138
$TRUST_6$	**0.609**	0.093	0.078	−0.024	−0.008	0.446	0.310
$PREFER_1$	0.152	0.138	−0.010	**0.798**	0.089	0.112	0.147
$PREFER_2$	0.060	0.068	−0.028	**0.800**	0.085	0.185	0.094

（续）

指标	TRUST	DISPL	SECUR	PREFER	TRACE	INFOR	MOTI
$PREFER_3$	0.152	0.115	0.134	**0.734**	0.154	−0.086	0.163
$MOTI_1$	0.056	0.170	0.135	0.566	0.176	0.067	**0.575**
$MOTI_2$	0.207	0.022	0.020	0.134	0.131	0.249	**0.780**
$MOTI_3$	0.188	0.156	0.183	0.369	0.151	0.016	**0.690**

　　本研究进一步采用验证性因子分析（confirmatory factor analysis，CFA）对变量的信任、收敛效度和区别效度进行检验。信度指量表的一致性、稳定性及可靠性，Cronbach's α 值用来测度模型中各因子的信度，复合信度（composite reliability，CR）则用于衡量各测度项的内部一致性。量表的信任和收敛效度检验结果如表 7 - 4 所示，所有因子的 Cronbach's α 值和 CR 值都高于0.7，表明测度项都具有很好的信度。此外，所有测度项的标准负载都在 0.7以上，且都在 0.001 的水平上显著，以及各因子的平均抽取方差（average variance extracted，AVE）都高于 0.5，说明测度项均拥有较好的收敛效度。

表 7 - 4　信度和收敛效度分析

变量名称	测度项	标准负载	AVE	CR	Cronbach's α
可追溯性（TRACE）	$TRACE_1$	0.837 7	0.779	0.913	0.858
	$TRACE_2$	0.925 7			
	$TRACE_3$	0.882 3			
安全性（SECUR）	$SECUR_1$	0.922 8	0.831	0.937	0.898
	$SECUR_2$	0.905 2			
	$SECUR_3$	0.907 0			
信息质量（INFOR）	$INFOR_1$	0.750 9	0.677	0.862	0.758
	$INFOR_2$	0.883 8			
	$INFOR_3$	0.828 1			
产品展示（DISPL）	$DISPL_1$	0.871 4	0.725	0.913	0.875
	$DISPL_2$	0.874 7			
	$DISPL_3$	0.874 7			
	$DISPL_4$	0.781 0			

（续）

变量名称	测度项	标准负载	AVE	CR	Cronbach's α
信任（TRUST）	$TRUST_1$	0.806 4	0.612	0.904	0.872
	$TRUST_2$	0.809 7			
	$TRUST_3$	0.772 4			
	$TRUST_4$	0.759 8			
	$TRUST_5$	0.826 3			
	$TRUST_6$	0.715 8			
偏好（PREFER）	$PREFER_1$	0.866 8	0.700	0.875	0.784
	$PREFER_2$	0.836 4			
	$PREFER_3$	0.806 2			
购买动机（MOTI）	$MOTI_1$	0.871 4	0.693	0.871	0.775
	$MOTI_2$	0.760 0			
	$MOTI_3$	0.862 0			

对于区别效度的检验，如果测量模型因子的平均抽取方差的平方根大于该因子与其他因子的相关系数，则测量模型因子具有较好的区别效度。区别效度分析结果如表 7-5 所示，各个因子的平均抽取方差的平均根（表中对角线上的数字）均大于相应的相关系数，所以，各个变量之间具有较好的区别效度。

表 7-5　区别效度分析

	TRACE	SECUR	INFOR	DISPL	TRUST	PREFER	MOTI
TRACE	**0.88**						
SECUR	0.244	**0.91**					
INFOR	0.437	0.547	**0.82**				
DISPL	0.329	0.425	0.492	**0.85**			
TRUST	0.327	0.558	0.583	0.403	**0.78**		
PREFER	0.318	0.194	0.332	0.329	0.402	**0.84**	
MOTI	0.366	0.303	0.463	0.368	0.470	0.600	**0.83**

7.6.2　结构模型分析

本书使用 PLS-Graph 3.0 软件对所提出的结构模型假说进行检验。路径系数及其显著性如图 7-2 所示，图中可追溯性、安全性、信息质量、产品展示、信任和偏好对购买动机有正向的显著影响，购买动机对购买行为有正向的显著影响。因此，检验结果显示，所有路径都显著。购买动机的回归判定系数 R^2 为 0.562，购买行为的回归判定系数 R^2 为 0.364，显示本研究模型和数据的拟合结果良好，解释了较高程度的可追溯亚热带水果购买动机和购买行为。

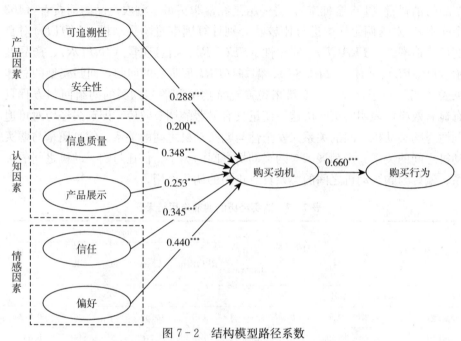

图 7 - 2　结构模型路径系数

注：*** 、 ** 、 * 分别表示在 $P<0.001$，$P<0.01$，$P<0.05$ 的水平下显著。

表 7 - 6　假说检验结果

路径	关系	路径系数	t 值	检验结果
H_1：可追溯性→购买动机	+	0.288***	3.59	支持
H_2：安全性→购买动机	+	0.200**	2.85	支持
H_3：信息质量→购买动机	+	0.348***	5.46	支持
H_4：产品展示→购买动机	+	0.253**	3.12	支持
H_5：信任→购买动机	+	0.345***	5.53	支持
H_6：偏好→购买动机	+	0.440***	6.89	支持
H_7：购买动机→购买行为	+	0.620***	9.21	支持

7.6.3　调节作用

购买经历可能对可追溯性与购买动机之间的路径、安全性与购买动机之间的路径、信息质量与购买动机之间的路径、产品展示与购买动机之间的路径、信任与购买动机之间的路径、偏好与购买动机之间的路径具有调节作用。为了检验购买经历的调节作用，本研究将样本分成两组：一组是偶尔购买可追溯农产品的消费者（158 个样本），另一组是经常购买可追溯农产品的消费者（163个样本）。对这两组样本进行比较，分别计算因变量购买动机（MOTI）对自变量可追溯性（TRACE）、安全性（SECUR）、信息质量（INFOR）、产品展示（DISPL）、信任（TRUST）、偏好（PREFER）的回归，回归模型的总体见表 7-7，对于这 6 个自变量来说，经常购买和偶尔购买的两组回归方程具有显著效应，表明购买经历这一变量具有显著的调节效应，即购买经历对可追溯性与购买动机之间的关系、安全性与购买动机之间的关系、信息质量与购买动机之间的关系、产品展示与购买动机之间的关系、信任与购买动机之间的关系、偏好与购买动机之间的关系具有正向的调节作用。

表 7-7　购买经历的调节作用结果

购买频率	Model	R	R^2	Adjusted R^2	Std. Error of the Estimate	Change Statistics				
						R^2 Change	F Change	df1	df2	Sig. F Change
Predictors：(Constant)，TRACE										
经常购买	1	0.278^a	0.077	0.065	0.584 68	0.077	6.509	1	78	**0.013**
偶尔购买	1	0.230^a	0.053	0.047	0.529 90	0.053	8.716	1	156	**0.004**
Predictors：(Constant)，SECUR										
经常购买	1	0.355^a	0.126	0.115	0.568 92	0.126	11.255	1	78	**0.001**
偶尔购买	1	0.246^a	0.061	0.054	0.527 77	0.061	10.048	1	156	**0.002**
Predictors：(Constant)，INFOR										
经常购买	1	0.395^a	0.156	0.145	0.559 20	0.156	14.383	1	78	**0.000**
偶尔购买	1	0.323^a	0.105	0.099	0.515 26	0.105	18.210	1	156	**0.000**
Predictors：(Constant)，TRUST										
经常购买	1	0.507^a	0.257	0.248	0.524 53	0.257	27.000	1	78	**0.000**
偶尔购买	1	0.359^a	0.129	0.124	0.508 13	0.129	23.134	1	156	**0.000**
Predictors：(Constant)，DISPL										
经常购买	1	0.402^a	0.161	0.151	0.557 29	0.161	15.019	1	78	**0.000**
偶尔购买	1	0.235^a	0.055	0.049	0.529 21	0.055	9.143	1	156	**0.003**
Predictors：(Constant)，PREFER										
经常购买	1	0.502^a	0.252	0.243	0.526 23	0.252	26.324	1	78	**0.000**
偶尔购买	1	0.624^a	0.389	0.385	0.425 65	0.389	99.276	1	156	**0.000**

另外，从表7-8给出各自变量回归系数可以看出，与偶尔购买可追溯农产品的消费者相比，经常购买可追溯农产品的消费者购买可追溯亚热带水果的动机的增长率更大。例如：对经常购买可追溯农产品的消费者来说，可追溯性对购买动机影响的回归系数是0.278且显著；对偶尔购买可追溯农产品的消费者来说，可追溯性对购买动机影响的回归系数是0.230且显著，0.278>0.230。进一步来说，随着可追溯水平的提高，经常购买可追溯农产品的消费者购买可追溯亚热带水果的动机比偶尔购买可追溯农产品的消费者购买动机更大（图7-3）。在安全性（或信息质量、产品展示、信任、偏好）水平较低时，经常购买可追溯农产品的消费者购买可追溯亚热带水果的动机比偶尔购买可追溯农产品的消费者购买动机低；但当安全性（或信息质量、产品展示、信任、偏好）水平超过某一特定值（两条直线的交点）后，经常购买可追溯农产品的消费者的购买可追溯亚热带水果的动机比偶尔购买可追溯农产品的消费者购买动机越来越大（图7-4～图7-8）。

表7-8 各自变量的回归系数

		TRACE →MOTI	SECUR →MOTI	INFOR →MOTI	DISPL →MOTI	TRUST →MOTI	PREFER →MOTI
经常购买	标准化回归系数	**0.278**＊	**0.355**＊＊＊	**0.395**＊＊＊	**0.402**＊＊＊	**0.507**＊＊＊	**0.600**＊＊＊
	常数项	2.752	2.58	2.212	2.205	1.564	1.374
	T值	2.552	3.355	3.792	3.875	5.196	9.964
	P值	0.013	0.001	0.000	0.000	0.000	0.000
偶尔购买	标准化回归系数	**0.230**＊＊	**0.246**＊＊	**0.323**＊＊＊	**0.235**＊＊	**0.359**＊＊＊	**0.402**＊＊＊
	常数项	2.707	2.805	2.527	2.713	2.029	2.163
	T值	2.952	3.170	4.267	3.024	4.810	5.131
	P值	0.004	0.002	0.000	0.003	0.000	0.000

注：＊＊＊、＊＊、＊分别表示在$P<0.001$，$P<0.01$，$P<0.05$的水平下显著。

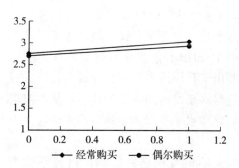

图7-3 购买经历对可追溯性的调节作用

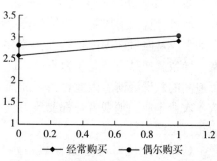

图7-4 购买经历对安全性的调节作用

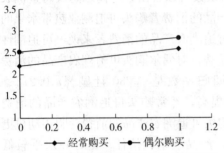

图7-5 购买经历对信息质量的调节作用

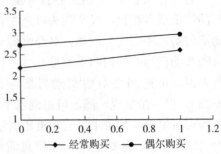

图7-6 购买经历对产品展示的调节作用

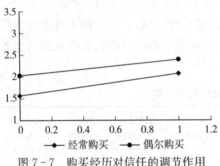

图7-7 购买经历对信任的调节作用

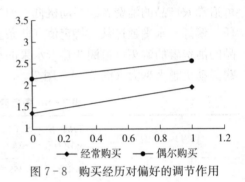

图7-8 购买经历对偏好的调节作用

7.7 讨论

本书研究了可追溯亚热带水果消费者购买行为的影响因素。通过对321位广东、广西和海南消费者的数据收集和分析，运用结构方程模型对理论模型进行了检验，得出的路径系数与假说检验的支持情况如表7-6所示，本书研究所有的假设都得到了支持，根据数据分析结果，主要得出如下研究结果：

（1）可追溯性对可追溯亚热带水果购买动机有重要的积极影响，路径系数为0.288。由此可知，若亚热带水果具有可追溯性，会更容易促进消费者产生购买动机，从而形成购买决策。可追溯体系是一个有效监管亚热带水果质量安全的手段，但目前国内很多亚热带水果生产和加工企业并没有实施可追溯体系，导致其产品市场竞争力不足，这主要由于我国较多农业企业规模较小，对可追溯的意识淡薄。因此，为了加强亚热带水果可追溯体系的建设，从政府机构、农业企业到消费者，都要致力于在亚热带水果生产和亚热带水果供应链中应用可追溯测量方式。

（2）安全性对可追溯亚热带水果购买动机有积极的影响，路径系数为0.200。随着人们生活水平的提高，在规避食品安全风险的意识作用下，消费者购买可追溯亚热带水果时，会考虑是否有农药残留和有害添加剂等因素。亚热带水果多以鲜食、生食为主，容易出现食用安全性问题，尽管已报道的急性中毒事件较少，但不能忽视水果中农药残留和重金属超标问题的存在。目前，广大消费者对我国水果的质量安全状况比较担忧，为了解决水果质量安全问题，政府和水果企业应依法加强和规范化学投入品的管理，全面开展水果安全质量和产地环境普查，建立市场准入制度，加大果品质量安全监测力度。

（3）信息质量是影响可追溯亚热带水果购买动机的第二重要因素，路径系数为0.348。这表明，可追溯亚热带水果信息越容易理解、信息含量越丰富、信息越真实、信息越公正权威，越能帮助消费者了解可追溯亚热带水果关于产地来源、产品属性和产品品牌等信息，并形成对可追溯亚热带水果全面的、客观的认知，从而促使消费者产生购买动机。究其原因，在农产品质量安全频发的背景下，良好的信息质量可解决可追溯亚热带水果信息不对称问题，能更好地促使消费者产生需求。

（4）产品展示对可追溯亚热带水果购买动机有影响，路径系数为0.253。零售情景的货架布局、主题设计和灯光音乐等要素有利于引起消费者的注意、兴趣和购买欲望，促进消费者产生购买动机，可追溯亚热带水果市场价格较高，主要面对的消费者群体是中高收入人群，这类人群更注重购物过程的精神体验，超市是可追溯亚热带水果最主要的零售业态，超市已经为可追溯亚热带水果创造了良好的零售氛围，因此，大型零售企业如水果超市除了保证亚热带水果本身的质量安全外，还应提供给消费者良好的产品展示环境，吸引更多消费者的购买。

（5）信任是影响可追溯亚热带水果购买动机的第三重要因素，路径系数为0.345。消费者根据口碑传播、广告宣传和以往购买经验而形成了主观判断，认为可追溯亚热带水果在供应链的生产加工等环节是安全可靠的，从而促使其产生了购买动机。然而，目前仍有很多消费者对包括可追溯亚热带水果在内的优质农产品缺乏信任，主要原因是近年来频发的农产品质量安全事件，损害了市场信誉度，其次是在可追溯水果的产地和市场之间缺少一个沟通的桥梁。因此，水果企业要和卖场联手积极扩大宣传，有条件的还应该邀请市民到产地进行实地参观，通过实地观看来增加可信度。

（6）偏好是影响可追溯亚热带水果购买动机的最重要因素，路径系数为0.440。这表明，消费者对可追溯亚热带水果的购买与否在一定程度上取决于消费者对可追溯亚热带水果的喜爱等主观体验。当消费者对可追溯亚热带水果产生了兴趣和嗜好，将促使消费者产生购买动机，进而采取重复、习惯的购买行为。因此，水果企业应加强可追溯亚热带水果的整合营销传播，通过广告、促销和品牌推广等策略组合，帮助消费者形成对可追溯亚热带水果的偏好。

（7）购买动机对购买行为影响显著，路径系数为 0.660。这验证了以往的经典消费者行为研究，消费者的购物动机是其购物行为发生的关键前因。另外，本研究还发现可追溯农产品的购买经历对购买动机和其前因变量之间的关系具有重要的调节作用，具体来说，购买经历增加了购买动机及行为的方差解释率。因此，为了促使消费者购买可追溯亚热带水果，水果企业可拓展产品线，提供不同种类的可追溯农产品，增加消费者对购买可追溯农产品的购买经历，从而吸引消费者购买可追溯亚热带水果。

7.8 研究结论、启示与局限

本书以广东、广西和海南消费者为例，实证分析了质量安全背景下可追溯亚热带水果消费者购买动机和购买行为的形成机理。研究结果表明可追溯性、安全性、信息质量、产品展示、信任和偏好对可追溯亚热带水果购买动机有不同程度的影响，可追溯亚热带水果购买动机显著影响购买行为。本书研究还发现，购买经历对可追溯性与购买动机之间的关系、安全性与购买动机之间的关系、信息质量与购买动机之间的关系、产品展示与购买动机之间的关系、信任与购买动机之间的关系、偏好与购买动机之间的关系具有正向的调节作用。

基于以上研究结论，本书得到以下启示：第一，进一步完善亚热带水果可追溯体系建设，保障消费者对亚热带水果质量安全的知情权和举证权。第二，加强亚热带水果的质量安全监督和管理，严格控制从产地、生产到流通环节的质量安全，为消费者提供安全放心的可追溯亚热带水果。第三，优化可追溯亚热带水果的信息质量，提高可追溯亚热带水果标签的信息含量，在零售终端通过图片、文字、促销人员和视频等形式，向消费者形象生动地展示产品质量和形象，并提高信息的权威度和信服力。第四，加强可追溯亚热带水果品牌建设，通过提高品牌知名度和美誉度，形成良好的口碑传播效应，帮助消费者对可追溯亚热带水果形成信任和偏好。第五，通过广告和体验等营销传播手段，丰富消费者对可追溯农产品的购买经历，培养消费者对可追溯农产品的购买习惯。

本书研究的理论模型不仅适合解释可追溯亚热带水果，也可能适用于分析蔬菜、畜产品和水产品等可追溯农产品的购买动机和购买行为，后续研究可进一步实证检验模型的推广效果。本书的研究结论虽具有一定的理论和实践价值，但仍存在一定局限，本书实证分析的样本来自我国亚热带水果主产区广东、广西和海南三省的 321 位消费者的数据，然而，不同地区的营销环境和消费习惯存在着差异，若在我国其他亚热带水果产区抽取更分散的样本，研究结论的效力会进一步提高。此外，不同国家的经济社会发展水平和文化差异较大，若本书的研究模型在亚热带地区其他国家的市场中进行检验，结果可能不同，因此，有必要将来进行跨文化的对比研究。

7.9　本章小结

　　本章构建了可追溯亚热带水果消费者购买行为模型，分析了信息质量、产品展示、可追溯性、安全性、信任和偏好6个前因变量对可追溯亚热带水果消费者购买行为的影响，并讨论了购买经历的调节作用。从广东、广西和海南三省采集了321个有效样本，采用结构方程技术对理论模型进行了实证检验和分析。实证研究结果表明，可追溯性、安全性、信息质量、产品展示、信任和偏好对消费者购买动机有不同程度的显著影响，购买经历对购买动机与其影响因素之间的因果关系具有重要的调节效应。

8 冰鲜农产品消费者购买行为

8.1 冰鲜农产品概述：以冰鲜鸡为例

8.1.1 热鲜鸡、冰鲜鸡与冻鸡的差别

热鲜鸡，又称现宰鸡，即在农贸市场最常见的活鸡现场宰杀。农贸市场的热鲜鸡在屠宰环节卫生环境较差，例如，烫鸡毛用水反复使用，细菌容易大量滋生。此外，热鲜鸡在物流配送环节容易受到空气、昆虫、运输车和包装等污染，因此质量安全性相对最差。但热鲜鸡实现活宰，其口感相对最好。

冰鲜鸡屠宰过程中严格按照等级分区操作，屠宰后将鸡胴体进行风冷预冷处理，使鸡胴体温度在 1 小时内降为 0～4℃，然后再进行鸡肉保鲜处理和包装，并在后续的加工、流通和零售过程中实行全程冷链配送，始终保持产品在 0～4℃范围内，其保质期（一般是 1～15 天）比较短。冰鲜鸡有效控制了屠宰环节的禽流感风险，其质量安全性最可靠。就口感而言，冰鲜鸡通过冷链配送实现排酸，释放禽肉中的乳酸、磷酸和糖原等，使肌肉中结缔组织变软并具有一定弹性，排酸后禽肉逐渐变得柔嫩、多汁、芳香、味美、易于咀嚼和消化吸收，所以冰鲜鸡的口感较好且与热鲜鸡无明显区别。就营养成分而言，冰鲜鸡在屠宰加工过程中蛋白质、脂肪和矿物质等营养成分并未流失，因此冰鲜鸡与热鲜鸡的营养成分相差不大。

冻鸡是将屠宰后的鸡直接进入冷冻工序，先快速降温使其冻结，然后再放置在 -18℃条件下储存。冻鸡的保质期相对较长，质量安全性较可靠。就口感而言，冻鸡在冷冻过程中使鸡肉水分减少、肉纤维变粗、肉色变暗，所以冻鸡口感较差。就营养成分而言，冻鸡在冷冻过程中，脂肪组织会被部分氧化，汁液和营养素随之流失，所以营养成分较差。

8.1.2 冰鲜鸡发展历程

早在 20 世纪，冰鲜鸡就凭借其安全、卫生、肉嫩、味美和便于切割等优点，赢得了高端消费群的认同，在欧美发达国家盛行。如今，发达国家市场销售的鸡、鸭、鹅都是经过政府认定的屠宰场宰杀后以冰鲜品的形式出售，买卖"冰鲜家禽"已经是常态。发达国家通过推行"冰鲜家禽"，有效加强禽类疫病防控，保障家禽肉品质量安全，强化公共卫生安全管理，以及提高禽类肉品质

量，杜绝加工、出售病死禽等质量安全隐患。

1997 年，我国香港地区爆发禽流感疫情后，香港和澳门地区逐步用冰鲜鸡替代活鸡交易。目前，香港市场上活鸡的销售比例仅占一成（文晓巍等，2015）。2002 年，广州市江丰实业股份有限公司等几家农业企业率先向港澳市场供应冰鲜鸡，此后其生产的冰鲜鸡开始在国内市场销售（赵华，范梅华，2015）。2004 年，我国爆发禽流感疫情，2008 年北京举办奥运会，以及 2013 年 H7N9 禽流感疫情再次爆发，政府进一步加大冰鲜鸡的市场推广力度。自此，北京、上海、浙江和广东等地实行关闭或限制活禽交易，全力推行冰鲜鸡消费模式。例如，广州市作为我国冰鲜鸡市场推广的试点之一，自 2014 年 5 月 5 日开始实施家禽集中屠宰、集中配送、冰鲜上市的模式，规范家禽供应，以防控禽流感。

8.1.3 冰鲜鸡发展现状与存在问题

我国消费者长期以来形成了食用热鲜鸡的饮食习惯，认为热鲜鸡新鲜、口感好、营养价值高，因此热鲜鸡的市场销售仍占有较高的比例。在传统观念、文化和习惯等因素的作用下，消费者对冰鲜鸡尚未形成偏好和习惯购买行为，冰鲜鸡的市场培育与市场推广尚不尽如人意。此外，冰鲜鸡由于保质期较短，冷链物流成本较高，使其市场销售范围局限，市场销售价格较高。例如，黄羽肉鸡行业是我国家禽养殖中的特色产业，但是黄羽肉鸡产品加工比例较低，活鸡产品占 85%，冰鲜鸡产品仅占 5%，冻鸡产品占 10%（朱丽，2013）。为此，冰鲜鸡市场推广需要政府加强政策引导来鼓励冰鲜鸡行业发展、加强对消费者的宣传教育，农业企业加强技术以提高冰鲜鸡质量安全性、研发降低生产成本、提高产品精深加工程度、大力培育知名品牌。以温氏集团为例，1994 年集团开始涉足鸡肉生产加工领域，2002 年成功开展港澳地区市场，2003 年正式设立温氏佳润食品有限公司，主营鸡肉产品加工业务。目前，温氏佳润食品有限公司已成为华南地区最大的肉鸡屠宰加工供应商，建成高标准配套养殖场、屠宰加工厂和熟食加工厂，拥有 7 个供港肉鸡备案养殖场以及 2 家出口备案加工厂，屠宰加工厂最高日屠宰能力可达 20 万只，冰鲜鸡产品多年来占据香港 1/3 的市场份额（何乐言，2014）。

8.2 研究背景

我国是鸡肉生产大国，鸡肉总产量居世界第二位，鸡肉出口创汇在肉类产品出口中位列第一。近年来，我国禽流感疫情不断发生，这对我国肉鸡养殖产业和鸡肉消费市场造成了巨大冲击。据上海统计局报道，禽流感后上海肉鸡产量萎缩，2014 年 1～5 月肉鸡出栏 669.52 万只，下降 27.5%。可见，禽流感疫情威胁着消费者人身安全和鸡肉产业的可持续发展，同时对消费者购买决策产生了显著的影响，以致禽流感发生后消费者购买鸡肉时可能会更加关注与其质量安全相关的因素。作为安全食品的代表之一，冰鲜鸡减少了消费者与活禽接触的机会，将禽流感风险控制在集中屠宰环节，可保证鸡肉的质量安全。早在 20 世纪 20 年代，欧美发达国家已开始推广冰鲜鸡供应模式，香港地区在 10 多年前也已实施冰鲜鸡销售。近年来，我国部分大中城市也积极尝试推广冰鲜鸡供应模式，但效果不理想。2014 年 12 月，广东省发布《广东省家禽经营管理办法》，推广"集中屠宰、冷链配送、生鲜上市"制度，用冰鲜鸡代替活鸡，然而，冰鲜鸡销量只有活鸡的 2.4%～4.8%，消费者对冰鲜鸡购买热情不高，导致超过半数冰鲜鸡档主休市观望。冰鲜鸡市场推广遭遇失利的主要根源在于消费者对活鸡有长期的偏好和对冰鲜鸡认知不足，以致他们普遍认为冰鲜鸡不新鲜、口感差。当前，我国鸡肉供应模式正经历从传统活鸡过渡到冰鲜鸡的重大变革，消费者的观念将受到巨大挑战，他们对冰鲜鸡的接受程度仍有待提高，冰鲜鸡市场前景面临严峻考验。因此，为扩大冰鲜鸡市场份额，推进冰鲜鸡产业发展，提升鸡肉质量安全整体水平，应关注消费者对冰鲜鸡的购买行为规律。以往关于农产品消费者购买行为研究的主要考察对象是常温农产品，但缺乏针对冰鲜农产品，尤其是冰鲜鸡的研究；而且，以往关于农产品消费者购买行为的研究，主要从消费者年龄、收入、性别和文化程度等人口统计特征因素方面进行分析，忽视了认知因素和情感因素对消费者购买行为的双重效应。因此，本书构建了一个禽流感情景下冰鲜鸡消费者购买决策模型，主要考察了影响消费者购买动机的关键因素，并分析了风险感知在消费者购买决策中承担的调节作用，研究结论可以为冰鲜鸡产业的健康发展提供理论指导和决策参考。

8.3　文献综述

近年来，国内外学者围绕人口统计特征因素等，对不同类别安全农产品的消费者购买行为展开了相关研究，研究内容主要关注安全农产品消费者支付意愿和购买意愿等方面。有研究发现消费者的教育程度、收入水平、性别和年龄差异显著影响其购买行为（卢素兰，刘伟平，2016），学历高和收入高的消费者更重视食品安全，年长者和女性的安全食品购买意愿更强烈（Goktolga，Bal and Karkacier，2006）。行为态度、主观规范和知觉行为控制均能不同程度地影响农村居民安全农产品消费行为（王建华等，2016）。此外，产品创新性感知对新产品购买意愿也具有显著正向影响（朱强，王兴元，2016）。

此外，也有研究开展了肉类、蔬菜和水果消费者行为的分类研究，如牛肉（Sepúlveda W. and Maza M. et al.，2008）、猪肉（刘增金等，2016）、常温鸡肉（文晓巍，李慧良，2012）、有机蔬菜（张蓓等，2014）和可追溯水果（张蓓，林家宝，2015）等，辨识出消费者购买行为的影响因素复杂多变，包括个体特征、营销渠道、产品认证、安全相关的因素等（Pohjanheimo and Sandell，2009）。在禽流感背景下，学者们围绕禽流感对家禽产品的消费者购买行为影响因素展开了相关研究。年长、受教育程度低、失业、已婚、出生于广州的消费者更可能在禽流感背景下购买活禽，风险感知对活禽消费者购买意愿有负向影响（Liao et al.，2009）；食品安全信息来源会影响消费者风险感知高低（Lobb，Mazzocchi and Traill，2006）；此外，相关研究发现禽流感对家禽产品价格有一定影响（刘明月，陆迁，2013）；在 H7N9 禽流感爆发后，年龄、文化程度、家庭年收入和偏好对禽肉产品的消费意愿有重要影响（张旭峰，胡向东，2015）。

综上所述，国内外学者对农产品消费者购买行为的研究相对比较丰富，研究对象主要包括绿色农产品、有机农产品和质量安全认证农产品，研究的结论无论是对消费者行为理论的发展，还是对农业企业实践的指导，都具有一定的贡献。然而，现有研究还存在以下不足：一是主要以常温农产品为对象，缺乏专门针对冰鲜农产品尤其是冰鲜鸡的研究；二是主要从消费者个体特征因素方面探究安全农产品消费者购买行为，缺乏基于消费者认知因素和消费者情感因素的复合视角研究购买行为的影响因素。推广冰鲜鸡是有效预防禽流感、保障消费者人身安全的重要途径。基于此，本书在禽流感情景下，以冰鲜鸡作为研究对象，构建冰鲜鸡购买决策影响因素模型，从认知因素和情感因素及风险感知 3 个方面综合考察消费者购买决策的形成机理，为农业企业制定冰鲜鸡市场决策提供理论支持。

8.4 研究模型及研究假说

本书研究将从认知因素、情感因素和风险感知 3 个方面，构建消费者冰鲜鸡购买决策模型，实证分析消费者对冰鲜鸡购买动机及其影响因素，为扩大冰鲜鸡市场份额，推广冰鲜鸡销售模式提供决策依据。消费者购买决策受到认知因素和情感因素的共同作用（Pappas et al.，2016）。其中，认知因素是指在消费者对产品的学习和了解的过程中，影响消费者对产品和服务的整体判断的一切要素和力量的总称，它主要包括消费者通过感觉、知觉、记忆、回忆和再认等心理反应过程而形成的对产品属性和价值综合评价，如产品外观、产品性能等因素（王锋等，2009）。情感因素是指消费者在购买决策过程中基于性格、爱好和经历等对产品形成的喜好或厌恶等心理倾向，包括情感、情绪、偏好和态度等（Cardello et al.，2012）。基于消费者行为理论，农产品消费者购买决策主要受认知因素和情感因素的影响（Lee and Yun，2015）。影响冰鲜鸡消费者购买决策的认知因素主要包括保鲜度、口感、质量安全性和溢价（Rodiger and Hamm，2015；Maruyama，Wu and Huang，2016）。影响冰鲜鸡消费者购买决策的情感因素主要包括消费者的习惯和创新性（Lin，2011；Santosa et al.，2013）。此外，风险感知是一个重要的个体因素。下面将展开讨论这些因素对禽流感情景下冰鲜鸡消费者购买动机的影响以及风险感知的调节作用。

8.4.1　认知因素对购买动机的影响

（1）保鲜度与购买动机。保鲜度是指经检疫检验合格的活禽宰杀后应用保鲜技术在一定时间内将中心温度降至 $0\sim4℃$，在此温度下进行包装、储藏和运输的禽肉产品的新鲜程度，对保鲜度的检验一般分为感官检验、物理化学检验和微生物检验（李虹敏，2009）。冰鲜鸡在屠宰后经过风冷程序降温到达温度控制点，避免了传统泡冰水降温导致的交叉感染和肉质变化，较好地保持了鸡肉的新鲜程度。长期以来，消费者购买活鸡时讲究现买现杀，从眼睛、毛色等特征判断其新鲜度。同样的，消费者期望冰鲜鸡在冷藏和储运过程中能保证新鲜和富有营养。因此，冰鲜鸡保鲜度越高，消费者越容易产生购买动机。所以，本书提出了以下假设：

H_1：保鲜度正向影响冰鲜鸡消费者购买动机。

（2）口感与购买动机。口感是指冰鲜鸡从屠宰到销售遵循了鸡肉生物化学的自然变化规律，肉质保持柔软有弹性，烹饪后肉质细腻，鲜味香味足，营养物质容易被人体消化吸收。随着生活水平的提高，消费者对食品口感与滋味的需求越来越强烈，希望食品色香味美，讲究餐饮享受。对食品口感的追求是现代社会人们追求高生活质量的表现之一（Mosca，Bult and Stieger，2013）。因此，消费者在购买冰鲜鸡时考虑口感的好坏，宜人的口感能使消费者获得良好的冰鲜鸡购买体验，让消费者感到愉悦和满足，这种积极的心理感受会提高消费者对冰鲜鸡的接受程度。因此，口感越好，消费者对冰鲜鸡的购买动机越强烈。所以，本书提出了以下假设：

H_2：口感正向影响冰鲜鸡消费者购买动机。

（3）质量安全性与购买动机。质量安全性是指农产品的可靠性、使用性和内在价值，包括农产品在生产、储存、流通和食用所有供应链环节中形成的营养和危害等，既与农产品生产流通企业质量安全控制行为有关，又与自然环境和资源有关（胡莲，2009）。世界卫生组织（1996）将质量安全界定为"对农产品按其原定用途进行制作、食用时不会使消费者健康受到现实和潜在损害的一种担保"。冰鲜鸡的质量安全性指的是在屠宰前是否经过严格的检验检疫，在屠宰、风冷、包装、配送和销售等供应链环节是否符合质量安全标准，不携带禽流感病毒，不含有超标的禽药残留物等，消费者食用后不存在威胁健康的安全隐患。农产品伤害危机的频繁爆发使消费者在购买农产品时越来越注重质量安全性，质量安全性越高的农产品越受消费者欢迎。在禽流感情景下，消费者担忧冰鲜鸡是否符合卫生安全标准，是否由死鸡加工而成等。因此，冰鲜鸡质量安全性越高，消费者越容易产生购买动机。所以，本书提出了以下假设：

H_3：质量安全性正向影响冰鲜鸡消费者购买动机。

（4）溢价与购买动机。价格是营销因素组合中最灵敏、最活跃的因素，价格的高低影响着消费者对产品的需求量。一般而言，价格越高，需求量越小（Rodiger and Hamm，2015）。溢价是指相比活鸡而言，冰鲜鸡价格上涨的程度。目前，由于冰鲜鸡在屠宰、加工和物流过程对专业技术装备的要求较高，导致冰鲜鸡加工销售成本较高，相应地冰鲜鸡市场售价普遍比活鸡高。作为活鸡的替代品，冰鲜鸡需求交叉弹性大于1，即冰鲜鸡价格越高，消费者对活鸡的需求量越大。在我国冰鲜鸡的试点中，由于活鸡大多来自大型养殖基地，有着严格饲养天数要求和质量控制标准，导致普遍存在冰鲜鸡比原来的活鸡价格更高的情形，冰鲜鸡价格高在一定程度上削弱了消费者购买意愿。因此，冰鲜鸡溢价程度越高，消费者对冰鲜鸡的购买动机越弱。所以，本书提出了以下假设：

H_4：溢价负向影响冰鲜鸡消费者购买动机。

8.4.2 情感因素对购买动机的影响

（1）习惯与购买动机。习惯是指人们对于某类商品或某种品牌长期形成的消费需求，它是人们一种稳定的、重复的购买行为。习惯受到商品和服务质量、兴趣、偏好、收入和生活方式等因素的综合影响，它对消费者购买行为有着重要影响（靳明等，2015）。当消费者对某种产品的习惯程度增强时，该产品的需求量就会增加。每个消费者都有其特定的消费习惯，消费群体间对同一产品会存在显著的差异。消费者行为学研究表明，不同的消费者所感知的产品价值存在差异性，这种差异性会形成不同的偏好，进而形成不同的习惯。对一些习惯购买活鸡的消费者而言，其对活鸡会形成特殊的偏好，而食用冰鲜鸡则不太习惯。相反地，对冰鲜猪肉、冰鲜水产品形成习惯的消费者，更容易接受冰鲜鸡。在美国、加拿大、韩国和日本等发达国家和地区，冰鲜鸡已逐渐替代活鸡，农产品超市和菜市场没有活禽出售，销售活禽将被刑事起诉。与发达国家相比，我国消费者对冰鲜鸡尚未形成消费习惯。因此，活鸡消费习惯程度越高，消费者对冰鲜鸡的购买动机越弱。所以，本书提出了以下假设：

H_5：习惯负向影响冰鲜鸡消费者购买动机。

（2）创新性与购买动机。创新性是指消费者对新产品的接受程度，以及对新产品试错风险的心理承受能力（Midgley and Dowling，1978）。近年来，随着禽流感疫情发展，以及我国消费者对健康保健的重视和饮食安全观念的形成，我国不少地区开始关闭活禽交易市场，大力推广冰鲜鸡。然而，我国有着喜欢购买活禽的传统，尤其是广东、海南等地区的消费者对活鸡有着特殊的偏好。因此，消费者对冰鲜鸡这种新产品产生了一定的抵触情绪和逆向行为，对冰鲜鸡安全性、营养成分和保鲜程度等产生怀疑和偏见，所以冰鲜鸡的购买意愿不强。因此，创新性越高，消费者越乐意尝试购买新产品，对冰鲜鸡的购买动机越强烈。所以，本书提出了以下假设：

H_6：创新性正向影响冰鲜鸡消费者购买动机。

8.4.3　风险感知的调节效应

风险感知是指消费者在禽流感背景下采取鸡肉购买行为无法判断消费结果是否正确，即鸡肉购买行为的结果具有不确定性，这种消费者鸡肉购买不确定性会给消费者带来忧虑、不安和不愉快（Ross，1975）。禽流感发生后，消费者购买鸡肉时会重点考虑其是否符合质量安全标准、是否携带禽流感病毒等方面因素。换而言之，当消费者对禽流感具有较高的风险感知时，对冰鲜鸡的了解意愿更强烈，会关注冰鲜鸡保鲜技术的知识，对冰鲜鸡保鲜度更为了解，从而可能增强冰鲜鸡的购买动机；当消费者对禽流感具有较高的风险感知时，随着冰鲜鸡口感的提升，消费者购买冰鲜鸡的愿望会更加强烈；风险感知高的消费者能意识到冰鲜鸡质量安全性的优点，进而产生了较强的冰鲜鸡购买动机。此外，风险感知高的消费者对价格的敏感程度相对较低，他们愿意为购买安全鸡肉而额外支付高价，因此对冰鲜鸡溢价更能接受，对冰鲜鸡有着较强的支付能力，进而产生了较强的购买动机。对风险感知高的消费者来说，当禽流感发生后，会愿意改变活鸡消费的习惯，去购买冰鲜鸡。当消费者对禽流感具有较高的风险感知时，创新性强的消费者会更愿意尝试活鸡的替代产品，如冰鲜鸡。风险感知可能会调节保鲜度、口感、质量安全性、溢价、习惯和创新性与购买动机之间的关系。所以，本书提出了以下假设：

H_{7a}：风险感知对保鲜度与购买动机的关系有正向调节作用；

H_{7b}：风险感知对口感与购买动机的关系有正向调节作用；

H_{7c}：风险感知对质量安全性与购买动机的关系有正向调节作用；

H_{7d}：风险感知对溢价与购买动机的关系有负向调节作用；

H_{7e}：风险感知对习惯与购买动机的关系有负向调节作用；

H_{7f}：风险感知对创新性与购买动机的关系有正向调节作用。

综上所述，认知因素和情感因素是消费者对冰鲜鸡形成良好的体验和评价，是产生购买动机的重要因素。因此，本书运用结构方程模型，以保鲜度、口感、质量安全性、溢价、习惯和创新性作为冰鲜鸡消费者购买动机的前因变量，以风险感知作为调节变量，构建了冰鲜鸡消费者购买决策研究模型（图 8-1）。

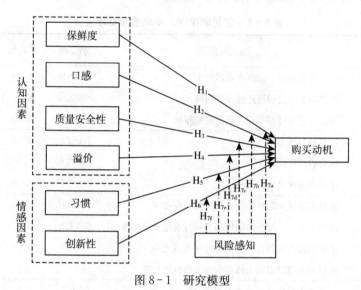

图 8-1　研究模型

8.5　研究设计

8.5.1　问卷与量表

调查问卷包括两个部分：第一部分是样本的人口统计特征，包括性别、年龄、文化程度等指标，以及消费者是否具有购买经历和是否采取购买行为；第二部分是变量质量安全性、保鲜度、溢价、口感、习惯、创新性、疫情风险感知和购买动机的测度项，运用的方法是李克特 5 级量表。

首先，本书借鉴以往研究中的成熟量表的测量题项，所有结构变量均采取多个测度项。本书根据已有文献修改这些测度项并设计相应的量表，使其适合冰鲜鸡的背景和特点，以保证问卷的内容效度。其中，保鲜度和口感的测度项进行了自编；质量安全性的测度项参考了文献（张蓓，林家宝，2015）的研究；溢价的测度项参考了文献（Kim，Xu and Gupta，2012）的研究；习惯的测度项参考了文献（Lu，et al.，2011）的研究；创新性的测度项参考了文献（Kang and Gretzel，2012）的研究；风险感知的测度项参考了文献（Belanche，Casalo and Guinaliu，2012）的研究；购买动机的测度项参考了文献

（Lee and Yun，2015）的研究。然后，问卷由食品安全管理领域的5位专家进行评阅，并根据他们的意见进行了修改。此后，邀请50位消费者进行问卷前测，根据其反馈意见对问卷进行完善，使问卷语句更加符合调查对象的思维逻辑及实际情况，使问题项的意思表达易于被调查对象理解和接受。最终形成了包含25个测度项的量表，具体测度项及得分如表8-1所示。

表8-1 变量测度项、平均值及标准差

变量名称	测度项定义	测度项	平均值	标准差
保鲜度 （FRESH）	相对活鸡而言，冰鲜鸡新鲜度不差	$FRESH_1$	2.73	1.00
	冰鲜鸡加工过程迅速能保证新鲜	$FRESH_2$	2.95	0.94
	冰鲜鸡运输过程全程冷藏能确保新鲜	$FRESH_3$	3.00	0.93
口感 （TASTE）	冰鲜鸡口感不比活鸡差	$TASTE_1$	2.63	1.00
	冰鲜鸡肉质鲜嫩	$TASTE_2$	2.63	0.89
	冰鲜鸡美味可口	$TASTE_3$	2.60	0.89
质量安全性 （SECUR）	冰鲜鸡在屠宰前后均经过严格的检疫程序	$SECUR_1$	3.30	1.05
	冰鲜鸡屠宰、配送和销售环节符合质量安全标准	$SECUR_2$	3.27	1.00
	冰鲜鸡禽药残留在质量安全标准范围之内	$SECUR_3$	3.10	0.97
	冰鲜鸡不携带损害人体生命安全的疫情病毒	$SECUR_4$	3.09	1.00
溢价 （PRICE）	冰鲜鸡价格比活鸡或冰冻鸡贵	$PRICE_1$	2.94	0.96
	冰鲜鸡很少降价促销	$PRICE_2$	3.05	0.87
	冰鲜鸡价格没有吸引力	$PRICE_3$	3.27	0.86
习惯 （HABIT）	我去买鸡时，通常购买活鸡	$HABIT_1$	3.57	1.03
	我更喜欢购买活鸡，而不是冰鲜鸡	$HABIT_2$	3.68	0.99
	当我需要购买鸡时，首选活鸡	$HABIT_3$	3.74	0.98
创新性 （INNO）	在我的生活圈中，我属于较早接受冰鲜鸡的人	$INNO_1$	2.69	0.92
	我喜欢阅读冰鲜鸡的新闻和消息	$INNO_2$	2.61	0.94
	我喜欢关注冰鲜鸡的品种和特点	$INNO_3$	2.66	0.96
风险感知 （RISK）	禽流感疫情发生后，我购买活鸡会感到不安全	$RISK_1$	3.72	1.01
	禽流感疫情扩散后，我担心购买活鸡会被传染	$RISK_2$	3.77	1.00
	整体来说，我对禽流感疫情的风险感知较高	$RISK_3$	3.65	0.92
购买动机 （MOTI）	我愿意购买冰鲜鸡	$MOTI_1$	2.87	0.92
	我愿意为冰鲜鸡支付比活鸡更高的价格	$MOTI_2$	2.43	0.87
	我愿意向亲戚朋友推荐冰鲜鸡	$MOTI_3$	2.70	0.92

8.5.2 数据收集和样本特征

据广东省卫生计生委通报，2015 年 2 月广东省发生禽流感病例达 50 例，分布在 15 个地级市，其中，广州 4 例、深圳 12 例、东莞 5 例、梅州 5 例、汕尾 4 例、潮州 4 例、中山 3 例、汕头 3 例，肇庆、揭阳、河源分别有 2 例，佛山、珠海、惠州、江门分别有 1 例。为了保证食品安全，政府出台了一系列相关政策鼓励冰鲜鸡的销售。本书的调查基于上述禽流感疫情发生后，具体调查时间为 2015 年 3～4 月，调查地方为广东省禽流感疫情较为严重的地区，主要包括广州、深圳、东莞、梅州、汕尾和潮州等 6 个城市的肉菜市场和超市等，对消费者进行实地随机抽样调查，调查对象涵盖不同性别、年龄、文化程度、职业和家庭月收入的消费者。本次实地调查共发放调查问卷 450 份，回收问卷 428 份，回收率为 95.1%。剔除不合格问卷后，得到有效问卷 392 份，其中广州 70 份，深圳 72 份，东莞 68 份，梅州 65 份，汕尾 60 份，潮州 57 份，卡方检验显示来自 6 个地区的样本人口统计特征无显著性差异。总体样本特征见表 8-2。

表 8-2 样本特征统计（$N=392$）

		男			女		
性别	样本数		172			220	
	比例（%）		43.90			56.10	
		20 以下	20～29	30～39	40～49	50～59	60 以上
年龄（岁）	样本数	34	99	140	57	26	36
	比例（%）	8.70	25.30	35.70	14.50	6.60	9.20
		初中及以下	高中		大学	研究生及以上	
文化程度	样本数	57	63		160	112	
	比例（%）	14.50	16.10		40.80	28.60	
		政府部门	事业单位	企业	私营业主	离退休	学生	其他
职业	样本数	64	105	74	21	45	51	32
	比例（%）	16.30	26.80	18.90	5.40	11.50	13.00	8.20
		4 000 及以下	4 000～6 000	6 000～8 000	8 000～12 000	12 000 以上	
家庭收入（元）	样本数	85	95	70	70	72	
	比例（%）	21.70	24.20	17.90	17.90	18.40	
		广州	深圳	东莞	梅州	汕尾	潮州
来源地	样本数	70	72	68	65	60	57
	比例（%）	17.9	18.4	17.3	16.6	15.3	14.5

8.6 实证分析结果

8.6.1 测量模型分析

首先，本研究使用 SPSS 20.0 对样本数据进行探索性因子分析（exploratory factor analysis，EFA）。KMO（Kaiser-Meyer-Olkin）统计值为 0.860 且在 0.001 水平下显著，高于推荐值 0.5，表明观测变量适合进行主成分分析。方差最大旋转后的主成分分析结果如表 8 - 3 所示，样本数据共解析出 8 个因子，方差解释率为 79.23%，指标 FRESH1 和 INNO1 分别在因子 FRESH 和 INNO 上的负载为 0.360 和 0.415，低于统计临界值 0.500，未通过统计检验，需删除，不带入后续的统计分析中。其他指标和其对应的因子结构清晰，各个指标在对应因子上的负载大于在其他因子上的交叉负载，显示各指标均能有效地反映其对应因子，保证了较好的内容效度。

表 8 - 3 方差最大旋转的主成分矩阵

指标	SECUR	TASTE	HABIT	MOTI	RISK	PRICE	INNO	FRESH
$FRESH_1$	0.473	0.439	−0.056	0.288	0.059	0.046	0.179	0.360
$FRESH_2$	0.498	0.232	−0.068	0.209	0.114	0.019	0.168	0.666
$FRESH_3$	0.448	0.229	−0.006	0.231	0.129	−0.011	0.148	0.700
$TASTE_1$	0.187	0.786	−0.189	0.257	0.054	0.039	0.154	0.059
$TASTE_2$	0.135	0.852	−0.152	0.254	0.086	0.058	0.154	0.154
$TASTE_3$	0.171	0.850	−0.159	0.224	0.094	0.034	0.197	0.096
$SECUR_1$	0.885	0.084	0.021	0.094	0.146	0.021	0.093	0.096
$SECUR_2$	0.876	0.095	0.022	0.148	0.112	−0.013	0.064	0.159
$SECUR_3$	0.800	0.161	0.003	0.175	0.009	0.047	0.079	0.082
$SECUR_4$	0.838	0.097	−0.071	0.103	−0.006	0.077	0.146	0.074
$PRICE_1$	0.038	−0.011	−0.119	0.064	−0.018	0.802	0.173	0.022
$PRICE_2$	0.079	0.109	0.086	0.038	0.087	0.833	0.030	0.057
$PRICE_3$	−0.016	0.002	0.273	−0.020	0.086	0.748	−0.079	−0.069
$HABIT1$	0.022	−0.136	0.867	−0.138	0.077	0.136	−0.062	0.028
$HABIT_2$	−0.022	−0.127	0.936	−0.084	0.016	0.036	−0.061	−0.033
$HABIT_3$	−0.043	−0.146	0.919	−0.087	0.019	0.042	−0.035	−0.060
$INNO_1$	0.351	0.277	−0.065	0.448	0.019	−0.050	0.415	−0.089

（续）

指标	SECUR	TASTE	HABIT	MOTI	RISK	PRICE	INNO	FRESH
$INNO_2$	0.172	0.186	−0.078	0.180	0.019	0.112	0.869	0.094
$INNO_3$	0.155	0.212	−0.064	0.139	0.046	0.048	0.863	0.129
$RISK_1$	0.071	0.074	−0.026	0.050	0.912	0.082	0.035	0.159
$RISK_2$	0.026	0.084	−0.019	0.049	0.932	0.072	0.041	0.135
$RISK_3$	0.200	0.042	0.268	0.137	0.632	0.004	−0.011	−0.285
$MOTI_1$	0.271	0.210	−0.064	0.833	0.106	−0.050	0.072	0.062
$MOTI_2$	0.080	0.285	−0.175	0.724	0.076	0.158	0.142	0.222
$MOTI_3$	0.220	0.266	−0.148	0.756	0.067	0.052	0.197	0.106

本研究进一步采用验证性因子分析（confirmatory factor analysis，CFA）对变量的信任、收敛效度和区别效度进行检验。信度指量表的一致性、稳定性及可靠性，Cronbach's α 值用来测度模型中各因子的信度，复合信度（composite reliability，CR）则用于衡量各测度项的内部一致性。量表的信任和收敛效度检验结果如表 8-4 所示，所有因子的 Cronbach's α 值和 CR 值都高于 0.700，表明测度项都具有很好的信度。测度项 PRICE3 的标准负载为 0.379，测度项 RISK3 的标准负载为 0.621，均小于临界值 0.700，未通过统计检验，因此将此两个测度项删除，不带入对结构模型的运算中，其他测度项的标准负载都在 0.700 以上，且都在 0.001 的水平上显著，以及各因子的平均抽取方差（average variance extracted，AVE）都高于 0.500，说明测度项均拥有较好的收敛效度。

表 8-4 信度和收敛效度分析

变量名称	测度项	标准负载	AVE	CR	Cronbach's α
保鲜度（FRESH）	$FRESH_2$	0.948	0.897	0.946	0.885
	$FRESH_3$	0.947			
口感（TASTE）	$TASTE_1$	0.886	0.858	0.948	0.914
	$TASTE_2$	0.947			
	$TASTE_2$	0.945			
质量安全性（SECUR）	$SECUR_1$	0.913	0.792	0.938	0.912
	$SECUR_2$	0.914			
	$SECUR_3$	0.864			
	$SECUR_4$	0.867			

（续）

变量名称	测度项	标准负载	AVE	CR	Cronbach's α
溢价（PRICE）	$PRICE_1$	0.883	0.543	0.763	0.728
	$PRICE_2$	0.840			
	$PRICE_3$	0.379			
习惯（HABIT）	$HABIT_1$	0.904	0.874	0.954	0.927
	$HABIT_2$	0.956			
	$HABIT_3$	0.945			
创新性（INNO）	$INNO_2$	0.944	0.887	0.940	0.873
	$INNO_3$	0.940			
风险感知（RISK）	$RISK_1$	0.943	0.725	0.884	0.806
	$RISK_2$	0.949			
	$RISK_3$	0.621			
购买动机（MOTI）	$MOTI_1$	0.871	0.775	0.912	0.855
	$MOTI_2$	0.868			
	$MOTI_3$	0.901			

对于区别效度的检验，如果测量模型因子的平均抽取方差的平方根大于该因子与其他因子的相关系数，则测量模型因子具有较好的区别效度。区别效度分析结果如表 8-5 所示，各个因子的平均抽取方差的平均根（表中对角线上的数字）均大于相应的相关系数，所以，各个变量之间具有较好的区别效度。

表 8-5　区别效度分析

	FRESH	TASTE	SECUR	PRICE	HABIT	INNO	RISK	MOTI
FRESH	0.947							
TASTE	0.495	0.926						
SECUR	0.625	0.368	0.890					
PRICE	0.143	0.177	0.136	0.737				
HABIT	−0.146	−0.337	−0.050	−0.006	0.935			
INNO	0.410	0.467	0.345	0.231	−0.176	0.942		
RISK	0.249	0.201	0.198	0.113	0.068	0.115	0.851	
MOTI	0.504	0.619	0.433	0.183	−0.281	0.444	0.183	0.880

8.6.2 结构模型分析

本书使用 PLS-Graph 3.0 软件对所提出的结构模型假说进行检验。路径系数及其显著性如图 8-2 所示，图中，保鲜度、口感、质量安全性和创新性对购买动机有正向显著影响，习惯对购买动机有负向显著影响，然而，溢价对购买动机没有显著影响。因此，假设 H_1、H_2、H_3、H_5、H_6 得到支持，假设 H_4 没有得到支持。购买动机的方差解释率 R^2 为 47.1%，显示本研究模型和数据的拟合结果良好，解释了较高程度的冰鲜鸡消费者购买动机。

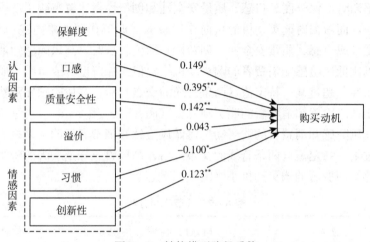

图 8-2 结构模型路径系数

注：*** $P < 0.001$，** $P < 0.01$，* $P < 0.05$ 的水平下显著。

表 8-6 假设检验结果

路径	关系	路径系数	t 值	检验结果
H_1：保鲜度→购买动机	+	0.149*	2.485	支持
H_2：口感→购买动机	+	0.395***	7.889	支持
H_3：质量安全性→购买动机	+	0.142**	2.822	支持
H_4：溢价→购买动机	不显著	0.043	1.037	不支持
H_5：习惯→购买动机	—	−0.100*	2.191	支持
H_6：创新性→购买行为	+	0.123**	2.592	支持

8.6.3 调节效应

风险感知可能对保鲜度与购买动机之间的路径、口感与购买动机之间的路径、质量安全性与购买动机之间的路径、习惯与购买动机之间的路径、创新性与购买动机之间的路径具有调节作用。为了检验风险感知的调节作用，本研究采用多元调节回归分析进行检验，统计分析的结果如表 8-7 所示，交互项（$FRESH \times RISK$，$TASTE \times RISK$，$SECUR \times RISK$，$HABIT \times RISK$，$INNO \times RISK$）的系数显著，这表明风险感知具有显著的调节效应，R^2 的显著变化进一步证实了风险感知调节效应的存在。具体来说，风险感知对保鲜度与购买动机之间的路径、口感与购买动机之间的路径、质量安全性与购买动机之间的路径以及创新性与购买动机之间的路径具有正向的调节效应，但对习惯与购买动机之间的路径具有负向调节效应，这意味着当消费者对活鸡具有较高的风险感知时，保鲜度、口感、质量安全性和创新性对冰鲜鸡购买动机的正向作用增强，而习惯对购买动机的负向作用减弱。调节作用效果图进一步发现，当保鲜度（或口感、质量安全性、创新性）的值较低时，高风险感知消费者的购买动机比低风险感知消费者的购买动机小；但当保鲜度（或口感、质量安全性、创新性）超过某一特定值（两条直线的交点）后，高风险感知消费者的购买动机比低风险感知消费者的购买动机大（图 8-3～图 8-6）。当习惯的值较低时，高风险感知消费者的购买动机比低风险感知消费者的购买动机大；但当习惯超过某一特定值（两条直线的交点）后，高风险感知消费者的购买动机比低风险感知消费者的购买动机小（图 8-7）。

表 8-7　调节作用分析

变量	Model 1	Model 2	Model3
Block 1：Independent variable			
FRESH	0.153**	0.142**	0.132**
TASTE	0.398***	0.390***	0.380**
SECUR	0.143**	0.142**	0.138**
HABIT	−0.094**	−0.099**	−0.126**
INNO	0.127**	0.128**	0.119**
Block 2：Moderating variable			
RISK		−0.157**	−0.116**
Block 3：Moderating effect			
FRESH×RISK			0.106**
TASTE×RISK			0.108**
SECUR×RISK			0.104**
HABIT×RISK			−0.103**
INNO×RISK			0.104**
R^2	0.460	0.467*	0.478*

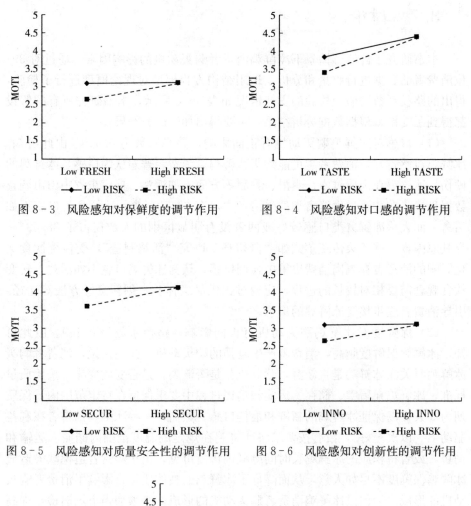

图 8-3 风险感知对保鲜度的调节作用　　图 8-4 风险感知对口感的调节作用

图 8-5 风险感知对质量安全性的调节作用　　图 8-6 风险感知对创新性的调节作用

图 8-7 风险感知对习惯的调节作用

8.7 讨论

本书研究了禽流感情景下冰鲜鸡消费者购买动机的影响因素。通过对 392 位消费者的数据进行收集和分析，运用结构方程模型对理论模型进行了检验，得出的路径系数与假说检验的支持情况如表 8-6 所示，本书研究所有的假设都得到了支持，根据数据分析结果，主要得出如下研究结果：

（1）口感对冰鲜鸡购买动机有正向影响，路径系数为 0.395。由此可知，冰鲜鸡口感越好，消费者越可能购买冰鲜鸡。消费者普遍认为口感是冰鲜鸡的硬伤，冰鲜鸡在肉质鲜嫩、爽滑、香甜等方面不如活鸡。据广东省中山市调查数据显示，在购买过生鲜禽类的受访者中，有 60.53% 表示冰鲜禽类口感不如活禽，而表示冰鲜禽类口感较好或两者没有明显区别的人数仅占了 38.59%。究其原因，一些粤菜传统菜式如"白切鸡"讲究"活鸡制造"，受传统饮食文化影响的消费者在鸡肉消费决策中强调口感，认为冰鲜鸡口感不如活鸡。转变饮食观念需要相对较长的过程，应通过提供品尝体验，创新烹饪方法等途径，引导消费者逐步接受冰鲜鸡的口感。

（2）保鲜度对冰鲜鸡购买动机有正向影响，路径系数为 0.149。由此可知，冰鲜鸡保鲜度越高，消费者产生越强的购买动机。换句话说，消费者购买冰鲜鸡时关注冰鲜鸡是否新鲜，营养成分是否流失，是否变质变味。按照质量标准，冰鲜鸡在屠宰、储存、运输和销售过程中要求保持在特定范围内，保质期为 6 天，以保证冰鲜鸡的新鲜和最佳口感。然而，一些冰鲜鸡销售者在利益驱动下"以次充好"，没有按要求将冰鲜鸡在规定的温度范围内储藏、运输和销售，或者将积压的冰鲜鸡长时间冷藏销售。可见，由于经营者道德缺失造成冰鲜鸡保鲜度不尽如人意，从而降低了冰鲜鸡的整体质量，影响了消费者购买动机的形成。为促进冰鲜鸡消费者购买动机的形成，必须加强市场巡检，提高执法力度。

（3）质量安全性对冰鲜鸡购买动机有重要的正向影响，路径系数为 0.142。由此可知，质量安全性越高，消费者冰鲜鸡购买动机越强烈。我国消费者对冰鲜鸡质量安全性存在认知程度不高、信心不足等问题，相当一部分消费者不了解、不相信冰鲜鸡在供应链各个环节有着严格的质量安全控制标准。近年来，上海、浙江和广东等地相继出台了冰鲜鸡加工生产的卫生规范，如杭州市畜牧兽医学会与杭州申浙家禽有限公司合起草制定了杭州市首个《家禽屠宰品质检验规程》企业标准，上海出台了食品安全地方标准《冷鲜鸡生产经营卫生规范》，浙江制定了《冷鲜禽加工经营卫生规范》等，政府主管部门对冰鲜鸡生产加工企业实施质量安全监管。但是，由于我国家禽养殖行业仍然存在散户分散经营、信息不对称和道德失范等弊端，导致冰鲜鸡质量安全监管仍存在漏洞。因此，消费者对冰鲜鸡质量安全性缺乏足够的信心。为增强冰鲜鸡消费者购买动机，必须进一步完善行业卫生安全标准、加强质量安全管理。

（4）溢价对冰鲜鸡购买动机没有显著影响，路径系数为 0.043。这说明价格并不是影响消费者购买冰鲜鸡关注的因素，可能的原因是冰鲜鸡市场处于起步阶段，我国消费者长期所形成的购买活禽的消费习惯处于主导地位，从心理上比较排斥冰鲜鸡，对冰鲜鸡也缺乏必要的认知了解，大多数消费者宁愿选择购买活鸡而不愿意购买冰鲜鸡。

（5）习惯对冰鲜鸡购买动机有负向影响，路径系数为 0.100。由此可见，我国传统文化长期形成的消费习惯是制约冰鲜鸡购买动机的重要因素。我国消费者长期以来形成了购买活鸡的消费习惯，在禽流感背景下仍然以活鸡的购买方式和口感风味等作为参照标准，对冰鲜鸡产生了一定的抗拒心理和主观偏见。20 世纪以来冰鲜鸡凭借其质量安全、卫生、肉嫩味美、便于切割等优点在欧美发达国家市场盛行。1997 年香港地区爆发禽流感疫情后，逐渐推广冰鲜鸡代替活鸡消费，迄今为止已培养起当地消费者冰鲜鸡购买习惯。因此，要扩大冰鲜鸡市场份额，必须加大宣传教育力度，引导消费者转变消费观念，逐步取缔活禽交易市场，培养冰鲜鸡消费习惯，增加冰鲜鸡购买动机。

（6）创新性是影响购买动机的重要因素，路径系数为 0.123。由此可见，消费者创新性越强，越容易接受新产品，冰鲜鸡购买动机越强烈。但是，我国消费者的消费观念相对较为保守，对新产品接受的时间较长，对新产品的尝试意愿不强烈。中老年人、家庭主妇等消费群体还坚持着"现杀现宰"的传统鸡肉购买方式，凭眼力、靠经验来选购活鸡，他们对预先包装好的冰鲜鸡不愿意购买，不乐于尝试。因此，企业需要对消费者进行细分，对创新性强的消费者加强冰鲜鸡的营销推广力度，从而促进消费者的购买，培育和拓展冰鲜鸡的市场。

8.8　理论启示、管理启示与研究展望

8.8.1　理论启示

本书研究禽流感情景下冰鲜鸡消费者购买动机的影响因素，并检验了风险感知的调节效应，得到理论启示具体如下：首先，从认知和情感二元视角构建冰鲜鸡消费者购买动机研究框架，丰富了现有的安全农产品消费者购买行为的理论研究成果，为未来安全农产品消费者行为提供了理论支撑。在认知因素中，保鲜度、口感和质量安全性对消费者购买动机有正向的影响；在情感因素

中，创新性对消费者购买动机有正向的影响，而习惯的作用效果是负向的。可见，在冰鲜鸡购买决策影响因素中，既要重视认知因素，也要考虑情感因素，尤其是反映消费者个体特质的情感因素。其次，风险感知对冰鲜鸡消费者购买决策形成过程有着重要的调节作用。风险感知对认知因素（保鲜度、口感、质量安全性）与购买动机之间的关系具有正向的调节效应，而对情感因素（习惯和创新性）与购买动机之间的关系具有不同方向的调节效应，解释了禽流感情景下认知因素和情感因素对冰鲜鸡购买动机的作用机制。

8.8.2 管理启示

基于以上研究结论，本书得到以下管理启示：

（1）加强冷链冷藏体系建设，提高冰鲜鸡的保鲜度。冰鲜鸡保鲜度直接决定了冰鲜鸡的肉质鲜美程度，是促成消费者购买动机的重要因素。推进我国生鲜农产品冷链冷藏体系建设，通过运用冷冻加工、冷冻储藏、冷藏运输及配送、冷冻销售来保证冰鲜鸡在生产、储藏、运输和销售各个环节中始终处于规定的低温环境，以保证冰鲜鸡质量和营养的稳定性。

（2）引导消费者认知，提高消费者对冰鲜鸡口感的认可度。加强科普知识推广，通过现场试吃、实验数据展示等途径，引导消费者对冰鲜鸡口感形成客观的、科学的认识，让消费者相信冰鲜鸡的口感，减少消费者对冰鲜鸡口感的主观偏见。

（3）规范冰鲜鸡生产加工流程，加强冰鲜鸡质量安全监管。一方面，统一制定冰鲜鸡生产、加工、检测等质量安全行业标准，实施严格的冰鲜鸡生产加工质检程序和经营卫生规范，对冰鲜鸡的温度、保质期、消毒和包装等进行详细的规定。另一方面，严厉打击和处罚活鸡私屠滥宰行为，确保冰鲜鸡质量安全，维护市场经营秩序。总之，激励约束农业龙头企业实施质量安全控制行为，提升冰鲜鸡质量安全水平，为消费者提供质量可靠的产品。

（4）拓展冰鲜鸡网络销售渠道，培育冰鲜鸡消费习惯。大力促进鸡肉产业化发展，提高活禽养殖行业进入门槛和饲养条件，淘汰缺乏质量安全控制能力的家禽中小企业，从而逐渐取缔活禽市场，抑制活鸡的消费需求，为冰鲜鸡提供充足的市场空间。由此，提过控制活禽市场的产品供给，逐步引导消费者改变活禽消费习惯，引导消费者产生冰鲜鸡购买动机，促成冰鲜鸡购买行为。

（5）针对重点目标人群，开展精准营销。基于消费者的创新性差异，分类出创新性强的为重点目标客户，挖掘此类人群的心理和行为规律，开展形式多样的精准营销手段，如运用微信、微博等社交媒体进行营销宣传，扩大冰鲜鸡市场份额。

8.8.3 不足与展望

本研究的结论虽具有一定的理论和实践价值，但仍存在一定不足。首先，本书研究的样本来自广东省 392 位消费者的调查数据，广东具有独特的岭南文化特征，对鸡肉有长期的饮食偏好，研究的结论不一定适用其他省份或文化情景，未来需要采集更为分散的样本，检验模型解释的效力。其次，本书从认知因素和情感因素两方面探讨冰鲜鸡消费者购买决策的影响因素，可能还有其他影响消费者购买动机的因素没有考虑，如制度环境、产业特性和替代品效应，未来将开展深入、全面的研究。最后，本研究的主要结论可能适用于解释其他冰鲜农产品，如冰鲜猪肉和冰鲜牛肉，未来的研究可以进一步检验模型的推广性。

8.9 本章小结

本章构建了一个冰鲜鸡消费者购买决策模型，从认知因素（保鲜度、口感、质量安全性和溢价）和情感因素（习惯和创新性）两个方面分析了购买动机的影响因素，并进一步讨论了风险感知的调节效应。采集了 392 个有效样本，使用结构方程建模方法对理论模型进行了实证检验。研究结果表明，质量安全性、保鲜度、口感和创新性对购买动机有不同程度的正向显著影响，习惯对购买动机有负向显著影响，而溢价对购买动机没有显著影响；风险感知对影响因素与购买动机之间的因果关系具有重要的调节效应。

9 农产品伤害危机对消费者信任与购买意愿的影响

9.1 研究背景

中国近年来频繁爆发奶产品添加三聚氰胺、畜产品使用违禁药物、水产品重金属超标和果蔬农药残留等农产品质量安全事故，使相关农业企业陷入严峻的产品伤害危机困境当中。苏丹红鸭蛋事件、三鹿三聚氰胺奶粉事件、双汇瘦肉精事件和汇源果汁菌含量超标事件等是典型的农产品伤害危机事件。例如，"染色橙"事件导致国产脐橙在港、澳和珠江三角洲地区的销量急剧下降，价格下跌，给农业企业和果农带来巨大的经济损失。一方面，我国农业生产的分散、流通环节的增多和市场范围的扩大，势必增加了农产品伤害危机发生的概率；另一方面，我国由于农产品质量安全信息追溯困难、法令制度不健全以及监管体系存在漏洞，导致相当一部分农业企业社会责任缺失，在利益驱动下采取机会主义行为，人为匿藏质量安全信息，以次充好，以假冒真，损害消费者利益（文晓巍，刘妙玲，2012），凸显了农产品伤害危机的主要症结。农产品伤害危机使消费者产生了不同程度的信任缺失和购买恐慌，导致农业企业面临市场萎缩、品牌资产受损和竞争力下降等严峻形势。在国民经济不断发展、农业产业化快速推进、农业龙头企业迅速成长和人民生活水平日益提高的背景下，如何更有效地降低农产品伤害危机的负面影响，增加消费者信任和购买意愿将是一个备受关注和迫切需要研究的课题。消费者是农产品的需求主体，农产品伤害危机后消费者的信任和实际购买为农业生产和流通企业，以及政府、媒体等监督部门等相关利益主体加强农产品伤害危机控制提供市场驱动力。因此，为有效推进农产品伤害危机预防、处理和修复工作有效实施，应关注消费者信任和购买意愿的形成机理。农产品伤害危机后消费者信任和购买意愿既与可追溯性和信息质量等产品因素有关，又与品牌声誉、伤害程度和应对态度等企业因素有关，此外，政府监督和媒体舆论等环节因素也影响着消费者信任和购买意愿。然而，以往的农产品消费者信任和购买意愿研究主要从感知风险和感知收益视角分析购买行为的影响因素，忽视了农产品伤害危机的时代背景，也缺乏从产品因素、企业因素和环境因素研究对消费者信任和购买意愿的综合作用。为此，本书构建了一个农产品伤害危机后消费者信任和购买意愿综合模型，研究农产品伤害危机后消费者信任和购买意愿的影响因素，从产品、企业和环境的复合视角探讨提升消费者信任和购买意愿的管理策略，为完善并实施农产品伤害危机管理提供理论依据和决策参考。

9.2 相关研究述评

产品伤害危机是指偶尔出现并被广泛宣传的关于某产品有缺陷或对消费者产生危险的事件（Siomkos and Kurzbard，1994）。产品伤害危机分为可辩解型和不可辩解型两类，前者是企业可以在媒体或法庭上证明和澄清产品是无缺陷的、无害的，如统一和农夫山泉砒霜门危机；后者是企业无法证明和澄清产品是无缺陷的、无害的，产品面临召回或退出市场的风险，如三聚氰胺毒奶粉危机（方正等，2010）。国内外学者对产品伤害危机的消费者信任和消费者购买意愿开展了相关研究。品牌声誉、媒体报道等是影响消费者购买意愿的主要因素（Klein and Dawar，2004）。产品伤害危机中，消费者认为具有正面企业社会责任的企业引起该危机的原因源于企业外部因素，是企业不可控的，企业社会责任是产品伤害危机后消费购买意愿的重要影响因素（Vassilikopoulou et al.，2009）。Erdem 和 Swait（2004）研究发现，危机发生频率、信息披露和品牌评价对消费者信任有显著影响。王晓玉（2011）研究发现，产品伤害危机中品牌资产对消费者购买意愿具有重要的调节作用。施娟和唐冶（2011）采用实验研究方法研究消费者对产品伤害危机的反应特征及差异，研究发现，品牌形象是影响消费者信任的重要因素。卫海英和魏巍（2011）以企业的产品伤害危机史为前因变量，研究了产品伤害危机责任和消费者宽恕意愿之间的关系，并研究了品牌承诺的调节效应。Siomko 和 Malliaris（1992）研究结果表明，产品伤害危机前的企业声誉、产品危机事件响应和产品伤害危机事件责任对消费者信任有重要影响。企业声誉在产品伤害危机中的调节作用，具有良好企业声誉的企业对于消费者品牌信任、感知质量和购买意愿具有保护作用（方正等，2010）。产品伤害危机中企业声誉对消费者责备态度、消费者信任和消费者购买意愿有重要影响作用（王新宇，余明阳，2011）。

综上所述，国内外学者对产品伤害危机情境下消费者信任和购买意愿展开了相关实证研究，其研究对象涵盖了工业品、农产品等产品类型，研究方法主要是描述性统计分析和 Logistics 回归分析，个别研究采用了结构方程模型和实验研究方法。但是，已有的研究成果主要从企业视角选择品牌声誉、企业社会责任等变量构建理论研究模型并进行实证分析检验，在农产品质量危机频发的时代背景下，缺乏从产品因素、企业因素和环境因素研究农产品伤害危机后消费者信任和购买意愿的形成机理。鉴于已有研究的不足和农产品伤害危机后消费者信任和购买意愿的重要性，本书拟在总结影响产品伤害危机后消费者信任和购买意愿因素的基础上，基于产品因素、企业因素和环境因素的综合视角，构建农产品伤害危机后消费者信任和购买意愿综合模型，实证分析农产品伤害危机后消费者信任和购买意愿影响因素，为完善并实施农产品伤害危机管理提供理论依据和决策参考。

9.3　研究模型和研究假说

提升农产品伤害危机后消费者信任和购买意愿，是农业企业经历产品伤害危机后重建消费者信心，维持市场份额，实现企业可持续发展的关键。农产品伤害危机是指偶然出现并被广泛宣传的关于某种农产品是有质量缺陷并对消费者有危险的事件。农产品伤害危机后消费者信任和购买意愿主要受到产品因素、企业因素和环境因素 3 个方面的综合作用。产品因素是指农产品质量安全信号显示和质量安全保障的承诺，主要包括农产品质量安全可追溯性，以及农产品质量安全的信息质量。农产品质量可追溯性以及质量信息的充分显示，有利于解决农产品伤害危机后由于信息不对称而引起的消费者恐慌，从而促进消费者信任和购买意愿的形成。企业因素是指企业农产品伤害危机的伤害程度、企业应对农产品伤害危机的态度以及企业的品牌声誉，消费者根据农产品伤害危机引发的后果以及对企业品牌声誉的印象而对农产品伤害危机形成综合判断，从而决定是否相信和是否继续购买此农产品。环境因素是指政府和媒体在农产品伤害危机后发挥的监管和舆论作用，它们影响着消费者对农产品质量安全的认知和购买意愿。以下将展开讨论产品因素、企业因素和环境因素对农产品伤害危机后消费者信任和购买意愿的影响作用。

9.3.1　可追溯性与消费者信任

可追溯性是指对农产品从产地、育种、施肥、用药、采摘、运输、加工和销售各个环节的质量安全信息进行数字化记录，消费者通过上网、手机短信和 POS 机等方式输入水果追溯码，可了解产地、育种、施肥、用药、采摘、运输、加工和销售等环节质量安全的信息。近年来发生的农产品伤害危机凸显了农产品质量安全风险的症结，分散的小农经济和作坊生产隐匿了危机发生的出处，质量安全问题出现后往往面临追溯困难、难以罚众的困境。可追溯性保障了消费者在农产品伤害危机中的知情权，并增强了消费者对农产品伤害危机的举证能力。因此，可追溯性是消费者信任的重要基础，有利于消费者在经历农产品伤害危机后重塑信心，增强购买动机。因此，可追溯性越强，农产品伤害危机后消费者信任越强。所以，本书提出了以下假设：

H_1：可追溯性正向影响消费者信任。

9.3.2 信息质量与消费者信任

信息质量是指农产品安全信息的易读性、丰富性、精准性和权威性。其中，信息易读性是指消费者理解农产品安全信息的难易程度，信息丰富性是指农产品从源头到终端信息的详细程度，信息准确性是指农产品安全的可靠程度，信息权威性是指农产品安全信息发布机构的公正和权威程度。良好的信息质量可解决农产品伤害危机后质量安全信息不对称问题，帮助消费者对危机后农业企业整改措施和农产品质量控制水平形成客观的、全面的认知，促进消费者形成购买动机。因此，信息质量越高，农产品伤害危机后消费者信任越强。所以，本书提出了以下假设：

H_2：信息质量正向影响消费者信任。

9.3.3 伤害程度与消费者信任

农产品伤害危机造成伤害的不可逆转程度越高，引起的消费者人身伤亡程度越严重，造成的企业股价下跌、品牌资产贬值等直接和间接经济损失越大，越会降低农产品伤害危机后的消费者信任。农产品伤害危机所造成的伤害，对消费者的信心重建、重新购买等有着重要影响。可见，农产品伤害危机造成的伤害程度越大，农产品伤害危机后消费者信任越低。所以，本书提出了以下假设：

H_3：伤害程度负向影响消费者信任。

9.3.4 应对态度与消费者信任

按照企业在农产品伤害危机中是否主动承担责任、采取修复行动和主动向消费者道歉等，农产品伤害危机的应对态度可分为和解型和辩解型态度（Marcus and Goodman，1991）。企业采取和解等积极的应对态度，能在农产品伤害危机后有效挽回消费者信任。农产品伤害危机中的责任主体企业积极承担责任，诚实发布农产品质量问题信息，诚恳表达对消费者的利益关注，这些积极的应对态度出于企业社会责任。与采取否认、借口、辩护等辩解型策略相比，农产品伤害危机中的责任主体企业采取纠正、道歉、赔偿和整改等积极应对态度，农产品伤害危机后消费者信任越强。所以，本书提出了以下假设：

H_4：应对态度正向影响消费者信任。

9.3.5 品牌声誉与消费者信任

在产品伤害危机中，品牌声誉对消费者关于质量危机的感知、消费者关于企业责任的感知以及消费者对产品的购买意愿具有正向影响作用。消费者对企业的品牌声誉认可程度越高，其认为农产品伤害危机更多是由于企业外部不可控因素引起，从而在农产品伤害危机后对企业仍然保持较高的信心（Dawar and Pillutla，2000）。良好的品牌声誉对于农产品伤害危机后消费者的感知质量、品牌信任和购买意愿等具有较好的保护作用。因此，品牌声誉越高，农产品伤害危机后消费者信任越强。所以，本书提出了以下假设：

H_5：品牌声誉正向影响消费者信任。

9.3.6 政府监管与消费者信任

农产品伤害危机既威胁了消费者的人身安全，也影响着农业持续发展和社会稳定。政府在农产品伤害危机中理应有所担当，对农产品伤害危机发挥行政监管和激励约束的重要职能。政府制定完善的农产品质量安全法规体系，对农产品伤害危机责任主体进行严厉惩处，对农产品伤害危机予以高度重视，有助于提升消费者在农产品伤害危机后的信任程度。因此，政府对农产品伤害危机监管力度越大，农产品伤害危机后消费者信任越强。所以，本书提出了以下假设：

H_6：政府监管正向影响消费者信任。

9.3.7 负面宣传与消费者信任

负面宣传是指贬损或中伤某家企业的公众信息，是媒体对于产品伤害危机的披露和传播。农产品伤害危机后消费者信任与负面宣传密切相关，负面宣传比正面信息更容易引起消费者的关注，比广告等其他营销沟通方式更具有吸引力（Henard，2002）。由于媒体更倾向于报道负面消息，因此，农产品伤害危机后企业更容易产生负面新闻（Dean，2004）。报纸、杂志、电台和电视，以及互联网、微博、微信等新型媒体对农产品伤害危机的危害、问责和惩戒等信息进行报道和评价，对农业企业产生了一定程度的负面影响。负面宣传是农产品质量安全丑闻或危机的重要影响因素，负面宣传引导着消费者对农产品伤害危机的评价和态度。因此，媒体舆论对农产品伤害危机后消费者信任具有影响作用。负面宣传程度越高，消费者信任越低。所以，本书提出了以下假设：

H_7：负面宣传负向影响消费者信任。

9.3.8 消费者信任与购买意愿

效价理论认为感知的风险和感知的收益是消费者购买行为决策的两个主要方面，消费者信任程度越高，其感知的风险越低，感知的收益越高，因此其产生购买意愿的可能性越大。购买意愿是消费者为满足其在物质和精神上的需求而引起购买某种产品的意念，它是消费者采取实际购买行为的重要心理驱动过程。在购买经历、偏好、品牌印象等因素的综合作用下，消费者基于对农产品的安全需求、营养需求、体验需求和品牌需求的满足形成对农产品的信任程度，而消费者信任程度越高，他们对危机后农产品的购买意愿越强烈，使消费者对危机后农产品购买行为得以实现和维持。所以，本书提出了以下假设：

H_8：消费者信任正向影响购买意愿。

综上所述，产品因素、企业因素和环境因素是农产品伤害危机后消费者形成信任和购买意愿的重要前因。结合农产品伤害危机的情景特征，本书运用结构方程模型，以可追溯性、信息质量、伤害程度、应对态度、品牌声誉、政府监管和媒体舆论作为农产品伤害危机后消费者信任和购买意愿的前因变量，构建了农产品伤害危机后消费者信任与购买意愿的综合研究模型（图9-1）。

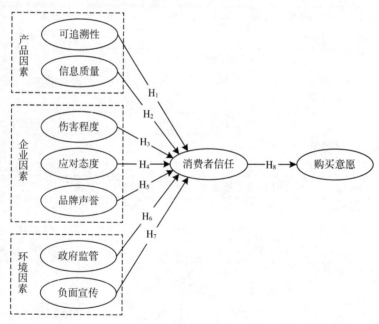

图9-1　农产品伤害危机中消费者信任与购买意愿研究模型

9.4　研究方法

9.4.1　样本说明

本书所用数据来自2013年11～12月对广东省广州市、深圳市、珠海市和佛山市消费者进行随机抽样调查，样本选取地点是农贸市场、超市、水果专卖店、居民住宅区和商务中心附近，调查对象涵盖不同性别、年龄、文化程度、家庭月收入和家庭结构的消费者。样本特征如表 9-1 所示。在 536 位被访者中，162 位来自广州市，130 位来自深圳市，103 位来自珠海市，141 位来自佛山市，对这 4 个子样本的人口统计变量（性别、年龄、文化程度）做方差分析后，发现不存在显著性差异。536 个总样本中，女性占 57.5%；20～49 岁占70.9%；具有大学或研究生以上文化程度的占 65.9%；政府部门和企事业单位员工占样本总数的 57.6%；家庭月收入 6 000 元以上的占 48.1%。可见，被访者多为年轻消费者，文化程度较高，职业和收入较为稳定，他们对调查问卷内容有较好的理解与把握，因此，本书的调查数据具有较理想的代表性和可靠度。

表 9-1　样本特征统计（N=536）

		男			女		
性别	样本数	228			308		
	比例（%）	42.5			57.5		
		20 以下	20～29	30～39	40～49	50～59	60 以上
年龄（岁）	样本数	31	107	143	130	67	58
	比例（%）	5.8	19.9	26.7	24.3	12.5	10.8
		初中及以下		高中	大学		研究生及以上
文化程度	样本数	78		105	197		156
	比例（%）	14.6		19.6	36.7		29.1
		政府部门	事业单位	企业	私营业主	离退休	学生	其他
职业	样本数	71	125	113	37	93	73	24
	比例（%）	13.2	23.3	21.1	6.8	17.4	13.5	4.7
		4 000 及以下	4 000～6 000	6 000～8 000	8 000～12 000	12 000 以上
家庭收入（元）	样本数	62	106	137	123	108
	比例（%）	11.6	19.8	25.6	22.9	20.1
		广州		深圳	珠海		佛山
来源地	样本数	162		130	103		141
	比例（%）	30.2		24.3	19.2		26.3

9.4.2　问卷与量表

调查问卷包括两个部分：第一部分是样本的人口统计特征，包括性别、年龄、文化程度等指标，以及消费者是否具有购买经历和是否采取购买行为；第二部分是变量可追溯性、安全性、信息质量、产品展示、信任、偏好和购买动机的测度项，运用的方法是 Likert 5 级量表。对所有变量的赋值均从低到高排列，1为"非常不赞同"，2为"不赞同"，3为"中立"，4为"赞同"，5为"非常赞同"。

　　为设计出有效的量表，首先，本书借鉴以往研究中的成熟量表的测量题项，所有结构变量均采取多个测度项。本书根据已有文献修改这些测度项并设计相应的量表，使其适应农产品伤害危机的特定情境，以保证调查问卷的效度。其中，可追溯性的测度项参考了文献（Plessis and Rand，2012）的研究；信息质量和伤害程度的测度项参考了文献（Vassilikopoulou et al.，2009）的研究；应对态度的测度项参考了文献（Dawar and Pillutla，2000）的研究；品牌声誉的测度项参考了文献（Weisis，Anderson and Macinnis，1999）的研究；政府监管的测度项参考了文献（Starbird，2000）的研究；负面宣传的测度项参考了文献（Dean，2004）的研究；消费者信任和购买意愿的测度项参考了文献（Lee and Chung，2009）的研究。然后，邀请60位消费者进行预调研，根据预调研的数据处理结构对问卷进行完善。最终形成了包含29个测度项的量表，具体测度项及得分如表9-2所示。

表9-2　变量测度项、平均值及标准差

潜变量	测度项	平均值	标准差
可追溯性 （TRACE）	$TRACE_1$ 危机后农产品能让我了解农产品的来源	3.47	0.94
	$TRACE_2$ 危机后农产品保障了我对产品信息的知情权	3.10	0.87
	$TRACE_3$ 危机后农产品保障了我对质量安全的举证权	3.04	0.95
信息质量 （INFOR）	$INFOR_1$ 危机后农产品能提供丰富详细的信息	3.21	0.88
	$INFOR_2$ 危机后农产品能提供真实准确的信息	3.07	0.96
	$INFOR_3$ 危机后农产品能提供公正权威的信息	3.16	1.07
伤害程度 （HARM）	$HARM_1$ 农产品伤害危机给消费者带来了严重的人身伤害	2.27	0.95
	$HARM_2$ 农产品伤害危机给消费者造成了心理恐慌	2.05	1.07
	$HARM_3$ 农产品伤害危机产生了负面的社会影响	2.51	0.91
应对态度 （ATTI）	$ATTI_1$ 企业主动对农产品伤害危机进行澄清	3.70	0.86
	$ATTI_2$ 企业及时召回具有质量安全问题的农产品	3.46	0.97
	$ATTI_3$ 企业对消费者进行道歉和赔偿	3.42	1.07
品牌声誉 （REPU）	$REPU_1$ 我觉得该农产品企业很值得尊重	2.87	0.97
	$REPU_2$ 我觉得该农产品企业十分专业	3.04	0.85
	$REPU_3$ 我觉得该农产品企业十分成功	3.57	1.10
	$REPU_4$ 我觉得该农产品企业十分完善	2.92	0.96
	$REPU_5$ 我觉得该农产品企业十分稳定	3.24	0.99

（续）

潜变量	测度项	平均值	标准差
政府监管 （GR）	GR_1 政府制定了严格的农产品质量安全法规体系	3.274	1.01
	GR_2 政府对农产品伤害危机责任主体进行严厉惩戒	3.010	0.85
	GR_3 政府对农产品伤害危机监管高度重视	2.957	0.86
负面宣传 （NP）	NP_1 媒体对农产品伤害危机的报道让我感到事件的后果非常严重	1.95	0.87
	NP_2 媒体对农产品伤害危机的报道让我感到农产品质量存在隐患	2.34	1.08
	NP_3 媒体对农产品伤害危机的报道揭露了农产品质量的重大问题	2.62	0.95
消费者信任 （TRUST）	$TRUST_1$ 我相信危机后农产品生产加工环节的质量安全性	2.93	0.91
	$TRUST_2$ 我相信危机后农产品物流保鲜环节的质量安全性	3.18	0.94
	$TRUST_3$ 我相信危机后农产品零售环节的质量安全性	3.07	1.08
	$TRUST_4$ 我相信危机后农产品是质量可靠的	3.01	0.96
购买意愿 （WILLING）	$WILLING_1$ 我愿意继续购买危机后农产品	3.31	0.91
	$WILLING_2$ 我愿意向亲戚朋友推荐危机后农产品	3.16	1.02

9.5 实证分析结果

9.5.1 测量模型分析

信度指量表的一致性、稳定性及可靠性，Cronbach's α 值用来测度模型中各因子的信度，复合信度（composite reliability，CR）则用于衡量各测度项的内部一致性。本研究采用验证性因子分析（confirmatory factor analysis，CFA）对潜变量的信任、收敛效度和区别效度进行检验。各潜变量测度项的信度和收敛效度检验结果如表 9-3 负载都在 0.7 以上，且都在 0.001 的水平上显著，以及各因子的平均抽取方差（average variance extracted，AVE）都高于 0.5，说明测度项均拥有较好的收敛效度。

表 9-3 信度和收敛效度分析

潜变量	测度项	Cronbach's α 值	删除测度 项后 α 值	CR	标准负载	AVE
可追溯性（TRACE）	$TRACE_1$		0.635		0.693	
	$TRACE_2$	0.794	0.698	0.819	0.764	0.696
	$TRACE_3$		0.785		0.726	
信息质量（INFOR）	$INFOR_1$		0.678		0.788	
	$INFOR_2$	0.774	0.732	0.825	0.796	0.674
	$INFOR_3$		0.751		0.821	

（续）

潜变量	测度项	Cronbach's α 值	删除测度项后 α 值	CR	标准负载	AVE
伤害程度（HARM）	$HARM_1$		0.817		0.779	
	$HARM_2$	0.869	0.746	0.847	0.814	0.657
	$HARM_3$		0.828		0.831	
应对态度（ATTI）	$ATTI_1$		0.874		0.859	
	$ATTI_2$	0.893	0.814	0.874	0.734	0.529
	$ATTI_4$		0.869		0.816	
品牌声誉（REPU）	$REPU_1$		0.864		0.889	
	$REPU_2$	0.947	0.904	0.932	0.824	0.657
	$REPU_3$		0.880		0.867	
政府监管（GR）	GR_1		0.574		0.745	
	GR_2	0.725	0.678	0.865	0.710	0.562
	GR_3		0.659		0.698	
负面宣传（NP）	NP_1		0.704		0.694	
	NP_2	0.762	0.760	0.754	0.563	0.597
	NP_3		0.637		0.701	
消费者信任（TRUST）	$TRUST_1$		0.856		0.841	
	$TRUST_2$		0.893		0.866	
	$TRUST_3$	0.904	0.874	0.895	0.891	0.768
	$TRUST_4$		0.886		0.807	
购买意愿（WILLING）	$WILLING_1$		0.801		0.875	
	$WILLING_2$	0.876	0.834	0.896	0.932	0.763

对于区别效度的检验，如果测量模型因子的平均抽取方差的平方根大于该因子与其他因子的相关系数，则测量模型因子具有较好的区别效度。区别效度分析结果如表9-4所示，各个因子的平均抽取方差的平均根（表中对角线上的数字）均大于相应的相关系数，所以，各个变量之间具有较好的区别效度。

表9-4 区别效度分析

	TRACE	INFOR	HARM	ATTI	REPU	GR	NP	TRUST	WILLING
TRACE	**0.834**								
INFOR	0.562	**0.821**							
HARM	−0.647	−0.502	**0.811**						

（续）

	TRACE	INFOR	HARM	ATTI	REPU	GR	NP	TRUST	WILLING
ATTI	0.621	0.487	0.687	**0.727**					
REPU	0.510	0.641	0.586	0.601	**0.811**				
GR	0.573	0.425	0.471	0.469	0.516	**0.750**			
NP	−0.637	−0.742	−0.804	−0.698	−0.803	−0.685	**0.773**		
TRUST	0.496	0.467	0.574	0.587	0.621	0.574	0.495	**0.876**	
WILLING	0.467	0.397	0.451	0.468	0.572	0.472	0.534	0.637	**0.873**

9.5.2 结构模型分析

本研究使用结构方程软件 Lisrel 8.7 对所提出的结构模型假说进行检验。表 9-5 为模型的拟合优度指标和判断准则，所有指标均达到理想的水平，所以本研究的模型拟合优度良好。路径系数及其显著性如图 9-2 所示。图中，可追溯性、信息质量、应对态度、品牌声誉和政府监管均对消费者信任有正向显著影响，伤害程度和负面宣传对消费者信任有负向显著影响，消费者信任对购买意愿有正向显著影响。因此，检验结果显示，所有路径都显著。购买意愿的回归判定系数 R^2 为 0.57，大于 0.2，显示本书研究模型的拟合结果良好，解释了较高程度的农产品伤害危机后消费者信任和购买意愿。

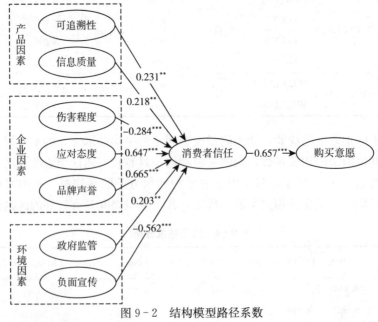

图 9-2 结构模型路径系数

注：*** 、** 、* 分别表示在 $P<0.001$，$P<0.01$，$P<0.05$ 的水平下显著。

表 9 - 5　模型拟合度评估

拟合指标	χ^2/df	GFI	SRMR	NFI	NNFI	CFI	RMSEA
判断准则	<3	>0.9	<0.08	>0.9	>0.9	>0.9	<0.08
实际值	2.745	0.823	0.054	0.937	0.980	0.943	0.059

本书研究了农产品伤害危机后消费者信任和购买意愿的重要前因。通过对广东省 536 位消费者的数据收集和分析，运用结构方程模型对本书研究假说进行了检验，本书所有的假设都得到了支持，本书研究得出主要结果有：

第一，可追溯性对农产品伤害危机后消费者信任有正向显著影响，路径系数为 0.231。由此可知，可追溯性越强，农产品伤害危机后消费者信任越强。可追溯性借助信息系统实现了农产品供应链全过程的质量追踪，显示了农产品质量信号，保障了消费者的知情权和举证权，从而增强了农产品伤害危机后的消费者信任。近年来，山东乳山等地积极实践特色农产品可追溯体系建设，在降低农产品伤害危机风险，推进安全农产品消费者购买方面发挥了积极作用。但是，由于我国农业产业化程度有待提供，全面推进农产品可追溯体系建设仍然存在困难。因此，提高农产品伤害危机后消费者信任，必须促进农产品可追溯体系建设。

第二，信息质量对农产品伤害危机后消费者信任有正向显著影响，路径系数为 0.218。农产品显示的信息质量可让消费更充分、更清晰地了解到农产品伤害危机后的质量安全风险，免除消费者的后顾之忧，从而有利于增强消费者信任，使其根据农产品信息做出理性的购买决策。然而，农产品伤害危机后企业往往不注重重塑包装，扩展商标信息含量，因而消费者无法了解到农产品伤害危机后企业的整改措施及农产品的质量改进。因此，为降低农产品伤害危机的消费者恐慌，必须提高农产品信息质量，解决农产品质量安全在企业和消费者之间的信息不对称问题。

第三，伤害程度对农产品伤害危机后消费者信任有负向显著影响，路径系数为 0.284。这表明，伤害程度越高，农产品伤害危机后消费者信任越低。伤害程度是消费者对农产品伤害危机的直接感知，是消费者评价农产品伤害危机后感知收益和感知风险的主要依据。一方面，农产品伤害危机给消费者造成了人身伤害，损害了消费者个人和家庭的切身利益；另一方面，农产品伤害危机影响了企业形象和社会稳定，从而降低了消费者对农产品质量安全的信任。因此，应提高农业企业质量安全意识，降低农产品质量危机伤害程度，从而提高消费者信任。

第四，应对态度是农产品伤害危机后消费者信任的第二重要影响因素，路径系数为 0.647。这说明，农业企业对农产品伤害危机处理的态度越积极，消费者信任越强。农业企业树立社会责任意识，对农产品伤害危机采取召回、赔偿、道歉和技术更新等策略，对消费者人身安全和社会公众利益表现出高度关注，在企业盈利、消费者安全和社会福利之间取得平衡，这有利于在农产品伤害危机后恢复消费者信任，维持农产品市场份额。因此，应构建科学的农产品伤害危机处理系统，规范危机处理的流程和方法。

第五，品牌声誉是农产品伤害危机后消费者信任的第一重要影响因素，路径系数为0.665。品牌声誉是农业企业对消费者进行长期沟通的桥梁，是农产品质量安全信号的抽象展示，良好的品牌声誉可促进消费者购买，形成知名度和美誉度，并有利于形成品牌忠诚。我国农业企业品牌建设方兴未艾，在农业产业化进程中形成了一批批农业龙头企业，它们良好的品牌声誉提升了消费者信任感。然而，近年来我国频繁爆发的农产品伤害危机，其中相当一部分的责任主体是具有良好品牌声誉的农业龙头企业，这说明我国农业龙头企业尚未发育成熟，在品牌建设过程中没有严格把关农产品质量。因此，应在农业企业品牌建设中树立"以质量为本"的观念，树立农业企业品牌声誉，提升消费者信任。

第六，政府监督对农产品伤害危机后消费者信任有正向显著影响，路径系数为0.203。这说明，政府对农产品质量安全监督水平越高，对农产品伤害危机惩处力度越大，越能增强消费者信任。可见，政府监督是农产品伤害危机后提升消费者信任的有效路径之一。近年来，我国陆续出台农产品质量安全相关法律法规，如农业部最新发布的《国家食品安全事故应急预案》要求农产品质量安全突发事件发生后，县级以上农业行政主管部门对事件进行分析评估，核定级别，开展处置。这对农业企业起到了约束作用，也有利于提高农产品伤害危机后消费者的购买意愿。因此，增强农产品伤害危机后消费者信任，必须进一步健全我国农产品质量安全监管机制。

第七，负面宣传是农产品伤害危机后消费者的信任的第三重要影响因素，路径系数为0.562。这说明，媒体对农产品伤害危机信息的负面宣传力度越大，农产品伤害危机后消费者信任越低。究其原因，负面宣传在报道农产品伤害危机真相过程中，可能造成了消费者的恐慌心理。此外，个别媒体可能存在报道信息失真、评论客观性不强等问题，甚至存在夸张和恶意中伤等现象，从而导致消费者的信任危机。为此，必须发挥媒体在引导舆论和宣传教育方面的作用，提高农产品伤害危机后消费者的信任。

第八，消费者信任对购买意愿有显著的正向影响，路径系数为0.657。这表明，农产品伤害危机后消费者信任越强，消费者的购买意愿相应也越强。消费者购买决策是复杂心理活动综合作用的结果，其中，消费者信任提升消费者感知收益，降低消费者感知风险，从而促进消费者购买意愿的形成。农业企业提升质量安全控制意愿，采取质量安全控制行为，并在农产品伤害危机后采取有效措施，可提高消费者信任，促进消费者实际购买。

根据本书研究结果，可追溯性、信息质量、应对态度、品牌声誉和政府监管对消费者信任具有不同程度的正向显著影响，伤害程度和负面宣传对消费者信任有负向显著影响，其中，品牌声誉是最重要的影响因素，应对态度是第二重要的影响因素，负面宣传是第三重要的影响因素；消费者信任正向显著影响购买意愿。这验证了农产品伤害危机后消费者信任和购买意愿的研究假说，即农产品伤害危机后消费者信任和购买意愿受到产品因素、企业因素和环境因素的综合作用。

9.6 研究结论与政策启示

本书实证分析了农产品伤害危机后消费者信任和购买意愿的重要前因。基于以上研究结论，本书得到以下启示：第一，重点培育农业产业化龙头企业，实施农业龙头企业品牌建设战略，通过品牌营销传播加强与消费者沟通，增强消费者信任。第二，农业企业树立质量安全危机管理意识，加强农产品伤害危机的事前、事中和事后控制，采用科学的方法和积极的态度将农产品伤害危机风险降至最低。第三，媒体树立正确的舆论传播宗旨，真实、客观地向公众报道农产品伤害危机进展，发挥媒体舆论对消费者的信息披露和观念引导作用。第四，进一步推进农产品质量安全可追溯体系建设，实现农产品供应链从生产加工到流通消费的全过程信息可追溯，运用管理信息技术展示农产品质量信息，帮助消费者形成质量安全感知。第五，政府继续完善农产品质量安全管理法规体系，加大对农产品伤害危机责任主体的惩戒力度，提高政府监督的公信力。第六，农业企业在农产品伤害危机后采取广告、促销、营销推广和公共关系等整合营销传播组合，加强与消费者的沟通，提升消费者信任和购买意愿。本书的研究结论具有一定的理论和实践价值，但仍存在某些局限。本书实证分析的样本来自广东省 536 位消费者的静态数据，然而，消费者信任和购买意愿是一个动态演变的过程，随着农业产业化程度提升、农业科技进步、农产品品牌建设和农产品质量安全监管而与时俱进，后续将研究消费者信任和购买意愿的动态演变机制，并在我国其他省份抽取更分散的样本，研究结论的推广性会进一步提高。

9.7 本章小结

本章构建了由可追溯性、信息质量、伤害程度、应对态度、品牌声誉、政府监管、负面宣传、消费者信任和购买意愿9个结构变量构成的农产品伤害危机后消费者信任与购买意愿模型，从广东省采集了536个有效样本，采用结构方程模型进行了实证检验和分析。研究结果表明，可追溯性、信息质量、应对态度、品牌声誉和政府监管对消费者信任具有不同程度的正向显著影响，伤害程度和负面宣传对消费者信任有负向显著影响，消费者信任正向显著影响购买意愿。

10 农产品伤害危机对消费者 逆向选择的影响

10.1 研究背景

近年来，我国频繁发生光明回锅奶、双汇瘦肉精和汇源变质水果汁等食品伤害危机事件，使消费者身心受到伤害，以致严重影响了食品市场秩序和食品产业化进程，农业企业产品伤害行为引起了政府的高度重视和社会的普遍关注。农业企业产品伤害行为对其品牌资产造成了极大破坏，影响了消费者对农业企业品牌形象的综合评价，由此，消费者形成了焦虑、怀疑和愤怒等心理反应过程，进而产生了停止购买、负面口碑、抱怨和法律诉讼等逆向选择，消费者的逆向选择会导致食品市场份额降低，食品产业竞争力削弱。因此，在我国食品产业化进程加快的背景下，探讨农业企业产品伤害行为对品牌资产和消费者逆向选择的影响，对农业企业可持续发展和农产品质量安全管理有重要意义。为修复食品伤害危机的负面影响，亟须研究消费者逆向选择的形成机理。农业企业伤害行为可能会对品牌资产造成了不同的影响，品牌资产会进一步对消费者逆向选择产生影响。然而，以往研究较少从品牌资产视角探究农业企业伤害行为对消费者逆向选择影响的内在作用机制。基于此，本书研究以自我感知理论为基础，构建了一个农业企业产品伤害行为对消费者逆向选择的影响模型，探讨两种类型的食品伤害行为对消费者逆向选择的作用机理，提出应对消费者逆向选择的管理对策，为修复食品伤害危机提供理论指导和决策依据。

10.2 文献述评

10.2.1 产品伤害行为

产品伤害行为指企业从事对消费者健康具有威胁的产品的生产、加工和销售等行为（Cheng and Hsu，2014）。以往研究主要把产品伤害行为分为受害型、蓄意型和过失型3种类型（Coombs，2004；段桂敏，余伟萍，2012）。受害型产品伤害行为是指由于自然灾害因素、人为诽谤等因素引发的产品伤害；过失型产品伤害行为是指由于技术不足或者技术缺陷等原因导致的产品伤害；蓄意型产品伤害行为是指由于企业犯罪和人为因素造成的产品伤害。可见，受害型产品伤害行为与企业自身因素无关，本书研究重点关注由于企业内部原因引发的产品伤害行为，因此，本书研究将企业伤害行为分为蓄意型和过失型两类。

10.2.2　品牌资产及其维度

品牌资产概念自 20 世纪 80 年代在美国商业广告界从品牌管理视角引出后便成为理论界研究热点。Farquhar（1990）认为品牌资产是企业产品的附加价值，这种价值作用于企业、经销商和消费者。Biel（1992）指出品牌资产是企业提供的产品和服务冠以企业品牌名称后衍生出来的额外现金流，是有异于企业的生产、产品等有形资产以外的价值。产品伤害危机对品牌资产产生了影响，方正等（2011）分析了可辩解型产品伤害危机的各种响应方式与品牌资产之间的关系，其中加入心理风险中介变量，同时还加入了外界澄清作为调节变量。关于品牌资产维度，国内外学者提出了相关主张。Aaker（1991）提出品牌资本由品牌忠诚、品牌知名度、感知质量、品牌联想与品牌态度 5 个维度构成。Yoo 和 Donthu（2001）实证研究结果发现，品牌资产包括感知质量、品牌忠诚与品牌联想 3 个维度。卫海英和王贵明（2003）构建了品牌资产与销售管理策略关系研究模型，实证分析了品牌地位、消费者认知、品牌联想、创新能力与执行能力等品牌资产构成要素。

10.2.3　消费者逆向选择

逆向选择起源于信息经济学，是指由于交易双方信息不对称、机会主义行为和市场价格下降，导致劣质品驱逐优质品，进而出现市场交易产品平均质量下降的现象。换句话说，消费者由于信息不完全而担心生产者提供质量低的产品，而非消费者预期的高质量产品，因此降低商品价格，消费者不会做出增加购买的选择。随着学科交叉发展，逆向选择已被应用到多个学科研究当中。在管理学研究领域，国内外学者们对消费者逆向选择展开了相关研究。Stephens 和 Gwinner（1998）研究发现，产品伤害危机作为一种负面的响应信息，将会引发消费者的负面情感与负面认知，引发消费者消极行为。McDonald 和 Hartel（2000）认为消费者将产品伤害危机归因于相关企业没有履行企业社会责任时，会产生愤怒的、消极的消费者情绪，消极情绪将引致消费者逆向选择的发生。Ahluwalia 等（2000）指出当发生产品伤害危机时，消费者逆向选择受品牌资产高低的影响，当品牌资产较高时，消费者会对产品伤害危机负面信息进行抗辩，消费者逆向选择意愿较低；当品牌资产较低时，消费者会接受产品伤害危机负面信息，消费者逆向选择意愿较高。张蓓和万俊毅（2014）提出产品伤害危机后消费者有意或无意地做出扰乱市场秩序，对相关企业和企业服务人员造成损失等逆向行为，由此宣泄其不满。阎俊和佘秋玲（2010）基于产品伤害危机引起的网络相关信息构建了消费者逆向选择模型，将消费者逆向选择分为消费者停止使用、消费者呼吁抵制和消费者支持竞争对手3类。综上所述，本书研究的消费者逆向选择是指产品伤害危机发生后，消费者受到身心伤害，对企业产品和品牌丧失信心，进而对企业产品和品牌产生厌恶、抛弃、停止购买、负面口碑、曝光媒体和诉诸法律等消极行为。

10.2.4 自我感知理论

自我感知理论（self-perception theory）是心理学家 Daryl J. Bem（1972）提出的关于行为对态度的影响机理的理论。该理论主张，个体根据与事物相关的、以往的行为，形成对该事物的整体认知和态度，即态度是个体在事实发生之后，用来使已发生的事实产生意义的工具，而不是在事实发生之前指导行动的工具。自我感知理论可用于解释组织行为对消费者认知、消费者态度和消费者行为的影响与作用机理。农业企业产品伤害行为发生后，消费者对感知质量、品牌联想和品牌忠诚的态度发生了变化，进而使消费者产生了负面情绪，导致不同类型和不同程度的消费者逆向行为的发生。

综上所述，在食品伤害危机频发背景下，如何减轻农业企业产品伤害引发的负面效应，这对于修复食品品牌和重建消费者信心是至关重要的。然而，以往关于消费者逆向选择的研究主要以标准化的工业产品为研究对象，缺乏针对"食品"的消费者逆向选择研究，基于品牌资产的视角探讨农业企业产品伤害行为对消费者逆向选择作用研究更是少见。因此，本书基于自我感知理论，引入品牌资产的3个维度（感知质量、品牌联想和品牌忠诚）作为中介变量，探讨农业企业产品伤害行为（过失伤害行为和蓄意伤害行为）对品牌资产和消费者逆向选择的作用机理，为完善食品伤害危机管理提供理论依据与决策参考。

10.3 研究假说与研究模型

产品伤害危机分为蓄意型和过失型（段桂敏，余秋萍，2012），相应地本书研究将农业企业产品伤害行为分为蓄意伤害行为和过失伤害行为两种。过失伤害行为是指由于农业企业生产、加工、流通和销售等供应链环节的设备和技术落后，无法发现食品安全缺陷和质量风险隐患以及非人为因素而导致的食品伤害危机；蓄意伤害行为是指农业企业为追求短期利润，在知情情况下破坏农产品质量安全，或忽视企业社会责任，在生产加工过程中以假冒真、以次充好，故意滥用农药和添加剂，选用有毒有害的原材料而引致食品伤害危机。Yoo 和 Donthu（2001）实证研究结果发现，品牌资产包括感知质量、品牌忠诚与品牌联想 3 个维度，因此，本书研究将品牌资产划分为感知质量、品牌联想与品牌忠诚 3 个维度。

Darwar 和 Pillutla（2000）研究发现，企业产品伤害危机与产品感知质量，消费者购买意愿和品牌偏好之间存在负相关关系，并对品牌资产产生一定的影响。Heerdee 等（2007）实证研究结果发现，企业产品伤害行为不仅会造成有形资产的损失，还会造成无形资产的损失，如品牌感知、品牌忠诚等。王晓玉和晁钢令（2008）研究发现在企业产品伤害行为发生后，不论企业采取何种反应策略，品牌资产都会降低。井森等（2009）论证了企业产品伤害行为对品牌资产维度中的感知质量，品牌态度有着显著影响。Folks（1988）指出，品牌资产影响企业产品伤害行为责任归因，而归因又是消费者行为的重要影响因素。Siomkos 和 Kurzbard（1994）研究发现，企业产品伤害危机发生后，品牌资产感知越高，消费者继续购买意愿越强。由此可见，农业企业产品伤害行为发生后，消费者基于这种产品伤害行为给消费者和社会造成的人身伤害，而对该农业企业产品和品牌的整体认知和评价产生了变化，即发生了态度转变。换而言之，农业企业产品伤害行为对感知质量、品牌联想和品牌忠诚产生了影响；与此同时，消费者受到农业企业产品伤害行为的刺激，经过品牌资产的间接作用，进而产生了抱怨、投诉、媒体曝光等消费者逆向选择。

10.3.1　过失伤害行为对感知质量的影响

过失伤害行为是指农业企业因自身质量安全控制能力不足，或质量安全检测失效等非人为、非蓄意原因引发农产品质量安全事故。能力不足导致农业企业无法发现食品质量缺陷和安全风险隐患，缺乏规范的质量安全保障机制。Zeithaml（1988）把品牌感知质量定义为消费者基于价格、质量、价值和差异性等对品牌总体效用形成整体的主观判断。吴建勋（2012）以我国产品伤害危机事件为实验样本，探析了产品伤害危机应对策略对品牌资产的影响，实证研究结果表明，企业质量安全控制能力对品牌感知质量有显著影响。在由于能力不足而引发的食品伤害危机情景下，消费者对农业企业的生产、加工、物流和销售等供应链环节的设备和技术产生怀疑，因而对食品的可靠性和安全性失去信心，进而影响了对农业企业的品牌感知质量的评价。因此，农业企业过失伤害行为越强烈，消费者感知质量水平越低。所以，本书提出假设：

H_1：过失伤害行为负向显著影响感知质量。

10.3.2　过失伤害行为对品牌联想的影响

Keller（1993）把品牌联想定义为品牌向顾客传递产品的相关信息，这些信息在顾客大脑中形成品牌联想网络，它是基于顾客的品牌资产。品牌联想的价值集中表现在两个方面：一是消费者利用品牌联想进行品牌识别和评估，即品牌联想是消费者购买决策的重要基础；二是企业把品牌联想作为品牌定位、品牌延伸的实现途径，通过整合传播信息引导消费者产生积极的品牌联想，有效实现与竞争品牌的差异化。当过失伤害行为诱致食品伤害危机发生后，媒体公共宣传等负面效应导致消费者对农业企业质量安全控制能力产生了怀疑和否定态度，从而影响了消费者的品牌联想，使消费者对该农业企业品牌评价降低。因此，农业企业过失伤害行为越强烈，品牌联想水平越低。所以，本书提出假设：

H_2：过失伤害行为负向显著影响品牌联想。

10.3.3 过失伤害行为对品牌忠诚的影响

品牌忠诚是指消费者对某品牌的一种偏爱，会影响消费者对该品牌的重复购买，即消费者现在和将来重复购买某产品或服务，并向相关群体积极推荐某产品或服务的意愿和行为（Lee et al.，2015）。发生产品伤害危机时，品牌忠诚对市场份额有一定的保护作用，但随着时间的推移，品牌忠诚度可能逐渐降低。产品伤害危机后，消费者感知质量会降低，但品牌忠诚度越高，消费者继续购买的意愿越强烈。可见，农业企业因生产技术和检测技术水平低下、质量安全监管机制不完善等原因产生了过失伤害行为，导致消费者对该产品质量产生怀疑，进而导致消费者重复购买意愿降低，即品牌忠诚度降低。因此，农业企业过失伤害行为越强烈，品牌忠诚度越低。所以，本书提出假设：

H_3：过失伤害行为负向显著影响品牌忠诚度。

10.3.4 蓄意伤害行为对感知质量的影响

蓄意伤害行为指的是农业企业为了追求利润，蓄意酿造农产品质量安全事件。Dawar 和 Lei（2009）描述了产品伤害危机与品牌资产之间的关系，认为品牌资产容易受到产品伤害危机的破坏，产品伤害危机发生企业的响应策略也会对品牌资产造成负面影响。农业企业一味地追求经济利润而牺牲消费者人身安全的蓄意行为，必然引起消费者、媒体和政府等相关参与主体的极大反应，这将严重地影响品牌感知质量。因此，农业企业蓄意伤害行为越强烈，感知质量越低。所以，本书提出假设：

H_4：蓄意伤害行为负向显著影响感知质量。

10.3.5 蓄意伤害行为对品牌联想的影响

Dawar 和 Lei（2009）构建了产品伤害危机对品牌联想影响的评价模型，实证分析结果表明，产品伤害危机责任归因对品牌联想有显著影响，并且这种影响取决于产品伤害危机的严重程度。农业企业因追求自身利益而忽视企业社会责任，因此，当消费者受到人身伤害后，对农业企业产品的整体质量安全水平、农业企业诚信等产生怀疑、否定等消极态度，进而对品牌联想造成了严重的负面影响。换而言之，农业企业蓄意伤害行为使消费者对品牌联想产生负面评价。因此，农业企业蓄意伤害行为越强烈，品牌联想越低。所以，本书提出假设：

H_5：蓄意伤害行为负向显著影响品牌联想。

10.3.6 蓄意伤害行为对品牌忠诚度的影响

蓄意伤害行为使得消费者对农业企业的经营哲学、质量安全管理理念等产生了怀疑和否定的态度。刘接忠（2009）基于产品伤害危机情景研究品牌忠诚度和信任度，研究结果发现，提高产品伤害危机处理速度有利于保护品牌忠诚度与信任度。可见，农业企业为追求短期利润而忽视企业社会责任，必然会降低消费者对农业企业产品、服务和品牌的信心，从而影响品牌忠诚度。因此，农业企业蓄意伤害行为越强烈，品牌忠诚度越低。所以，本书提出假设：

H_6：蓄意伤害行为负向显著影响品牌忠诚度。

10.3.7 感知质量对消费者逆向选择的影响

良好的感知质量有利于消费者形成对企业的积极评价，产生正面的口碑传播；反之，不良的感知质量会导致消费者逆向选择的产生，包括停止购买、换牌购买、负面口碑传播、法律诉讼等。感知质量可细分为产品质量、服务接触与服务环境3个维度，实证研究表明感知质量的3个维度均对消费者购买意愿及重购意愿产生不同程度的影响（Brady et al.，2008）。食品伤害危机的爆发降低了消费者对农业企业品牌的感知质量的综合评价，消费者认为该农业企业品牌存在安全质量问题时，会产生一系列消极情绪和逆向选择。因此，感知质量越低，消费者逆向选择越强烈。所以，本书提出假设：

H_7：感知质量负向显著影响消费者逆向选择。

10.3.8 品牌联想对消费者逆向选择的影响

Fransen等（2008）以保险品牌为研究对象，实证研究结果发现，品牌联想对消费者购买意愿与购买行为产生了显著影响。品牌联想有利于消费者进行品牌区分，积极的品牌联想正向影响消费者购买行为与购买意愿，而消极的品牌联想则可能导致消费者逆向选择的产生。食品伤害危机负向影响了品牌联想，进而增加了消费者逆向选择产生的可能性。因此，即品牌联想越低，消费者逆向选择越强烈。所以，本书提出假设：

H$_8$：品牌联想负向显著影响消费者逆向选择。

10.3.9 品牌忠诚度对消费者逆向选择的影响

Erdem 和 Swait（2004）发现品牌忠诚度越高，消费者对该品牌的喜欢、偏好等正面情感越强烈，消费者购买意愿和购买行为越强烈。品牌忠诚度是消费者对品牌的偏好与重复购买的行为，当品牌忠诚度较高时，消费者逆向选择发生的概率相对较小；而当品牌忠诚度较低时，消费者逆向选择发生的概率越大，即品牌忠诚度低的消费者可能采取停止购买、转向购买其他品牌产品、抱怨等消费者逆向行为。因此，品牌忠诚度越低，消费者逆向选择越强烈。所以，本书提出假设：

H$_9$：品牌忠诚度负向显著影响消费者逆向选择。

综上所述，本书构建了农业企业产品伤害行为对品牌资产和消费者逆向选择的理论模型，如图 10-1 所示。其中，前因变量使农业企业产品伤害行为，包括过失伤害行为和蓄意伤害行为；中介变量是品牌资产的 3 个维度，包括感知质量、品牌联想和品牌忠诚度；结果变量是消费者逆向选择。

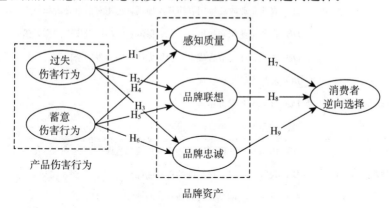

图 10-1 研究模型

10.4 量表设计与样本采集

10.4.1 量表设计

本研究采用问卷调查方法进行数据采集，主要测度的变量包括过失伤害行为、蓄意伤害行为、感知质量、品牌联想、品牌忠诚度和消费者逆向选择，采用 Likert 五级量表进行测量，数字从 1 到 5 意味着填答者态度的不断加强。为保证量表的内容效度，变量的测度项均改编自以往经典研究的量表。其中，过失伤害行为与蓄意伤害行为的测度项主要参考了 Coombs（2004），方正等

（2011）的研究；感知质量、品牌联想与品牌忠诚度的测度项主要参考了 Yoo 和 Donthu（2001），Lee 等（2015）的研究；消费者逆向选择的测度项主要参考了卫海英和王贵明（2003），张蓓和万俊毅（2014）等学者的研究。最后，本研究得出了包含 25 个测度项的量表，变量的测度项见表 10-1。

表 10-1　变量测度项

潜变量	测度项
过失伤害行为（NB）	NB_1 农业企业生产、加工、物流和销售等供应链环节的设备和技术落后
	NB_2 农业企业无法发现食品质量缺陷和安全风险隐患
	NB_3 农业企业缺乏规范的质量安全保障机制
	NB_4 农业企业非人为因素引起质量安全问题
	NB_5 农业企业的质量安全检测水平不足
蓄意伤害行为（DB）	DB_1 农业企业为追求短期利润，在知情情况下人为破坏农产品质量安全
	DB_2 农业企业忽视企业社会责任，在生产过程中以假冒真、以次充好
	DB_3 农业企业故意滥用农药和添加剂，选用有毒有害的原材料
	DB_4 农业企业明知故犯，不采取保障农产品质量安全的有效措施
	DB_5 农业企业为节省成本，利用劣质原料引发安全问题
感知质量（PQ）	PQ_1 该品牌的安全性很好
	PQ_2 该品牌非常可靠
	PQ_3 该品牌具有很好的质量
品牌联想（BA）	BA_1 该品牌的特征可以很快浮现在我的脑海
	BA_2 我能很快想起该品牌的符号或标识
	BA_3 我能认出该品牌与其他品牌的差异
品牌忠诚（BL）	BL_1 我认为自己是忠于该品牌的
	BL_2 该品牌是我的第一选择
	BL_3 如果能买到该品牌的话，我不会选择其他品牌
消费者逆向选择（AS）	AS_1 该品牌伤害危机发生后，我故意挑食品质量毛病
	AS_2 该品牌伤害危机发生后，我责骂食品销售人员
	AS_3 该品牌伤害危机发生后，我向亲友或媒体抱怨并夸大不满
	AS_4 该品牌伤害危机发生后，我不再购买相关食品
	AS_5 该品牌伤害危机发生后，我向责任企业提出索赔
	AS_6 该品牌伤害危机发生后，我对责任企业提出法律诉讼

10.4.2 样本采集

本书选取汇源集团作为产品蓄意伤害行为问卷调查的背景材料，主要因为汇源集团作为中国果汁行业知名品牌，近期曾被曝光使用腐烂变质或未成熟之前落地的水果来制成果汁或浓缩果汁。选取思念食品有限公司作为产品过失伤害行为问卷调查的背景材料，主要因为该公司是国内最大的专业速冻食品生产企业之一，其品牌影响力位居全国同行业前列，生产的三鲜水饺近期被检出金黄色葡萄球菌，调查发现这一批次的水饺带病原菌的原因是工人在加工过程中操作不当所造成的。通过对广东省广州市消费者进行随机抽样调查进行样本采集，实地调查地点主要在居民住宅区、商业中心和超市等，调查对象涵盖不同性别、年龄、文化程度、职业和家庭月收入的消费者，共计发放调查问卷 350份，回收问卷 338 份，回收率为 96.5%。经过筛选后得到的有效问卷 324 份，有效率为 95.8%。样本特征见表 10 - 2。

表 10 - 2　样本特征统计（$N=324$）

		男			女	
性别	样本数	132			192	
	比例（%）	40.8			59.2	
		20 以下	20～29	30～39	40～49	50～59	60 以上
年龄（岁）	样本数	2	201	91	22	8	0
	比例（%）	0.5	62.2	28.1	6.9	2.3	0
		初中及以下	高中	大学	研究生及以上	
文化程度	样本数	3	30	223	68	
	比例（%）	1.1	9.3	68.9	20.7	
		政府部门	企业事业单位	私营业主	离退休	学生	其他
职业	样本数	7	210	18	0	65	24
	比例（%）	2.3	64.9	5.8	0	20.1	6.9
		4 000 及以下	4 001～8 000	8 001～12 000	12 001～16 000	16 000 以上
家庭收入（元）	样本数	63	46	40	72	103
	比例（%）	19.5	14.4	12.6	22.4	31.1

10.5　实证分析结果

10.5.1　测量模型分析

本书研究首先对策略模型进行信度和效度检验。量表的信度与收敛效度检测结果见表10-3。由于测度项中 AS4、AS5 和 AS6 标准负载较低，所以删除以上 4 个测度项。每个因子的 Cronbach's α 值与 CR 值均大于 0.7，说明测度项有较好的信度。删除 4 个测度项后，每个测度项的标准负载基本接近或高于 0.7，且都在 0.001 的水平上显著，每个因子的平均抽取方差（average variance extracted，AVE）都在 0.5 以上，表明测度项收敛效度理想。

表 10-3　信度和收敛效度分析

潜变量	测度项	Cronbach's α 值	删除测度项后 α 值	CR	标准负载	AVE
过失伤害行为（NB）	NB_1	0.87	0.68	0.87	0.77	0.59
	NB_2		0.68		0.91	
	NB_3		0.67		0.78	
	NB_4		0.69		0.68	
	NB_5		0.68		0.68	
蓄意伤害行为（DB）	DB_1	0.91	0.70	0.91	0.81	0.67
	DB_2		0.69		0.88	
	DB_3		0.70		0.73	
	DB_4		0.69		0.87	
	DB_5		0.68		0.82	
感知质量（PQ）	PQ_1	0.89	0.67	0.89	0.91	0.74
	PQ_2		0.66		0.83	
	PQ_3		0.67		0.85	
品牌联想（BA）	BA_1	0.91	0.67	0.91	0.91	0.77
	BA_2		0.67		0.92	
	BA_3		0.68		0.81	
品牌忠诚（BL）	BL_1	0.90	0.67	0.89	0.88	0.73
	BL_2		0.66		0.89	
	BL_3		0.66		0.85	
消费者逆向选择（AS）	AS_1	0.79	0.68	0.80	0.71	0.57
	AS_2		0.68		0.70	
	AS_3		0.67		0.83	
	AS_4		0.68		0.46	
	AS_5		0.67		0.59	
	AS_6		0.68		0.55	

本书研究各个因子的平均抽取方差的平均根，即表中对角线上的数字，均比相应的相关系数高，则表明每个变量之间均拥有较为理想的区别效度。区别效度结果见表 10 - 4。

表 10 - 4 区别效度分析

潜变量	NB	DB	PQ	BA	BL	AS
过失伤害行为（NB）	0.76					
蓄意伤害行为（DB）	−0.26	0.81				
感知质量（PQ）	0.03	−0.34	0.86			
品牌联想（BA）	0.07	−0.02	0.25	0.87		
品牌忠诚（BL）	−0.03	−0.29	0.68	0.29	0.85	
消费者逆向选择（AS）	−0.07	0.03	0.14	−0.04	−0.24	0.75

10.5.2 结构模型分析

本书研究运用结构方程统计软件 Lisrel 8.7 对结构模型进行实证检测。研究模型的各路径系数及其显著性见图 10 - 2。可见，过失伤害行为对感知质量、品牌忠诚度均有负向显著影响，蓄意伤害行为对感知质量、品牌忠诚度均有负向显著影响，品牌联想对消费者逆向选择有负向显著影响，品牌忠诚对消费者逆向选择有正向显著影响；过失伤害行为对品牌联想，蓄意伤害行为对品牌联想，感知质量对消费者逆向选择 3 条路径不显著。此外，本书研究模型的拟合指标和判断标准见表 10 - 5，表明拟合结果较为理想。因此，根据结果模型分析检验结果，除 H_2、H_5、H_7 外，所有路径都显著。

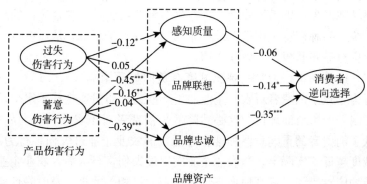

图 10 - 2 结构模型路径系数

注：*** 、 ** 、 * 分别表示在 $P<0.001$，$P<0.01$，$P<0.05$ 的水平下显著。

表 10 - 5　模型拟合度评估

拟合指标	χ^2/df	GFI	NFI	NNFI	CFI	RMSEA
判断准则	<3	>0.9	>0.9	>0.9	>0.9	<0.08
实际值	3.31	0.92	0.90	0.91	0.92	0.79

10.5.3　结果讨论

本书研究了农业企业产品伤害行为对品牌资产和消费者逆向选择的影响。通过对 324 位消费者的调查数据采集与分析，运用结构方程建模技术对理论模型进行了实证检验，主要结果有：

第一，过失伤害行为对感知质量有负向显著影响（-0.12）。由此可知，过失伤害行为导致消费者由于对农业企业的质量安全控制能力产生怀疑，进而对农业企业品牌感知质量形成了负面评价。因此，农业企业过失伤害行为越强烈，感知质量越低。为此，农业企业应及时更新质量安全控制技术，优化质量安全保障机制，维护消费者对农业企业品牌的感知质量。近年来，我国培育了一大批食品产业化龙头企业，加大对农产品质量安全技术研发的资金和设备投入。此外，2016 年我国已开始修订《农产品质量安全法》和农药、畜禽屠宰和转基因等一系列农产品质量安全法律法规，通过完善相关法规体系减低食品伤害危机的发生，提升我国农业企业农产品质量安全控制能力与农产品质量安全监管水平。

第二，过失伤害行为对品牌联想的影响不显著。由此可知，农业企业由于质量安全控制的能力不足而引致的食品伤害危机，对品牌联想的影响程度并不大。其原因可能是农业企业的能力不足可能仅对感知质量产生了负面影响，进而影响到消费者态度与行为等，但对品牌联想的作用相当有限。由此，农业企业应加强品牌形象识别系统建设，打造具有鲜明特色的、整合统一的品牌理念识别子系统、品牌视觉识别子系统和品牌行为识别子系统，从而有效地避免食品伤害危机对品牌联想产生破坏作用。

第三，过失伤害行为对品牌忠诚度有负向显著影响（-0.16）。可见，过失伤害行为导致了消费者对农业企业的生产能力、质量安全技术水平及质量安全控制机制等产生负面评价，这必然降低了消费者对该农业企业的品牌偏好，进而降低了消费者的重购意愿和推荐意愿，即农业企业过失伤害行为越强烈，品牌忠诚度越低。实际上，当农业企业发生过失伤害行为后，农业企业如果能采取积极的应对措施，客观地披露食品伤害危机相关数据，及时降低食品伤害危机产生的负面影响，消费者会对农业企业的积极应对态度产生认可，品牌忠诚度可能得到保护。

第四，蓄意伤害行为对感知质量有负向显著影响（－0.45）。由此可知，蓄意伤害行为会对品牌的感知质量造成严重破坏，农业企业蓄意伤害行为越强烈，品牌感知质量越低。消费者会对农业企业埋没良心、明知故犯和唯利是图等蓄意酿造食品伤害危机的行为产生极大的反感和愤怒，从而对该农业企业品牌的感知质量整体评价大大降低。纵观近年来我国由于农业企业道德缺失而产生的蓄意伤害行为，进而引发"三聚氰胺"奶粉等食品伤害危机事件，消费者对农业企业蓄意伤害行为难以宽恕，所以认为该品牌的产品质量低下，从而坚决抵制，不再购买。由此，农业企业必须坚持质量安全至上的经营宗旨，严格执行质量安全生产标准，杜绝恶意酿造农产品质量安全事件的行为。

第五，蓄意伤害行为对品牌联想的影响不显著。可见，农业企业的品牌联想并没有受到蓄意伤害行为的影响。这可能由于我国农业企业品牌建设仍然处于起步阶段，食品品牌营销有待进一步提高，现有食品品牌尚未建立起品牌知名度、品牌美誉度和品牌联想等，因此，道德缺失型食品伤害危机对品牌联想的负面影响并不明显。尽管如此，农业企业也要高度重视品牌联想，注重履行企业社会责任，尽可能避免食品伤害危机对农业企业品牌资产的侵害。

第六，蓄意伤害行为对品牌忠诚度有负向显著影响（－0.39）。可见，农业企业蓄意伤害行为越强烈，品牌忠诚度越低。农业企业蓄意伤害行为导致消费者对农业企业为追求短期利润而忽视企业社会责任的行为持否定的、批判的态度，进而降低了品牌忠诚度。现实中，一部分农业企业罔顾消费者人身安全，失守农业企业道德底线，以致引发食品伤害危机后，因为消费者转移购买失去了忠诚顾客，对农业企业造成了极大的品牌资产损失。

第七，感知质量对消费者逆向选择的影响不显著。由此可知，发生食品伤害危机后，消费者逆向行为受到品牌感知质量的影响不大。究其原因，可能是由于近年来我国食品伤害危机事件频繁发生，消费者普遍认为我国食品质量水平偏低，质量安全隐患严重。当食品伤害危机发生后，消费者因为对农业企业品牌的感知质量整体偏低，所以并不会因为感知质量降低而产生消费者逆向选择。例如，我国消费者受到诸多奶粉伤害危机事件的影响，对国产奶粉质量安全严重缺乏信心，对国产奶粉品牌的感知质量整体水平预期较低。因此，当再次发生奶粉伤害危机事件时，消费者由于奶粉感知质量较低而引导消费者逆向选择的可能性较小。为此，我国应大力提高食品品牌产品质量的整体水平，必须坚持以引领农业标准化、规模化、品牌化和绿色化生产为核心，不断做大做强农业企业品牌。

第八，品牌联想对消费者逆向选择有负向显著影响（－0.14）。由此可知，农业企业的品牌联想是消费者逆向选择的重要影响因素之一，农业企业的品牌联想越低，消费者逆向选择产生的可能性越大。所以，农业企业应提高品牌整合营销传播技巧，帮助消费者形成生动的、具体的品牌联想。良好品牌联想能有效缓解食品伤害危机所造成的负面影响，抑制食品伤害危机后消费者逆向选择的发生。因此，农业企业必须加强对农业企业品牌战略的建设、维护和修复措施。

第九，品牌忠诚度对消费者逆向选择有负向显著影响（－0.35）。可见，品牌忠诚度越高，消费者逆向选择发生的可能性越小。换而言之，当消费者有着较高的品牌忠诚度时，消费者对农业企业品牌资产的期望较高，一旦发生食品伤害危机，品牌忠诚度越高的消费者对食品伤害危机事件的心理承受能力越强，由此对农业企业产品伤害行为的容忍度可能会更高，消费者产生负面情绪与逆向选择的可能性越小。由此，农业企业既要重视培养品牌忠诚顾客，又要采取有效措施预防与控制食品伤害危机。

10.6　研究启示与展望

10.6.1　理论贡献

第一，从农业企业产品伤害行为的性质出发，基于自我感知理论，以企业行为—消费者认知—消费者反馈为逻辑主线，从品牌资产的视角构建了一个食品消费者逆向选择模型，探讨了农业企业产品伤害行为对消费者逆向选择的影响，揭示了农业企业产品伤害行为、品牌资产与消费者逆向选择之间关系的内在作用机理，丰富了消费者逆向选择的理论。

第二，揭示了产品伤害行为对品牌资产的作用机理，研究结果发现对于品牌资产的 3 个维度而言，蓄意伤害行为和过失伤害行为对品牌忠诚度和感知质量都有显著的负向影响，其中蓄意伤害行为的影响更大；不管是蓄意伤害行为还是过失伤害行为，其对品牌联想都没有显著的影响。因此，本书研究为理解农业企业产品伤害行为与品牌资产之间的内部逻辑关系理清了思路。

第三，发现产品伤害行为与消费者逆向选择的关系路径中，品牌资产的 3 个维度中，品牌忠诚具有中介效应，而感知质量和品牌联想不具有中介效应，这意味着产品伤害行为可能一方面会对消费者逆向选择产生直接的影响，同时也会通过品牌忠诚度对逆向选择产生间接的影响，揭示了品牌忠诚度对农业企业健康发展的重要性，也反映了其在品牌资产 3 个维度中的关键地位。

10.6.2　管理启示

本研究的主要管理启示如下：第一，引导农业企业树立食品伤害危机防范意识，自觉履行企业社会责任，杜绝因为追求经济利益而引致道德缺失的蓄意行为。第二，升级生产设备，提高人员素质，完善检测制度，提高农业企业质量安全控制能力。第三，建立食品伤害危机预警系统，促使农业企业加强对生产、加工和流通过程的关键控制点的管理，对食品伤害危机潜在隐患实施有效的预防与控制，将食品伤害危机的负面效应降到最低。第四，实施品牌战略，加强品牌资产管理，建立顾客数据库，开展差异化营销，培育长期的品牌关系，提高品牌忠诚度。第五，发挥政府职能，完善农产品质量安全监管制度和农产品质量安全管理法律法规，加大对食品伤害危机责任企业的处罚力度，营造公正、公平和公开的监督环境。

10. 6. 3　研究不足与展望

本书研究的理论模型基于品牌资产视角，解释了农业企业产品伤害行为对消费者逆向选择的影响，对于探讨推进消费者逆向选择的细化研究、食品伤害危机管理策略具有一定的理论和应用价值。但是，本书实证研究的样本来自广州市，如果能在我国其他省份和地区抽取更为分散的样本，可提高研究结论的推广性，此外，本书研究模型尚未深入探讨品牌资产的中介作用，后续研究有必要进一步探讨。最后，食品伤害危机的发生频率、以往历史等因素对消费者逆向选择均产生一定的影响，未来将进一步考虑其他因素对消费者逆向选择的动态作用机制。

10. 7　本章小结

本章从农业企业产品伤害行为的性质出发，以自我感知理论为基础，基于品牌资产视角构建了一个消费者逆向选择理论模型，分析了过失伤害行为和蓄意伤害行为对品牌资产 3 个维度和消费者逆向选择的影响。收集了 324 个有效样本，运用结构方程建模技术对理论模型进行了实证检验。研究结果表明，蓄意伤害行为和过失伤害行为对品牌忠诚度和感知质量都有显著的负向影响，其中蓄意伤害行为的影响更大；不管是蓄意伤害行为还是过失伤害行为，其对品牌联想都没有显著的影响；品牌联想和品牌忠诚度对消费者的逆向选择有显著的负向影响，而感知质量对消费者逆向选择没有影响。

11 农产品伤害危机的管理范式及其应用

放眼全球，从德国二噁英毒饲料污染到美国单增李斯特菌事件等，农产品伤害危机时有发生。在我国，从"瘦肉精"到"地沟油"黑色产业链，从"三聚氰胺"到"海南豇豆"等，农产品质量安全事故频繁曝光。可见，农产品伤害危机此起彼伏，不仅使消费者感到震惊和担忧，还导致了农产品品牌受损、企业陷入困境，甚至相关行业遭受毁灭性冲击。农产品伤害危机潜伏于生产、流通和消费等供应链环节，由于链条长、环节多、主体分散及监管力量薄弱等客观原因，导致农产品伤害危机必然经历由量变到质变的酝酿和爆发过程，具有难预测性、突发性、危害严重性、时间紧迫性及公众关注性等特点，一旦发生极可能产生灾难性后果。因此，在农产品质量安全面临严峻挑战、消费者信任度日益降低的背景下，如何更有效地实施农产品伤害危机管理已成为当前亟待解决的课题。学界对农产品伤害危机管理进行了多维度探析，基于近十年中国农产品伤害危机事件，实证分析质量安全控制的薄弱环节和关键控制点，揭示农产品初加工环节要素施用量不当，深加工环节人员环境不卫生等潜在危机（刘畅等，2011）；指出农产品供应链质量安全问题发生有主客观两方面原因，强调对质量安全的事前控制（游军，郑锦荣，2009）；认为建立一个包括种植、养殖、生产加工、储存、运输、销售环节和政府职能部门共同参与的全过程监管体系是保证农产品质量安全的有效措施（陆勤丰，2002）；农产品伤害危机管理需要对物理、事理、人理等系统要素进行整体统筹，使之相互配合，共同保障农产品质量安全（张蓓，刁丽琳，2009）。可见，相对于工业产品而言，农产品生产受到自然条件的制约，产品同质化程度较高，同时流通渠道复杂、利益也涉及农户、农企、政府等多方主体。相应地，农产品伤害危机管理牵连多行业、多部门，涵盖宏观、中观和微观层面，需要政府和非政府机构、供应链关键节点企业、消费者多方参与。因此，农产品伤害危机管理是一个由若干相互作用子系统结合而成的具有特定功能的统一体，是一个典型的复杂系统，应采用系统方法论进行分析。

11.1 农产品伤害危机管理的复杂性

复杂性是系统固有的客观属性，农产品伤害危机管理系统构成要素众多，过程前后承继，参与主体相互协作，系统处于各因素综合作用的外部环境当中。因此，农产品伤害危机管理具备复杂性特征，表现为要素复杂性、主体复杂性、过程复杂性和环境复杂性（图 11-1）。

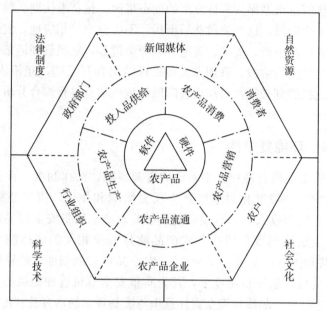

图 11-1　农产品伤害危机管理的复杂性

11.1.1　要素复杂性

农产品质量安全的形成是一项多环节共同作用的系统工程。农产品伤害危机可能源于农产品供应链系统生产加工、流通仓储、营销服务和消费等基础环节以及基础设施建设、人才培训、信息化建设、市场管理支持环节。可见，农产品伤害危机管理涉及从田头到餐桌、从生产到消费、从育种到包装的每一要素，众多要素可概括为农产品、硬件和软件三大类。其中，农产品是质量安全生产、交易和消费的物质载体，硬件是农产品质量安全生产、交易和消费的设施设备，软件是农产品质量安全生产、交易和消费的技术方法。农产品伤害危机管理系统要素错综复杂，必须纵观全局，追根溯源。

11.1.2　主体复杂性

由于农产品伤害危机牵涉多要素、潜伏于多环节，必然要求调动多方主体参与。除农民、农产品生产流通企业、农产品消费者等直接利益攸关者外，农产品伤害危机管理主体还包括政府、协会、媒体等间接利益攸关者。农产品伤害危机管理主体具有各自的职能和职责，基于各自的利益进行决策和协同协作，应做好利益协调以提高管理效率。

11.1.3 过程复杂性

农产品伤害危机遵循周期性发展的动态规律，包括潜伏期、触发期、危险期及消退期 4 个阶段，这些阶段前后衔接，不可分割。相应地，农产品伤害危机管理涉及农产品生产、加工、流通和消费全过程，危机管理链条长、时间跨度大，危机管理前后阶段、管理方式和处理结果相互反馈，互相依赖。为此，农产品伤害危机管理必须针对前后各阶段的危机信息进行综合分析并采取相应的管理措施。

11.1.4 环境复杂性

农产品质量危机管理存在于一定的资源禀赋、法律制度、社会文化和科学技术环境中，环境变化对系统产生反复影响和作用。资源禀赋环境是土壤、水体、空气和投入品等直接和间接影响农产品质量安全的要素总和。农产品质量安全法律制度环境指与农产品质量安全相关的法律法规体系，如《中华人民共和国农产品质量安全法》、农产品可追溯制度、假冒伪劣投诉制度、农产品危机信息发布制度等，其为质量安全危机管理提供监管依据。社会文化环境包括农产品质量安全责任意识与法制观念的培育及宣传媒体舆论的监督与导向等。科学技术环境指农产品质量安全技术成果的标准化收集、数字化表达和网络化共享，从而保证农产品质量安全的稳定性、维护农产品竞争的有序性。

11.2 农产品伤害危机管理的三维结构

11.2.1 理论基础

三维结构模型是操作层面的系统工程方法论，由美国系统工程专家霍尔于 1969 年提出，简称为霍尔方法论。三维结构模型以时间维、逻辑维、知识维组成的立体空间结构来表示系统工程各阶段、各步骤以及为完成各阶段、各步骤所需的各专业知识，其为解决复杂系统问题提供统一的系统思维范式，成为系统工程方法论的基础（刘畅等，2011）。当今，霍尔三维结构已被规范应用于社会经济各领域的实践中，其强调系统工程各工作中参与者的创造性和能动性，由主体协调系统程序、原理、观点、手段和工具，从而实现系统整体功能和效益。就农产品伤害危机管理而言，时间维是指依据质量安全危机潜伏、爆发和平息的周期性规律而按时间顺序排列的 7 个管理阶段；逻辑维是指质量安全危机时间维每一阶段中必须遵循的 7 个管理步骤；专业维是指在时间维和逻辑维中所应用的农产品伤害危机管理的相关理论、方法和工具

（图 11-2）。

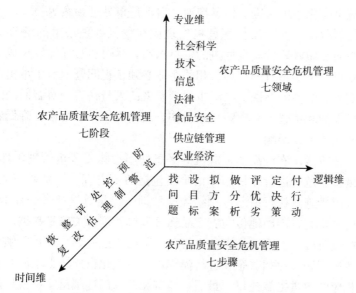

图 11-2 农产品伤害危机管理的三维结构

11.2.2 农产品伤害危机管理的三维结构

11.2.2.1 时间维

（1）防范阶段。农产品伤害危机一旦发生，必将带来严重后果，因此防范是质量安全危机管理的第一要务。防范阶段应致力于从根本上防止危机形成和爆发。一方面，农产品质量安全必须从生产源头抓起，对生产、加工、包装、保鲜、储运、销售等环节严格预防，保证资源、饲料、添加剂、物料、设备、技术的科学、安全与卫生。另一方面，运用广告、公关、网络等传播工具，建立起消费者、销售企业、行业协会、政府部门、公众及新闻媒体等的农产品质量安全意识。

（2）预警阶段。在防范基础上，农产品伤害危机管理系统进入预警阶段，对质量安全危机管理对象与范围、预警指标与信息等要素进行分析，及时发现和识别潜在的或现实的危机因素，发出危机警报，减少危机的突发性和意外性。预警阶段包括农产品伤害危机的外部环境信息和内部经营信息搜集与预测，进行农产品伤害危机风险分类管理，发布危机警报并制定危机处理预案，目的在于将农产品伤害危机在酝酿与萌芽状态下及时消除。

（3）控制阶段。当防范和预警无法及时消除质量安全危机威胁时，农产品伤害危机管理的重心转为危机控制阶段，即在最短时间内将质量安全危机的不良影响和经济损失降到最低。控制阶段在很大程度上决定着农产品伤害危机的发展方向和危害程度，主要包括确认危机发生、甄别危机程度、分析危机成因、成立危机应急小组、进行信息沟通、启动危机处理预案等。

（4）处理阶段。农产品伤害危机处理应在危机处理小组的统筹下，有计划、有组织的要做好质量安全危机的信息沟通，尽快通过媒体发布危机的调查结果，并更正与事实不符的信息。相关企业必须正视问题、勇于承担责任，实施有问题农产品的追溯召回，以减少对消费者的人身伤害。对召回的问题农产品立即进行检测和销毁，并邀请权威机构、新闻媒体予以公证，降低农产品伤害危机所造成的不良影响。

（5）评估阶段。农产品伤害危机的平息并不意味着危机管理工作的结束，必须对质量安全危机进行评估。评估阶段包括两个内容，一是调查危机成因，考察危机处理措施的执行情况，总结经验教训；二是尊重社会公众的知情权，通过媒体向公众完整准确地传达农产品伤害危机管理相关信息数据。

（6）整改阶段。农产品伤害危机管理的整改阶段主要是分析归纳危机管理中存在的各种问题，对相关企业进行流程再造，优化供应链上下游企业协作模式，提出相应的改进措施建议。最后，监督相关部门逐项落实整改措施，进一步排除同类农业企业的潜在危机风险。

（7）恢复阶段。最后，农产品伤害危机管理进入恢复阶段，目标在于使农产品供应链相关主体恢复正常运转。恢复阶段包括农产品质量安全先进技术的应用和高效监管体制的实施，以及涉农企业的生产、流通、营销等各作业环节启动运作并培育公共关系等，从而遏制农产品伤害危机再次产生。

11.2.2.2 逻辑维

（1）找问题。收集农产品伤害危机相关资料和数据，综合分析危机风险的历史、现状、发展趋势及环境因素，整理近年来同类农产品伤害危机的案例和数据，从资源、技术、体制和市场等方面甄别当前农产品伤害危机的诱因、症结及关键。

（2）设目标。设定农产品伤害危机管理的总体目标并细分为具体指标，落实任务方向、经费预算、控制范围、人员配备和工作周期及进度安排等。设目标时应兼顾消费者安全、农户收益、企业发展和社会福利，分清农产品伤害危机管理的主次、轻重和缓急，充分考虑目标的约束条件和可行性。农产品伤害危机管理目标的制定应由农业主管部门、食品卫生部门、法制部门、农业生产基地、农产品流通和销售企业、第三方组织、消费者和新闻媒体共同参与。

（3）拟方案。根据农产品伤害危机风险的客观状况和危机管理的资源约束和目标任务，拟定若干可能的备选方案。如对存在质量安全问题的农产品制定召回和销毁等方案，对存在质量安全问题的农产品的相关投入要素和生产设备制定检测、维修和整改等方案，对农产品伤害危机信息发布和公开声明等沟通传播方案等。

（4）做分析。对上述拟定的若干方案建立时间序列函数、结构方程模型、模拟仿真系统等数量模型进行计算分析，得出农产品伤害危机管理各方案预期的经济效益和社会效益。在此基础上，根据模型运算过程和结果调整参数，进一步优化方案或形成新的备选方案。

（5）评优劣。根据特定时期和特定区域农产品质量安全事故的具体状况、危害等级和资源约束等，基于备选方案的定性和定量综合分析结果，参照农产品伤害危机管理的宏观目标和微观目标，对多个备选方案进行综合评价，从中区分出最优方案、次优方案和满意方案。

（6）定决策。根据备选方案的综合评价结果来选择某个方案实施。危机管理方案的决策并非以某一主体的利益为决策依据，而是以系统主体利益的协调和系统整体效益最优为决策原则。因此，应从系统全局角度考虑，均衡企业盈利、消费者福利和社会影响等方面。

（7）付行动。将农产品伤害危机管理决策方案付诸实践的过程中，可能出现与预期不符的结果，因而需要回到前面相应的逻辑步骤中重新执行直至结果满意为止，系统运行甚至需要经过反复调试才能完成。

11.2.2.3　专业维

农产品伤害危机管理的各时间阶段及每一阶段的各逻辑步骤中，均需要应用大量不同学科领域的相关思想、理论和方法，其涵盖农业经济、供应链管理、食品安全、法律、信息、技术及社会科学等专业领域。例如，从农产品生产规律、组织模式及农产品供应链模式等方面，研究质量安全危机产生的关键节点和内在机理；观测农产品的生产投入品、添加剂、营养成分、外观等指标水平，研究农产品伤害危机发生的临界点；运用法律规制激励约束农产品质量安全相关主体的决策与行为；通过信息网络和数据库平台实时分享农产品伤害危机的处理进度和经验教训；在供应链上下游企业间进行农产品质量安全技术创新和转移；将公共关系等社会科学知识用于引导协调农产品质量安全相关组织行为。

11.2.3　农产品伤害危机管理的实施

将农产品伤害危机管理的时间维和逻辑维结合起来形成危机管理系统的活动矩阵（表 11-1）。活动矩阵的要素 a_{ij} 显示农产品危机管理工作所处的具体阶段和具体步骤，如 a_{12} 表示在防范阶段设立目标、a_{66} 表示在整改阶段做出决策等。三维结构的活动矩阵可明确各项具体工作在农产品伤害危机管理系统整体中的层次和功能，有利于厘清各项具体工作间的执行和协作。

表 11-1 农产品伤害危机管理的活动矩阵

	1. 找问题	2. 设目标	3. 拟方案	4. 做分析	5. 评优劣	6. 定决策	7. 付行动
1. 防范阶段	a_{11}	a_{12}	a_{13}	a_{14}	a_{15}	a_{16}	a_{17}
2. 预警阶段	a_{21}	a_{22}	a_{23}	a_{24}	a_{25}	a_{26}	a_{27}
3. 控制阶段	a_{31}	a_{32}	a_{33}	a_{34}	a_{35}	a_{36}	a_{37}
4. 处理阶段	a_{41}	a_{42}	a_{43}	a_{44}	a_{45}	a_{46}	a_{47}
5. 评估阶段	a_{51}	a_{52}	a_{53}	a_{54}	a_{55}	a_{56}	a_{57}
6. 整改阶段	a_{61}	a_{62}	a_{63}	a_{64}	a_{65}	a_{66}	a_{67}
7. 恢复阶段	a_{71}	a_{72}	a_{73}	a_{74}	a_{75}	a_{76}	a_{77}

11.3 农产品伤害危机管理三维结构的应用

11.3.1 兼顾时间维、逻辑维和专业维的协调运作

建立农产品伤害危机管理的三维结构，按危机酝酿、危机爆发和危机平复的周期规律，划分农产品伤害危机管理的时间阶段，按分析问题和解决问题的逻辑思路拟定每一时间阶段的实施步骤，根据农产品伤害危机管理涉及的学科领域构建专业知识和方法体系。为此，必须同时兼顾时间维、逻辑维和专业维，明确农产品伤害危机管理的思路，细化每一阶段的目标实现过程，制订可行的实施方案。

11.3.2 从定性到定量综合集成方法的涌现创新

农产品伤害危机管理应优化系统结构、调整系统运作、实现系统功能，运用"从定性到定量综合集成法"。从专家经验、感受和判断等实践经验出发直接研究农产品伤害危机管理，将历史经验与农业经济、供应链管理、法制、技术和信息等知识相结合，通过建立模型、运用计算机仿真、实验和计算得出定量结果，完成从局部定性认识到整体定性认识的转变。通过案例分析、归纳演绎、数学建模和计算机仿真等综合集成，促进农产品质量危机管理方法的涌现和创新。

11.3.3 追求经济、社会和环境效益的整体最优

农产品伤害危机管理既考虑本位要素的权益，也考虑其他要素的权益，实现三者兼顾。农产品伤害危机管理在事前、事中和事后三个系统层次间合理分配人力、物力和财力，以质量安全危机管理系统效益的三兼顾为目标，实现经济、社会和环境效益三者均衡，既保护农业经济效益，又保障消费者安全，同

时还要杜绝质量安全危机对农业生态环境的破坏和稀缺资源的掠夺。

11.3.4　优化完善农产品供应链模式

农产品伤害危机管理要求供应链成员企业之间发挥协作精神，并形成相对稳定的战略联盟关系。首先，提高供应链成员企业的技术、资本及信用等市场准入条件，构建统一的技术标准和物流运作规范，对其进行实时动态跟踪，保证各成员有较强的农产品质量安全保障意识和控制能力。其次，建立完善农产品质量安全可追溯体系，提升对农产品伤害危机的预防、处理和恢复能力。再次，构建农产品质量安全公共服务平台，包括信息共享系统、技术协同系统、优化供应链的信息传递及协调互动机制，提高农产品供应链的市场响应能力。最后，理顺政府部门、第三方组织、涉农企业、消费者和媒体等农产品质量安全监管主体的关系。

11.3.5　培养专业互补的高素质人才队伍

农产品伤害危机管理要求配备一支高素质的、专业结构互补、实践技能较强的人才队伍。为此，应创新人才培养模式。一是大力发展高等农业教育，加快农产品质量安全技术重点学科建设，建立实践教学基地，组织学生深入农村和农业企业基层实习，提升其质量安全管理的实践技能。二是在相关企业中实施创新人才培养计划，建立完善技术人才引进、绩效考核标准和机理约束机制。三是通过继续教育、岗位培训等形式开展农业生产基地、农产品加工和流通企业的基层技术人员培训，提升农产品质量安全技术队伍的科技素质和操作技能。

11.4　本章小结

农产品伤害危机管理既关系到城乡居民的消费健康与社会和谐稳定，更关系到农业经济发展和农民增收，甚至牵动农产品国际贸易和世界经济发展。农产品伤害危机管理是一个复杂系统，运用系统工程方法论可构建时间维、逻辑维和专业维三维结构模型。其中，时间维分为七阶段，逻辑维包括七步骤，专业维涵盖七领域。基于此模型分析，可从整体效益、供应链模式、人才队伍建设等角度为农产品伤害危机管理提供可操作性的应用策略。

12 农产品伤害危机管理的国际经验：美国食品召回

12.1 案例背景

近年来，在全球范围内爆发的疯牛病、口蹄疫、禽流感和二噁英混入饲料等重大农产品伤害危机事件，对世界各国经济发展和社会稳定造成了严重威胁。在美国，食品携带病原体每年影响 7 600 万人次的身体健康，导致约 32.5 万人住院，约 5 000 人死亡（Bermudez，2009）。食品贸易全球化和食品安全事件频繁发生凸显了食品安全管理的重要性。从世界范围看，食品召回是加强食品安全监管，避免和减少缺陷食品的危害，保护消费者身体健康和生命安全的一项重要制度。食品召回是指食品企业按照规定程序，对其生产销售的某一批次或类别的缺陷食品，通过换货、退货、补充或修正成分说明等方式，及时消除或减少食品安全危害的活动。美国是食品召回制度的起源地。20 世纪 60 年代，美国首先在汽车行业根据《国家交通与机动车安全法》明确规定，汽车制造商有义务召回存在安全缺陷的汽车，并将汽车存在的安全缺陷或故障通报给消费者和国家公路交通安全管理局，同时免费为消费者修理缺陷汽车。此后，美国逐步将缺陷产品召回制度应用到包括食品在内的可能对公众安全健康造成伤害的产品领域，通过实施食品召回及时收回问题食品，避免流入市场的问题食品对消费者人身安全造成损害，从而维护消费者利益和社会稳定。当前，美国实施由农业部所属食品安全检验局（Food Safety and Inspection Service，FSIS）、卫生和人类服务部所属食品和药品监督管理局（Food and Drug Administration，FDA）联合监管的食品召回制度，并建立了完善的食品召回法律体系，以及具备透明度和公信力的食品召回信息系统。2010 年 8 月，美国加利福尼亚州多个地区暴发沙门氏菌疫情；当月 18 日，美国疾病控制和预防中心宣布，沙门氏菌疫情正迅速向亚利桑那州、内华达州和得克萨斯州等 10 多个州蔓延，感染源头锁定为艾奥瓦州两家农场出产的鸡蛋。为此，美国大型鸡蛋供应商海兰代尔农场和怀特县养鸡场主动召回问题鸡蛋 5.5 亿枚，成为美国历史上最大规模的鸡蛋召回事件。此后，食品和药品监督管理局针对鸡蛋质量安全监管存在的漏洞，修订并实施了针对大型鸡蛋生产商质量安全控制的相关法规，要求生产商只能从对沙门氏菌有监测机制的供应商处采购雏鸡、要求生产商实施鸡蛋冷链配送等。可见，食品召回已成为美国加强食品质量安全监督管理、保障食品市场公平竞争和保护消费者人身安全的有效手段，它在预防食品安全事件发生、降低食品安全事件危害、明确食品质量责任主体、提高食品供应链安全水平等方面卓有成效。一方面，美国对食品召回的主体、范围和流程等进行了严格规定，促使食品企业提高质量安全控制意识并采取质量安全控制行为；另一方面，当发生食品安全事件时，美国促使食品企业及时、高效地收回问题食品，如实公布食品质量安全事件数据，以保护消费者人身安全和社会福祉。

国内外学者对食品召回展开了相关研究，研究内容主要涉及食品召回概况介绍与经验借鉴等。Hunter（2002）分析了美国农业部在食品召回过程中的角色和职能，并介绍了美国食品召回的实施流程和具体步骤。Kolman（2008）讨论了美国食品安全检验局与食品和药品监督管理局在食品召回中的分工和协作机制。Bermudez（2009）以花生酱公司发生沙门氏菌污染事件作为美国食品召回的典型案例，分析了食品企业实施食品召回和扩大召回的机制。Sowinski（2011）以饮料、保健品等为例，研究了食品召回中的技术创新机制以及食品召回中逆向物流技术的应用。Casper（2007）分析了可追溯信息系统在食品召回中的应用，提出基于供应链构建食品可追溯体系可提高食品召回的准确性和速度。程景民等（2010）分析了美国食品召回的法律保障、职责分工和召回程序等，并结合中国食品召回制度的现状和问题进行了对比研究，提出了完善法律法规体系、加强技术支撑建设和完善应急处理体系等促进中国食品召回制度发展的管理策略。王晶静和皮介郑（2012）研究了美国食品召回的法律依据、监管理念、行政主体和实施步骤等，并总结了美国食品召回制度对中国的借鉴意义。高秦伟（2010）对比分析了美国食品召回中主动召回和责令召回两种情形的适用条件，探讨了美国推行食品责令召回的利弊。张利国和徐翔（2006）基于对美国食品召回的分析，从明确主管机构、制定法律法规、加强宣传教育、制定配套措施和发挥政府职能等方面提出了推进中国食品召回制度建设的对策建议。

综上所述，已有文献对美国食品召回的现状和经验等内容进行了相关研究，研究方法主要是归纳分析。然而，以往研究大多是对美国食品召回现状与模式的定性研究，缺乏对美国食品召回事件的定量分析，基于美国官方机构权威数据库对美国食品召回事件进行系统分析的研究成果更是少见。美国食品召回涉及政府部门、食品企业和消费者等参与主体，涵盖生产、流通和消费等食品供应链环节，表现出一定的特征，有着科学的机制。基于此，本文立足于美国食品安全检验局数据库对美国肉类和家禽产品召回事件进行系统分析，特别说明的是，按照美国的分类标准，肉类不包括禽肉，禽肉被包括在家禽产品中。基于数据分析结果，本文讨论美国食品召回的发展态势、关键控制点、主要原因、参与主体、管理宗旨和支撑保障等内容，并进一步剖析美国食品召回中政府与企业的协同运作机制。

12.2 数据来源

美国对食品召回事件建立了连续的、详细的和公开的数据库。FSIS 负责保证美国国内生产和进口消费的肉类、家禽及蛋类制品（不含带壳的蛋）供给的安全、标签、标示真实，包装适当，并对其监督的食品召回事件进行公布及存档（Kolman，2008）；FDA 负责对 FSIS 管辖以外的产品的监督管理，包括带壳的蛋、瓶装水以及酒精含量低于 7％的饮料等（刘先德，2006）。FSIS 的管辖范围包括国内及进口的肉类和家禽初级产品，例如鸡、猪和牛等鲜切肉、冰鲜肉，以及肉类和家禽加工产品，例如含肉类和家禽产品的炖菜、比萨饼、汉堡包和汤料等。FSIS 的职责包括对屠宰前和屠宰后动物进行检验；检查家畜家禽屠宰场和肉类加工厂；监管国内生产和进口的肉类和家禽初级产品和加工产品；收集和分析食品样品，进行食品中微生物、化学污染物、感染物和毒素的监测和检验；制定食品添加剂和食品其他配料使用的生产标准；制定食品生产加工场地和车间的卫生标准；资助肉类和家禽生产企业开展食品安全研究；执行食品安全相关法律法规等。

FSIS 官方网站"食品召回和公共健康警报"板块设有"食品召回事件存档"专栏，该栏目披露美国食品召回事件的详细信息，内容包括食品召回公告和食品召回新闻稿。本文研究以 FSIS 公布的 1995—2014 年肉类和家禽产品召回事件为研究对象，根据 FSIS 报道剔除了其中数据不全的食品召回事件，最终形成了 1 217 例美国食品召回事件样本（表 12 - 1），并对召回事件的发生年份、召回范围、召回数量、产品种类、召回原因、多发环节和参与主体等进行数据录入和处理。本文案例研究基于这 1 217 例的不完全统计，而 1995—2014 年美国实际发生的食品召回事件数量，要多于此数。这 1 217 例食品召回事件纵跨 20 年，横跨美国境内各州，样本涵盖牛肉、猪肉和鸡肉等不同产品种类，具有较理想的代表性。

表 12 - 1　样本年份分布（N＝1 217）

	1995 年	1996 年	1997 年	1998 年	1999 年	2000 年	2001 年	2002 年	2003 年	2004 年
样本数	42	24	26	43	62	86	94	128	70	50
比例（％）	3.5	2.0	2.1	3.5	5.1	7.1	7.7	10.5	5.8	4.1

（续）

	2005 年	2006 年	2007 年	2008 年	2009 年	2010 年	2011 年	2012 年	2013 年	2014 年
样本数	55	33	62	58	67	71	93	70	59	24
比例（%）	4.5	2.7	5.1	4.8	5.5	5.8	7.6	5.8	4.8	2.0

资料来源：根据 FSIS 官方网站（http：//www.fsis.usda.gov）数据整理。

12.3 美国食品召回的发展现状

12.3.1 品种多、范围广

美国食品召回起步早，发展快；食品召回数量规模大，产品品种多，覆盖范围广。根据数据统计结果，1995—2014 年，美国肉类和家禽产品召回次数总计 1 217 次，召回数量总计 8.93 万吨（表 12 - 2）。可见，美国食品质量安全风险隐患随着食品产业持续发展而客观存在。由于美国食品产业基数大，食品质量安全事件的发生频率也相对较高。此外，美国联邦政府高度重视食品质量安全监管，激励食品企业采取质量安全控制行为，不断完善食品召回制度，加大对质量缺陷食品的召回力度。

表 12 - 2 1995—2014 年美国肉类和家禽产品实际召回数量

单位：吨

年份	召回数量	家禽产品种类			
		牛肉	猪肉	鸡肉	其他
1995	743.79	544.65	173.76	21.75	3.63
1996	265.66	57.79	166.05	39.67	2.15
1997	5 123.93	4 898.54	143.62	81.61	0.16
1998	6 128.56	4 627.72	1 118.40	382.44	0
1999	1 209.07	780.50	47.73	344.54	36.30
2000	2 904.02	1 713.97	7.95	716.77	465.33
2001	10 186.64	2 474.12	2 301.73	5 269.81	140.98
2002	3 019.90	1 447.80	39.43	1 061.60	471.07
2003	1 510.45	1 104.94	140.79	169.53	95.19
2004	1 300.81	699.56	71.76	297.92	231.57
2005	2 324.55	577.83	2.23	356.79	1 387.70
2006	2 420.33	51.04	0.85	43.98	2 324.46
2007	14 623.19	4 264.31	39.24	1 332.49	8 987.15

（续）

年份	召回数量	家禽产品种类			
		牛肉	猪肉	鸡肉	其他
2008	10 191.88	8 616.91	38.01	1 363.20	173.76
2009	4 184.90	1 763.34	34.84	807.97	1 578.75
2010	9 767.67	1 715.93	43.30	7 056.59	951.85
2011	2 956.69	361.85	8.94	293.04	2 292.86
2012	8 102.89	51.02	85.20	161.83	7 804.84
2013	758.35	96.48	107.44	296.16	258.27
2014	1 626.41	843.70	8.56	687.97	86.18
合计	89 349.69	36 692.00	4 579.83	20 785.66	27 292.20

资料来源：根据 FSIS 官方网站数据整理。

美国食品加工业发展迅速，肉类和家禽产品包括鲜切肉、冰鲜肉、腌制肉、烟熏肉、香肠、火腿、比萨饼和罐头等品种。根据数据统计结果，1995—2014 年，美国肉类和家禽产品召回事件涉及牛肉产品（占召回数量的41.1%）、猪肉产品（占召回数量的 5.1%）、鸡肉产品（占召回数量的23.3%）和其他产品（占召回数量的 30.5%），共包含具体品种 409 个。美国肉类和家禽初加工产品和深加工产品在生产加工过程中涉及因素众多、工艺复杂，车间环境、操作规范、人员素质和技术规范等原因导致食品质量安全风险隐患的客观存在。

美国有着丰富的农业资源禀赋和先进的食品生产加工技术，是世界农业大国和食品制造大国。根据数据统计结果，美国食品召回事件在各个州分布频率由高到低的前十位依次是：加利福尼亚州、纽约州、宾夕法尼亚州、伊利诺伊州、得克萨斯州、密歇根州、新泽西州、俄亥俄州、威斯康星州和明尼苏达州。这些州都是美国农业大州，它们的食品产业基数大，食品质量安全风险也相应较高。

表 12 - 3　1995—2014 年美国肉类和家禽产品召回事件的前 10 州

州名	样本数	比例（%）	州名	样本数	比例（%）
加利福尼亚州	167	13.7	密歇根州	52	4.3
纽约州	93	7.6	新泽西州	50	4.1
宾夕法尼亚州	70	5.8	俄亥俄州	49	4.0
伊利诺伊州	68	5.6	威斯康星州	41	3.4
得克萨斯州	60	4.9	明尼苏达州	39	3.2

资料来源：根据 FSIS 官方网站数据整理。

数据统计结果还表明，美国食品召回范围在 1 个州的食品召回事件有 509 例，占样本总数的 41.8%；召回范围在 2～5 个州的食品召回事件有 287 例，占样本总数的 23.6%；召回范围在 6 个州及以上（不含全国）的食品召回事件有 196 例，占样本总数的 16.1%；召回范围在全国的食品召回事件有 225 例，占样本总数的 18.5%。一旦发现食品质量安全风险，食品企业通过销售网络中的批发层、零售层以及学校、医院和餐厅等组织机构用户层展开食品召回，尽可能消除食品质量安全隐患，把食品质量安全事件的伤害程度降到最低。

12.3.2 实行食品召回分级管理

美国对食品召回实行全程跟踪监控，一旦发现食品存在质量安全问题或潜在隐患，就立即启动迅速的食品召回，努力将食品质量安全危害减到最低程度。美国对食品质量安全风险进行分级管理，根据缺陷食品可能引致伤害的程度，将食品召回划分为一级召回、二级召回和三级召回（表 12 - 4）。一级召回的食品存在最严重的危害，消费者食用后可能会严重危害其身体健康甚至导致死亡。例如，消费者食用感染了大肠杆菌、沙门氏菌和李斯特菌的食品可能引发肠道炎症、败血症、脑膜炎或肺炎等疾病，甚至危及生命。二级召回的食品存在较轻的危害，消费者食用后可能会对其身体健康产生轻微的影响。例如，食品标签未标明食品含有少量的小麦、大豆、蛋白和虾等过敏原，对上述过敏源过敏的消费者食用后可能会出现不适。三级召回的食品不存在危害，消费者食用后不会引起危害健康的后果。例如，食品贴错标签，产品标识错误，或标签未标明食品含有安全的、非过敏源成分。问题食品的危害程度不同，食品召回的级别不同，召回的规模、范围、响应时间也不同。

表 12 - 4 1995—2014 年美国肉类和家禽产品分级召回情况

危害程度分级	样本数	比例（%）
一级召回	885	72.7
二级召回	260	21.4
三级召回	72	5.9

资料来源：根据 FSIS 官方网站数据整理。

12.3.3 深加工环节和生产环节是多发环节

食品供应链结构对研究食品供应链质量安全控制环节具有重要意义（Stringer and Hall，2007）。食品供应链质量安全风险是在从生产、加工、流通到消费的各个环节中，由政府失灵和市场失灵共同作用而积累形成的（王铬，2009）。可见，食品质量安全风险存在于食品供应链从源头到终端的各个环节，任何一个环节上的质量安全风险均会影响整个食品供应链质量安全水平。根据数据统计结果，美国食品供应链上发生召回事件的频率由高到低依次是：深加工环节、生产环节、初加工环节、流通环节、餐饮与消费环节（表12-5）。供应链不同环节上的食品质量安全隐患程度存在较为显著的差异，其中，深加工环节和生产环节发生质量安全风险的可能性较高。其原因在于：一方面，由于深加工环节涉及技术、环境和人员等因素复杂，它们共同引致的食品质量安全风险较高；另一方面，位于食品供应链源头的生产环节的投入品也是诱发食品质量安全风险的重要原因。因此，深加工环节和生产环节是美国食品召回事件的多发环节。

表 12-5　1995—2014 年美国肉类和家禽产品召回的供应链环节

供应链环节	样本数	比例（%）
生产环节	373	30.6
初加工环节	131	10.8
深加工环节	659	54.2
流通环节	44	3.6
餐饮与消费环节	10	0.8

资料来源：根据 FSIS 官方网站数据整理。

12.3.4　企业能力局限是主要原因

导致美国食品召回的原因错综复杂，既可能是企业因素，也可能是政府因素、消费者因素或其他因素。根据 FSIS 对肉类和家禽产品召回事件的报道，召回的原因可归结为能力局限、道德缺失、信息不对称、监管失灵、不可抗力、食用不当和不明原因共 7 类。其中，能力局限是指因产地和车间环境差、设备落后、人员素质低下和检测条件不完善等客观原因导致的食品企业的非主动过失；道德缺失是指食品企业缺乏企业社会责任和质量管理意识，明知故犯地违法使用农药、添加剂及其他化学物质，使用过期或变质的原材料等；信息不对称是指食品企业加贴的标签上信息不准确、不详细和不客观，例如，标签未标明小麦、大豆、蛋白和谷氨酸钠等过敏源成分，或食品贴错标签等情形；监管失灵是指政府部门在监管过程中存在权责不明、执法不严和多头监管等问题，从而没有在食品质量安全监管中发挥职能；不可抗力是指由自然环境或客观条件影响等外部原因造成食品受到污染、腐烂和变质等食品质量缺陷，对消费者健康和安全产生不良影响和威胁；食用不当是指食品对储藏和烹饪的要求较高，当消费者缺乏食品安全风险意识以及饮食卫生常识时，可能会因储藏器皿不合适、烹饪方法不妥当而导致食品受到污染、变质或过量食用等情形；不明原因是指除上述情形以外诱致食品质量安全事故发生的其他原因。

根据数据统计结果，食品企业能力局限是美国食品召回事件发生的主要原因（表12-6）。在由能力局限导致的780例召回事件中，因为李斯特菌、沙门氏菌和大肠杆菌等病原体污染而发生的召回事件有626例，占样本总数的51.4%。由此可见，病原体污染严重威胁消费者健康，给食品企业造成巨大的经济损失。据美国农业部经济研究局估计，美国每年由于食品携带病原体造成的经济损失约66亿～370亿美元（Bermudez，2009）。

表12-6 1995—2014年美国肉类和家禽产品召回的原因

原因	具体表现	样本数	比例（%）
能力局限	生产加工过程中大肠杆菌、沙门氏菌和李斯特菌等食源性细菌污染；加工方法不正确、用料不当；混入金属、塑料等异物	780	64.1
信息不对称	标签展示信息不准确、不详细、不客观，例如标签未标明过敏原等	339	27.9
监管失灵	未经检疫、未经许可、未执行 HACCP 等	45	3.7
道德缺失	过量使用农药兽药，使用受到污染的水等	22	1.8
不可抗力	龙卷风、暴风雪等突发事件导致食品质量安全问题	14	1.1
食用不当	消费者缺乏食品安全风险意识以及饮食卫生常识，导致食用过程中操作不当	11	0.9
其他原因	除上述以外的原因	6	0.5

资料来源：根据 FSIS 官方网站数据整理。

12.3.5 政府、企业和消费者多方参与

美国食品召回的参与主体众多，涵盖政府部门、食品企业、食品供应链终端、消费者以及第三方组织等。根据数据统计结果，由 FSIS 监测发现的食品召回事件有937例，占样本总数的77.0%；其次是消费者投诉或举报引致的食品召回事件131例，占样本总数的10.8%；食品企业自检发现问题导致的食品召回事件有122例，占样本总数的10.0%；其余参与主体还包括零售商、学校、餐厅等供应链终端以及疾病控制和预防中心、食品安全评估中心等第三方组织（表12-7）。在美国的食品召回中，FSIS 发挥着重要的监管职能，食品企业自我监督和消费者举报也是发现缺陷食品的重要途径。美国已形成了政府有效监管、食品企业自我约束、消费者广泛参与的食品安全监管机制。

表 12-7　1994—2014 年美国肉类和家禽产品召回的参与主体

参与主体	样本数	比例（%）
美国农业部食品安全检验局（FSIS）	937	77.0
消费者	131	10.8
食品企业	122	10.0
食品供应链终端（零售商、学校和餐厅等）	14	1.1
其他（疾病控制和预防中心、食品安全评估中心等）	13	1.1

资料来源：根据 FSIS 官方网站数据整理。

12.4　美国食品召回的本质特征

基于美国 1995—2014 年 1 217 例肉类和家禽产品召回事件的数据，本文对美国食品召回的规模、地理分布、分级管理、多发环节、主要原因和参与主体进行了统计分析，展现了美国食品召回的发展现状。数据统计分析发现，美国食品召回作为一项保障食品安全的制度不断发展和持续运作，它以食品供应链可追溯系统为支撑保障，较好地预防和控制了食品质量安全风险，有效地维护了消费者安全和社会福祉。具体而言，美国食品召回的本质特征表现在以下几个方面：

12.4.1　可持续性是美国食品召回的演进规律

美国食品召回是一项复杂的、长期的系统工程，它随着美国经济增长、食品产业结构升级而稳定、持续地运作。美国食品召回起步早、发展快，涉及食品种类多，覆盖范围广，趋于精准化、网络化。与此同时，美国食品召回在信息化管理方面日趋规范和完善。从 1 217 例召回事件的新闻稿来看，关于食品召回的报道越来越公开透明，所披露的信息也越来越详细、越来越精准。

12.4.2　预防和控制并重是美国食品召回的管理宗旨

美国食品召回体现了预防和控制食品质量安全隐患的管理宗旨，一是加强食品质量安全监控，二是推进食品质量安全检测技术研发，三是实施食品扩大召回。在加强食品质量安全监控方面，美国食品安全监管机构通过聘请专家进驻饲养场及食品生产企业等方式，实现从原料采集、生产加工到流通等环节的全程监控。在推进食品质量安全检测技术研发方面，2011 年 9 月 15 日，FDA

与马里兰大学联合成立了国际食品安全培训实验室，对来自全球各地的专家进行检测技术、食品安全标准和监管政策等方面的培训，加强对进口食品质量安全的监管和控制。在食品扩大召回方面，美国对可能导致严重健康问题或有严重缺陷的食品实施扩大召回措施。首批召回的问题食品一般存在直接的确切的安全隐患，而当调查发现问题食品可能感染到其他批次的食品或者被用于制作其他品类的食品时，企业往往会实施扩大召回。被扩大召回的食品不一定最终危害到消费者，但扩大召回措施却能够最大限度地保障食品质量安全。例如，2008年2月，卡夫食品公司因其生产的一包鸡柳产品被检验出携带李斯特菌而主动召回同期生产的24.04吨鸡柳产品；2008年3月，卡夫食品公司再次发布公告，召回1 270.06吨同类产品；随后卡夫食品公司又再发公告，召回全部同类产品，该次食品召回成为美国家禽产品较大规模的召回事件之一。虽然卡夫食品公司所生产食品的安全隐患尚未对消费者健康造成任何不良后果，但该公司连续实施扩大召回，坚决杜绝食品质量安全的潜在隐患。

12.4.3 食品供应链可追溯系统是美国食品召回的支撑保障

美国食品召回以食品供应链可追溯系统为支撑保障。缺陷食品生产加工企业在政府监管下，通过食品供应链可追溯系统对问题食品进行追踪并召回。2011年1月4日，美国总统奥巴马签署了《FDA食品安全现代化法》，使其成为美国第111届国会第353号法律并付诸实施。该法案要求食品企业的所有者、经营者或负责人，必须评估可能影响其所生产、加工、包装或储存食品的危害，确定并采取预防措施将危害产生的可能性降至最低或避免发生，按照要求保证所生产的食品未经掺杂有毒有害物质或者无错误标识，监控上述控制措施的实施，并留存监控记录至少2年。该法案还要求企业加强食品跟踪与追溯技术的研究和应用，同时进一步建立政府内部适用的食品追溯系统，以提高FDA快速、有效地跟踪和追溯美国境内或进口到美国的食品信息的能力。食品供应链可追溯系统有助于在食品安全事件爆发之前召回缺陷食品，不但可以有效控制食品质量安全危害，还可以降低食品召回成本，维护食品企业品牌声誉，从而成为美国食品召回有效运作的重要保障。

12.4.4 维护消费者安全和社会福祉是美国食品召回的根本目的

从历年来美国食品召回次数、召回数量和召回范围来看，美国食品召回并非以食品企业盈利作为决策目标，是否实施食品召回取决于问题食品是否对消费者人身安全和健康构成现实的或潜在的威胁。只要政府监管部门、食品企业、消费者或第三方机构等相关主体发现并通报食品质量缺陷问题，食品企业就立即在政府部门的监管下对同生产批次的全部食品通过食品供应链可追溯系统实施召回，甚至实施扩大召回。此外，FSIS 网站在食品召回新闻稿中为消费者提供了两种处置问题食品的方法：一是将问题食品退给零售商并索取全额退款；二是按食品召回新闻稿中的操作指引自行处置问题食品。可见，美国食品召回充分体现了"以人为本"的理念，对食品质量安全风险采取"防患于未然"的处理办法，坚决杜绝任何可能引致消费者伤亡或威胁消费者健康的隐患，从而有效维护了消费者人身安全和社会稳定，保障了消费者及其子孙后代的健康。

12.5 美国食品召回的运作机制

美国食品召回在长期实践中积累了丰富的经验，在预防和控制食品质量安全风险方面发挥着重要作用。美国食品召回实现了持续、有效运作，究其原因，它是政府与企业协作的结果。一方面，美国联邦政府针对食品质量检验与缺陷食品处理制定了具有可操作性的相关细则，并对食品质量安全进行监管，食品企业在政府监管下主动自愿地对缺陷食品实施召回；另一方面，如果生产和销售的食品存在不安全因素，食品企业没有主动进行召回，政府监管部门还有权发布强制性命令要求实施召回。可见，政府与食品企业的协同保障了美国食品召回的高效运作，其中，政府实施食品召回的目标是维护消费者安全和社会福祉，食品企业实施食品召回的目标是实现利润增长和保护品牌声誉。以下分别讨论美国食品召回中的政府职能和企业角色。

12.5.1 美国食品召回中的政府职能

首先，建立完善的法规体系。美国食品召回以完善的食品安全法律体系为基础。联邦通过立法提高食品企业的质量安全意识，促使其提高产品质量，避免生产缺陷食品；同时，食品召回的监管机构、实施程序、法律责任以及食品质量标准、检测方法等也都通过法规条例进行了明确的规定。自 1906 年第一部关于食品安全的成文法《纯净食品药品法案》颁布到 2011 年奥巴马总统签署《FDA 食品安全现代化法》，美国食品安全法律体系经过了百余年的发展历程，有超过 200 部法律法案，构成世界上最完善、最有效的公共卫生和消费者保护网络①。其中著名的法律法案包括《联邦食品、药品和化妆品法》《联邦肉类检验法》《家禽产品检验法》《蛋产品检验法》《公共卫生服务法》等（表12-8）。

---

① 参见：http://www.fda.gov/RegulatoryInformation/Legislation/default.htm。

表 12 - 8　美国主要的食品安全法律法案

法律法案及颁布时间	内容
《联邦肉类检验法》（1907 年 3 月 4 日）、《家禽产品检验法》（1957 年 8 月 28 日）、《蛋产品检验法》（1970 年 12 月 29 日）	明确肉类、家禽和蛋类制品检验的各种规程、标准、手册、指令，对国内生产和进口的肉类、家禽和蛋类产品实施检验，保证食品安全卫生，标记、标签及包装适当
《食用牛奶法》（1923 年 3 月 4 日）、《进口牛奶法》（1927 年 2 月 15 日）	规定牛奶国内贸易和进口采用许可证制度，对牛奶生产、储存、运输及带菌指标、温度指标等明确检验规定
《联邦食品、药品和化妆品法》（1938 年 6 月 25 日）	取代了 1906 年《纯净食品及药品法》，对食物、药物、食品器皿、化妆品、伪劣食品、药品和化妆品等进行了定义，对 FDA 做了专门规定并明确其监管范围，对标签标识的使用进行管制
《公共卫生服务法》（1944 年 7 月 1 日）	明确严重传染病的界定程序，制定传染病控制条例，对来自特定地区的人员、食品的检疫做了详尽规定
《公平包装与标签法》（1966 年 11 月 3 日）	要求食品有统一格式的标签
《食品质量保护法》（1996 年 8 月 3 日）	对食品杀虫剂制定了使用范围和限量标准，为婴儿和儿童提供特殊保护，要求定期对杀虫剂的注册和容许量进行重新评估
《生物恐怖主义法案》（2002 年 6 月 12 日）	强化进口食品的检验范围，开发进口食品快速检验技术，要求所有进口食品在入境之前须专门向 FDA 通报
《FDA 食品安全现代化法》（2011 年 1 月 4 日）	在食品供应链的所有环节建立全面的、基于科学的食品质量风险预防控制机制；对 FDA 监测食品生产者的方式、工具与频率等做出明确规定，并授权 FDA 可以对所有食品实施强制召回

资料来源：根据 FDA 官方网站（http：//www.fda.gov）资料整理。

　　其次，设置科学的监管机构。美国建立了联邦、州及州以下地方政府之间各自独立又互相协作的食品安全联合监管体制。各职能部门按照食品类别在全国范围内实施食品安全监管及食品召回的组织、协调和日常管理工作（表 12 - 9）。美国食品安全监管可以划分成食品、作为食品原料的农产品以及作为农产品生产条件的环境三大部分，从而覆盖了食品供应链上的成品、原料、生产条件 3 个环节（左袖阳，2012）。实际执法中也存在着职责交叉，但对于涉及多个部门的事情，各部门之间能够充分听取各方意见，相互支持和配合，协同行动。政府和国会对各部门在食品安全监管方面的协调与合作行使监督权。

表 12 - 9　美国食品召回相关监管机构

部门	机构	职能
农业部（USDA）	食品安全检验局（FSIS）	负责保护公众健康和预防食源性疾病，确保美国肉类、家禽和蛋类制品安全，标签和包装正确，管理肉类、家禽和蛋类食品召回
	动植物卫生检验局（APHIS）	负责保护公众健康和美国农业资源及自然资源安全，管理动物福利法案的实施，开展野生动物及家畜疾病监控
	农业营销局（AMS）	负责提供农产品质量定级和认证服务，维护市场环境以保障农牧民及消费者利益
	经济研究局（ERS）	为农业部所属主要社会科学研究机构，负责为农业、食品、自然资源及乡村发展提供研究成果和分析报告
卫生和人类服务部（DHHS）	食品和药品监督管理局（FDA）	为专门从事食品与药品管理的最高执法机构，致力于保护、促进和提高公众健康，保证安全有效的食品和药品供应，在食品方面管辖除 FSIS 负责的肉类、家禽及蛋类产品以外的全美国食品安全
	疾病控制和预防中心（CDC）	通过预防与控制疾病、损伤及残障促进公众健康及提高公众生活质量，负责收集与食品安全相关传染病信息、进行传染病检测，并提供相关技术支持
环境保护局（EPA）	化学品安全和污染防治办公室（OCSPP）	负责保护公众健康和环境免受有毒有害化学品污染，设定食物中准许的农药残留限量，防止受监管的农药、受污染饮用水、杀虫剂、毒物及垃圾等进入食物供应链
	水资源办公室（OW）	负责保证水质安全

资料来源：根据 USDA 官方网站（http://www.usda.gov）、DHHS 官方网站（http://www.hhs.gov）及 EPA 官方网站（http://www.epa.gov）资料整理。

再次，构建透明的信息平台。食品作为一种经验品和信任品，其生产者、加工者、销售者与消费者和监管部门之间存在明显的信息不对称，导致生产者、加工者和销售者的违规操作行为难以被控制（刘畅等，2011）。美国依托 FSIS 官方网站，建立了完善的食品召回信息系统，构建了由政府、食品企业、消费者、行业协会和认证机构共同参与的食品召回信息平台，及时、公开、准确地报道食品召回进展，传递食品质量安全相关信息。

最后，提供有效的激励约束。美国对食品企业提供有效的激励约束，鼓励它们诚信自律。一方面，政府鼓励食品企业主动承认问题、承担责任，并对主动实施召回并解决问题的食品企业进行奖励；另一方面，政府对逃避责任、蔑视监管的食品企业进行严厉处罚。如果食品企业发现所生产的食品存在潜在的安全缺陷，并在缺陷食品未造成严重影响时积极与质量安全监管部门合作，提交问题报告并主动召回缺陷食品，那么食品安全监管机构就不再向社会发布召回新闻稿，以维护涉事食品企业的品牌声誉。反之，如果涉事食品企业不与政府合作，故意隐瞒食品质量问题，监管部门会强制责令其进行食品召回，并让其承担责任。此外，一旦食品质量问题引发严重的健康安全事故，涉事食品企业将面临被起诉的风险，可能承担刑事责任。在这种激励和约束机制下，政府和食品企业实现了以最快和最可靠的方法进行缺陷食品召回。

12.5.2　美国食品召回中的企业角色

一是承担食品召回成本。美国食品召回中政府监管机构不对投入市场前的食品进行检验，而是在食品投入市场之后抽查食品的质量安全状况，一旦发现食品质量安全隐患，责任完全由食品企业承担，政府监管机构有权要求食品企业召回。美国食品质量安全监管机构对食品供应链各环节上的食品质量进行检测，但与召回相关的行政费用、向社会发布的公告费用等均由食品企业承担。因此，美国食品召回中由食品企业承担召回成本。

二是发挥企业社会责任。美国食品生产经营的组织化程度高，由大型食品生产、加工及贸易企业以及大型连锁超市主导供应链食品质量安全管理。大型食品企业资金实力雄厚，能够引进各类检测设备并承担长期检测成本，注重品牌形象建设和品牌资产维护，因此有着较强的企业社会责任意识和问题食品召回意愿。受企业社会责任的驱动，食品企业做出质量安全控制决策，它们积极实施食品的追溯和缺陷食品的召回。可见，企业社会责任是食品企业实施食品召回的重要驱动因素。

三是实施食品召回流程。美国食品召回分为企业启动召回和政府启动召回两种情况，它们都是由食品企业在政府监管部门主导下实施规范的召回流程，都遵循着严格的法定程序。第一种情况是食品企业发现产品有缺陷，主动向FSIS或FDA提交食品问题报告，食品问题被评估认定后，食品企业立即停止该食品的生产、进口或销售，通知零售商从货架上撤下缺陷食品，并制定详细的食品召回计划。食品召回计划被批准后，FSIS或FDA发布食品召回新闻稿，然后由涉事企业发布食品召回公告，实施具体召回流程。第二种情况是FSIS或FDA启动食品召回。即FSIS或FDA收到举报或通过诉讼案件等途径获悉某种食品存在质量安全问题，要求涉事食品企业予以说明；涉事食品企业向FSIS或FDA提交报告；若FSIS或FDA的评估结果认为需要召回食品的，其后的步骤和程序与第一种情况基本相同。可见，食品企业是美国食品召回流程的实施主体。

12.6　本章小结

本章研究以 FSIS 公布的 1995—2014 年 1 217 例肉类和家禽产品召回事件为案例样本进行数据处理，较为全面、系统地分析了美国食品召回的现状、特征与机制，案例样本纵跨 20 年，横跨美国境内各州，涵盖了牛肉、猪肉和鸡肉等不同产品种类。美国食品召回涉及产品品种多、覆盖范围广；实行一级召回、二级召回和三级召回分级管理；食品供应链上的深加工环节和生产环节是食品召回事件的多发环节；食品企业能力局限是食品召回事件发生的主要原因；政府部门、食品企业、食品供应链终端、消费者以及第三方组织等多方参与食品召回。实践经验表明，美国食品召回是控制食品质量安全风险、保障消费者健康和社会福祉、促进食品产业持续健康发展的重要途径。然而，美国食品召回制度尚存在有待完善之处。例如，目前对食品加工过程中使用添加剂的法律界限仍然相当模糊。这些食品安全监管的漏洞可能导致企业采取趋利性短期行为。美国食品召回制度需要随着食品产业发展、食品科技创新和社会经济文化环境变化与时俱进，进一步发挥在美国食品质量安全监管中的重要作用。作为一项较为健全的供应链食品质量安全保障制度，美国食品召回制度对于正在加快食品质量安全建设、完善食品召回制度的中国来说具有较大借鉴意义。在食品供应链环节多，食品质量标准体系不完善，食品质量安全监管法制不健全，食品生产商和经销商企业社会责任意识不强的背景下，中国如何因地制宜，有选择性地借鉴美国食品召回的成功经验，不断完善供应链食品质量安全监管机制，将是一项长期的系统工程。

13 农产品质量安全管理的复杂性及其治理

13.1 农产品质量安全管理的要素与功能

农产品质量安全管理是由一系列相互独立又相互关联的要素有机组合而成的复杂系统。基于 WSR 系统方法论①的视角，农产品质量安全管理系统的要素可以归结为"物理""事理""人理"三大类（图 13-1）。其中，"物理"强调农产品质量安全管理必须遵循农业生产的自然规律和农产品自然属性的客观特征，优化配置各类资源，同时运用科学的知识、先进的生产、加工、保鲜、物流仓储技术、发达的信息系统保证农产品达到质量安全的客观标准；"事理"涉及农产品质量安全的注册、跟踪、评估、奖惩、品牌管理等方面的法律法规建设、制度安排和流程设置，以实现质量安全监管的目标，提高管理的效率；"人理"要求充分发挥农产品质量安全管理相关人员的主导作用，尤其要求做好人际沟通和利益协调工作。可见，"物理"作为客观存在，是农产品质量安全管理的基础和前提；"事理"则是"物理"实现的具体方法、手段和途径，为农产品质量安全管理提供保障；而"人理"则强调协调利益相关者矛盾并调动各方积极性，使"事理"运作更有效，更体现"以人为本"。因此，农产品质量安全管理需要对物理、事理、人理进行整体统筹、协调统一，使之相互配合，共同保障农产品质量安全（张蓓，刁丽琳，2009）。

系统功能是指系统内部各要素的相互作用以及系统与外部环境相互作用而产生的功效与能力。农产品质量安全管理系统通过物理、事理和人理要素的交互作用，共同实现农业生产标准化，提高农产品流通效率，显示农产品质量对称信息，规范农产品市场秩序，整治农产品质量安全违法行为，最终有效保障农产品质量安全。农产品质量安全管理系统可实现农业经济发展和社会和谐稳定功能。其中，农业经济发展功能体现在农业产业化程度提高、农产品标准化实现、农产品国际竞争力提升等，社会和谐稳定功能体现在农民增收、农产品质量安全和居民人身安全保障、政府形象维护和区域稳定发展等。

---

① WSR 方法论是"物理—事理—人理系统方法论"的简称，由我国学者顾基发教授和英国学者朱志昌博士于 1994 年提出。

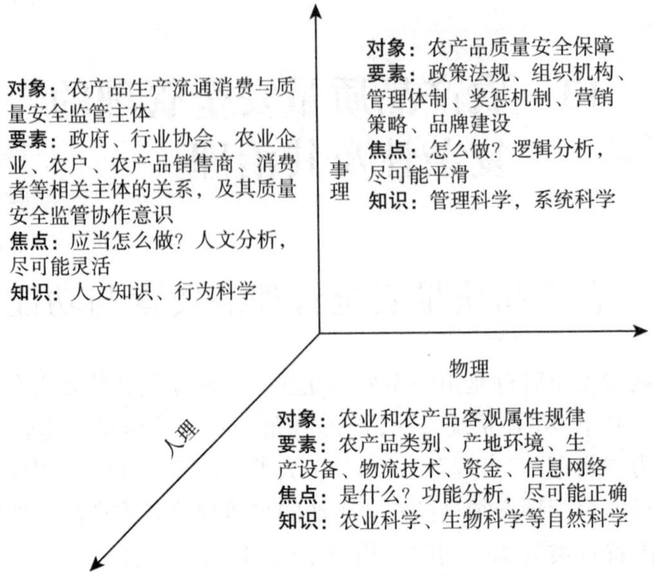

对象：农产品生产流通消费与质量安全监管主体
要素：政府、行业协会、农业企业、农户、农产品销售商、消费者等相关主体的关系，及其质量安全监管协作意识
焦点：应当怎么做？人文分析，尽可能灵活
知识：人文知识、行为科学

对象：农产品质量安全保障
要素：政策法规、组织机构、管理体制、奖惩机制、营销策略、品牌建设
焦点：怎么做？逻辑分析，尽可能平滑
知识：管理科学，系统科学

事理

物理

人理

对象：农业和农产品客观属性规律
要素：农产品类别、产地环境、生产设备、物流技术、资金、信息网络
焦点：是什么？功能分析，尽可能正确
知识：农业科学、生物科学等自然科学

图 13-1　农产品质量安全管理的要素

13.2　农产品质量安全管理的复杂性

复杂性是系统固有的客观属性，各种类型的复杂系统在结构和功能方面的差异，使得系统复杂性的表现形式不尽相同。农产品质量安全管理系统组分众多，具有层次结构，要素关联关系相互交错，其复杂性主要表现为以下几个方面。

13.2.1　要素复杂性

系统要素种类和层次越多，相应的系统结构就越复杂。我国农产品质量安全管理系统涉及农产品质量安全管理的主体、客体和过程等复杂要素。其中，主体既包括承担宏观监管职能的政府相关主管部门，又包括在微观层面上供应链各节点的农产品生产、加工、物流、批发、零售等企业，还包括发挥社会监督职能的各类行业协会、相关社团组织等非政府机构及消费者；客体即农产品质量安全管理的具体对象，主要是指各类农产品初级产品及加工品，涵盖农、林、牧、副、渔及其初加工和深加工食品，以及农药、兽药、饲料和饲料添加剂、水产苗种、种子、肥料等投入品；过程是指农产品质量安全管理的实现形式和实施过程，包含法律法规、组织架构、管理制度、技术手段和信息平台等。农产品质量安全管理需要强化市场准入、检测检验、查处曝光、督导检查、指导服务等综合措施。农产品质量安全管理系统的众多要素在类别、形式和量纲方面没有同一性，系统中不存在规模、结构、功能等特征完全相同的子系统，系统要素多样性和差异性决定了农产品质量安全管理系统的复杂性。

13.2.2 关系复杂性

农产品质量安全管理系统受到政治法律、产业经济、社会文化、科技进步、道德约束等外部环境的影响和制约，这些环境变量直接或间接作用于农产品质量安全管理系统，其影响不是一元线性规律，而是多元的、高阶次的，甚至呈现出周期滞后的规律。此外，农产品供应链上下游相关企业之间存在相互配合、相互制约和相互监督的关系网络，政府主管部门对各类农产品生产流通企业作为一个有机整体实施综合监管，行业协会等非政府组织和消费者第三方力量对农产品质量安全相关企业进行间接监督和约束。由此，系统主体关系表现出高阶性和交错性的特征，增加了农产品质量安全管理系统的复杂性。

13.2.3 规模复杂性

我国农业生产的分散、供应链环节的增多、流通范围的扩大，势必增加农产品质量安全风险发生的概率。农产品质量安全管理贯穿从田头到餐桌全过程，参与主体包括从中央政府到地方各级政府，从农业龙头企业到一般涉农企业，监管品种从大宗农产品到零散种类，监管范围从传统农产品批发零售市场到网络营销、直接配送等新型流通渠道，监管环节涵盖农产品育种栽培、生产、加工保鲜、物流仓储、零售等供应链环节。系统规模庞大使得农产品质量安全管理呈现复杂系统的特征。

13.2.4 特征复杂性

农产品质量安全管理具有复合性、整体性、涌现性等系统一般特征。农产品质量安全管理系统由众多复杂要素有机组合而成，呈现出宏观、中观和微观系统层次，使系统整体具备了产业经济发展、消费者人身安全保障、社会和谐稳定等单个要素或子系统所不具备的功能。与此同时，随着农业育种技术、农产品加工技术和物流技术的迅速发展，以及农产品生产流通规模的不断扩大，农产品质量安全隐患风险有所增加。而我国农产品质量安全管理机制尚未完善，农产品质量安全保障意识不浓厚，从而导致农产品质量安全事故不断发生，使管理对象和管理手段异常复杂。

13.2.5 演进复杂性

系统要素的复杂性造就了系统规模和系统特征的复杂性，系统关系的非线性催生了系统演进的复杂性。农产品质量安全管理受全球、国家和地方因素的多重影响，表现出复杂的整体进化特征。农产品质量安全管理模式由复杂多样的动力和主体推动，其各个子系统以及众多系统要素具有了解所处环境、预测环境变化、根据预定目标采取行动，适应环境变化而不断调整的能力，即系统自组织、自适应的能力。农产品质量安全管理系统通过与外部环境的交互作用，不断进行自组织运动而演变发展，实现从不完善到完善，从不成熟到成熟的演进。在系统演进过程中，由于各种系统外界因素和系统内部因素的不确定性影响，导致系统演进的时间、规模和程度都难以准确预测和估计。因此，系统时空演进的不均衡性是系统复杂性的重要原因。

13.3 农产品质量安全管理的实现路径

农产品质量安全管理是一项长期的、复杂的系统工程，基于系统复杂性的特征，我国农产品质量安全管理系统工程建设应重点完善法制框架、构建追溯信息系统、创新技术支撑体系、实施"多方联动"机制、应用综合集成方法、坚持整体最优原则。

13.3.1 完善农产品质量安全管理法制框架

鉴于农产品生产和消费的特殊属性，以及农产品质量安全影响重大，因此农产品质量安全规制除依靠市场主体建立在维护自身利益基础上的自律来规范外，更要依靠政府超经济的强制力量来规范。农产品质量安全管理应建立综合化和一体化的法律法规综合框架，监管法制要同时兼顾系统整体性和局部协调性，实现国际化与本土化的有机结合，寻求水平性与垂直性法律法规的平衡。具体而言，农产品质量安全法制的横向法制体系应着重健全各种法律法规，配套各级组织执行机构，纵向法制体系应覆盖质量安全预测、质量安全预警、质量安全处理、质量安全评估环节，实施有效的农产品质量安全事前、事中和事后监管控制。

13.3.2 构建农产品质量安全管理追溯信息系统

农产品质量安全追溯信息体系应坚持从生产地到销售地每一个环节可相互追查的原则，通过建立农产品生产经营档案登记制度，记录生产者以及基地环境、农业投入品的使用、田间管理、加工和包装等信息，确保在农产品出现产品质量问题时，能够快速有效地查询到出问题的原料或加工环节，必要时进行产品召回，实施有针对性的惩罚措施。可见，质量安全追溯信息系统是农产品质量安全管理的有效手段。一方面，我国农产品品种众多、属性各异，必须按照品种分别建立各自的质量安全追溯体系，如肉类供应链的质量安全追溯信息系统、家禽供应链的质量安全追溯信息系统、水产品供应链的质量安全追溯信息系统、蔬菜供应链的质量安全追溯信息系统和水果供应链的质量安全追溯信息系统等；另一方面，我国农产品供应链覆盖区域范围广，建设农产品质量安全追溯信息系统应在中央政府和地方各级政府之间相互协调，共同出资，避免重复建设。通过覆盖农产品供应链的一体化信息网络与建立全国性的公共农产品安全可追溯信息平台的协同监管，提高农产品质量安全的管理效率。

13.3.3 创新农产品质量安全管理技术支撑体系

从供应链每一环节和活动来看，农产品质量安全的实现与保障都离不开科技支撑，农产品育种、养殖、生产、加工、包装、保鲜、运输等环节需要先进的卫生知识与安全技术支撑，如科学使用农药、兽药、肥料、饲料及添加剂等农业投入品、规范使用保鲜剂、防腐剂等材料。此外，农产品质量安全的有效信号显示更需要实施品牌注册、评估和管理，采取商店陈列展示、多媒体广告等整合营销传播技术手段。可见，农产品质量安全保障的关键在于科技进步。因此，农产品质量安全管理系统工程建设需要科技支撑。创新农产品质量安全管理技术支撑体系，建设农产品质量安全科技研发中心和科技培训基地，加强农产品质量安全先进技术在农业生产加工企业、农产品生产基地、农户中间的应用推广，推行农产品质量安全标准化技术体系以降低农产品质量安全的监管成本。

13.3.4 实施农产品质量安全管理多方联动机制

目前，农产品质量安全管理存在监管效率低下、监管成本增加等问题。与此同时，信息不对称使农产品生产经营者相对于消费者而言具有明显的信息成本优势，加上现有法律惩治力度有限导致提供不安全农产品的违法成本较低。因此，农产品质量安全管理存在一定程度的监管失灵。农产品质量安全管理应运用博弈均衡思想分析政府、市场和第三方部门如何达到博弈平衡点，农产品质量安全管理政策的选择是消费者、生产商和政府等利益团体博弈的均衡解。农产品质量安全管理系统工程建设要加强内外部协作，建立健全协调配合、检打联动、监测预警和应急处置机制，要加快推进产地准出与市场准入制度，加强宣传教育，推进诚信体系建设，落实好生产经营企业的第一责任。总之，农产品质量安全管理应实施政府机构、企业、消费者和非政府机构多方合作的联动监管机制，尤其注重政府和市场以外的第三方监管力量的培育。

13.3.5　应用农产品质量安全管理综合集成方法

农产品质量安全管理实质是以开放的复杂系统为对象，必须运用系统分析与系统综合的方法，优化系统结构、调整系统运作、实现系统功能的过程，应用"从定性到定量综合集成法"。综合集成是指从专家经验、感受和判断等实践经验出发研究农产品质量安全管理的原理和规律将经验知识与相关领域科学理论相结合，通过建立模型、运用计算机仿真、实验和计算得出定量结果，从而完成从局部定性认识到整体定性认识的转变。农产品质量安全管理的系统综合集成方法包括理论知识和实证技术的综合集成：一是农业经济学、制度经济学、信息经济学、供应链管理、系统工程等多学科的理论知识综合集成；二是利用人工智能、信息技术、计算机软件等建立数学模型、进行计算机仿真，完成数据的统计分析、存储传输，实现研究工具和分析方法的综合集成。

13.3.6　坚持农产品质量安全管理整体最优原则

农产品质量安全管理必须遵循系统的客观特性，既要充分发挥各要素的优势，又要注重要素之间的相互影响、相互依赖、相互制约而形成的特定关系，以"整体效益最优"作为系统发展宗旨，追求系统整体成本最小化和效益最优化。因此，农产品质量安全管理既要重点关注农业龙头企业，也要考虑小规模农产品生产作坊；既要从农产品供应链的源头环节抓起，又要对生产、加工、流通、消费进行全过程监控；既要发挥政府监管的主导力量，又要培育非政府组织等第三方监管力量；既要追求产业经济效益，又要兼顾社会文化效益。

13.4　本章小结

农产品质量安全管理要素包括物理、事理和人理三类，实现农业经济发展和社会和谐稳定功能，呈现出要素、关系、规模、特征和演进的复杂性，基于法制框架、追溯信息系统、技术支撑体系、多方联动机制、从定性到定量综合集成方法和整体最优原则等维度，提出推进我国农产品质量安全管理的关键环节和策略建议。具体而言，应根据各地区的农业生产资源禀赋、农业产业化水平、农产品流通渠道、农产品超市化经营程度、农产品质量安全管理等实际情况，充分调动政府、企业、农户、消费者以及媒体、社团等非政府组织的积极性，多方参与、各尽其责，实现农产品质量安全管理的均衡协调和整体最优。为此，我国应不断深化理论认识，积极创新农产品质量安全管理视角和科学方法，为提升农产品质量安全管理水平奠定坚实的理论和实践基础。我国农产品质量安全管理是一项长期的、艰巨的历史任务，在从起步到发展的过程中，不断从农产品伤害危机中总结经验，学习借鉴发达国家农产品质量安全管理的成功模式和先进经验，做到与时俱进，探索适合符合我国国情的农产品质量安全管理模式和机制。

参 考 文 献

曹庆臻．中国农产品质量安全可追溯体系建设现状及问题研究［J］．中国发展观察，2015
　　(6)：70-74.

柴继谨，王凯．风险感知视角下消费者品牌猪肉购买行为及其影响因素——基于结构方程
　　模型的多群组实证分析［J］．江苏农业科学，2016，44（5）：560-564.

常向阳，李香．南京市消费者蔬菜消费安全认知度实证分析［J］．消费经济，2005，21
　　(5)：72-76.

陈小霖，冯俊文．基于演化博弈论的农产品质量安全研究［J］．技术经济，2007，26
　　(11)：79-84.

成昕．国内外农产品质量安全管理体系发展概述［J］．世界农业，2006（7）：37-38.

程景民，闫果花，郭丹，等．发达国家食品召回机制给我们的启示［J］．北京工商大学学
　　报（自然科学版），2010，28（5）：60-63.

崔彬，潘亚东，钱斌．家禽加工企业质量安全控制行为影响因素的实证分析——基于江苏
　　省112家企业的数据［J］．上海经济研究，2011（8）：83-89.

崔朝辉，周琴，胡小琪，等．中国居民蔬菜、水果消费现状分析［J］．中国食物与营养，
　　2008（5）：34-37.

崔卫东，王忠贤．完善农产品质量安全法制体系的探讨［J］．农业经济问题，2005（1）：
　　59-60.

杜鹏．消费者绿色食品支付意愿研究：顾客体验视角［J］．农业经济问题，2012（11）：
　　98-103.

段桂敏，余伟萍．副品牌伤害危机对主品牌评价影响研究——消费者负面情感的中介作用
　　［J］．华东经济管理，2012，26（4）：115-119.

方正，江明华，杨洋，等．产品伤害危机应对策略对品牌资产的影响研究——企业声誉与
　　危机类型的调节作用［J］．管理世界，2010（12）：105-117+142.

方正，杨洋，江明华，等．可辩解型产品伤害危机应对策略对品牌资产的影响研究：调节
　　变量和中介变量的作用［J］．南开管理评论，2011，14（4）：69-79.

冯忠泽，李庆江．消费者农产品质量安全认知及影响因素分析——基于全国7省9市的实
　　证分析［J］．中国农村经济，2008（1）：23-29.

高秦伟．美国食品安全监管中的召回方式及其启示［J］．国家行政学院学报，2010（1）：
　　112-115.

韩青．消费者对安全认证农产品自述偏好与现实选择的一致性及其影响因素——以生鲜认
　　证猪肉为例［J］．中国农村观察，2011（4）：2-13+26.

何德华，周德翼，王蓓．对武汉市民无公害蔬菜消费行为的研究［J］．统计与决策，2007

（6）：114－116.

何乐言．一只冰鲜鸡引爆新型产业［J］．现代农业装备，2014（3）：10－12.

何莲，凌秋育．农产品质量安全可追溯系统建设存在的问题及对策思考——基于四川省的实证分析［J］．农村经济，2012（2）：30－33.

胡定寰，Gale，F.，Reardon，T.试论"超市＋农产品加工企业＋农户"新模式［J］．农业经济问题，2006（1）：36－39＋79.

胡定寰．农产品"二元结构"论——论超市发展对农业和食品安全的影响［J］．中国农村经济，2005（2）：12－18.

胡莲．食用农产品质量安全概念辨析［J］．安徽农业科学，2009，37（29）：14435－14436.

霍兰．隐秩序：适应性造就复杂性［M］．周晓牧，韩晖，译．上海：上海科技教育出版社，2011.

金发忠．关于我国农产品检测体系的建设与发展［J］．农业经济问题，2004（1）：51－54.

靳明，赵敏，杨波，等．食品安全事件影响下的消费替代意愿分析——以肯德基食品安全事件为例［J］．中国农村经济，2015（12）：75－92.

井淼，周颖，王方华．产品伤害危机对品牌资产影响的实证研究［J］．工业工程与管理，2009，14（6）：109－113.

科特勒，凯勒，卢泰宏．营销管理：中国版［M］．卢泰宏，高辉，译．第13版．北京：中国人民大学出版社.2009：116－130.

恳轩．讲诚信，重质量：农垦可追溯产品在您身边［J］．中国农垦，2016（10）：13－14.

李传殿，宣云干，鞠秀芳．社会化标注系统的复杂适应性分析［J］．系统科学学报，2011，19（4）：21－23.

李虹敏．生鲜鸡肉产品微生物污染分析及其保鲜技术研究［D］．南京：南京农业大学，2009.

李庆江，郝利．基于无公害农产品认证的农产品质量追溯研究［J］．中国食物与营养，2010（12）：7－8.

李双璐．有机食品的认识及在我国的发展状况［J］．食品界，2016（4）：87－89.

李显军．中国有机农业发展的背景、现状和展望［J］．世界农业，2004（7）：7－10.

李中东，支军．农产品质量安全的技术控制研究［J］．管理世界，2008（2）：180－181.

刘畅，张浩，安玉发．中国食品质量安全薄弱环节、本质原因及关键控制点研究——基于1460个食品质量安全事件的实证分析［J］．农业经济问题，2011（1）：24－31.

刘接忠．产品伤害危机处理过程消费者信任对品牌资产影响的实证分析［J］．价值工程，2009，28（8）：129－132.

刘明月，陆迁．突发性疫情事件对新疆鸡蛋价格波动的随机冲击效应研究［J］．中国软科学，2013（11）：66－72.

刘瑞峰．消费者特征与特色农产品购买行为的实证分析——基于北京、郑州和上海城市居民调查数据［J］．中国农村经济，2014（5）：51－61.

刘先德．美国食品安全管理机构简介［J］．世界农业，2006（2）：38－40.

刘欣，韩豪，孙国娟，等．中国食品追溯体系现状及发展趋势［J］．食品安全导刊，2016
（33）：74 - 75.

刘学锋，张侨．我国"三品一标"产业发展与对策研究［J］．中国食物与营养，2014，20
（4）：27 - 30.

刘增金，乔娟，王晓华．品牌可追溯性信任对消费者食品消费行为的影响——以猪肉产品
为例［J］．技术经济，2016，35（5）：104 - 111.

卢素兰，刘伟平．消费者特征与小品种食用油购买行为的实证研究——以茶油为例［J］．
林业经济问题，2016，36（4）：361 - 368.

陆勤丰．保障中国食品安全的全过程管理体系构建［J］．粮食科技与经济，2002，27（3）：
40 - 41.

罗丞．消费者对安全食品支付意愿的影响因素分析［J］．中国农村经济，2010（6）：
22 - 34.

马骥，秦富．消费者对安全农产品的认知能力及其影响因素——基于北京市城镇消费者有
机农产品消费行为的实证分析［J］．中国农村经济，2009（5）：26 - 34.

聂文静，李太平，华树春．消费者对生鲜农产品质量属性的偏好及影响因素分析：苹果的
案例［J］．农业技术经济，2016（9）：60 - 71.

彭建仿．农产品质量安全路径创新：供应链协同——基于龙头企业与农户共生的分析［J］.
经济体制改革，2011（4）：77 - 80.

祁胜媚，杜垒，蒋乃华，等．消费者对可追溯猪肉的认知和购买行为分析——以扬州市消
费者调查为例［J］．安徽农业科学，2011，39（15）：9317 - 9320.

钱静斐．中国有机农产品生产、消费的经济学分析［D］．北京：中国农业科学院，2014.

钱莹，王慧敏．农产品供应链中的质量管理研究［J］．农机化研究，2007（10）：32 - 35.

秦玉青，耿全强，晏绍庆．基于食品链的食品溯源系统解析［J］．现代食品科技，2007，
23（11）：85 - 88.

任金中，景奉杰．产品伤害危机模糊情境下企业与行业危机对消费者抱怨意向的影响［J］.
经济管理，2013，35（4）：94 - 104.

施娟，唐冶．品牌关系质量与消费者遭遇产品伤害的反应特征研究——基于事前信念的视
角［J］．经济管理，2011，33（1）：93 - 100.

苏春森．德国农产品质量安全全程控制技术经验及启示［J］．农业质量标准，2008（4）：
48 - 52.

孙建．中国有机农产品市场前景及营销对策［D］．哈尔滨：东北师范大学，2012.

孙立勇．世界有机农产品生产概况及认证［J］．中国果菜，2011（1）：3 - 4.

涂铭，景奉杰，汪兴东．产品伤害危机中的负面情绪对消费者应对行为的影响研究［J］.
管理学报，2013，10（12）：1823 - 1832.

汪兴东，景奉杰，涂铭．产品伤害事件中顾客反应的形成机制——基于门户网站帖子的扎
根研究［J］．管理评论，2013，25（9）：148 - 157.

王锋，张小栓，穆维松，等．消费者对可追溯农产品的认知和支付意愿分析［J］．中国农
村经济，2009（3）：68 - 74.

王铭. 食品供应链风险分析与防范 [J]. 中国物流与采购, 2009 (2): 72-73.

王怀明, 尼楚君, 徐锐钊. 消费者对食品质量安全标识支付意愿实证研究——以南京市猪肉消费为例 [J]. 南京农业大学学报 (社会科学版), 2011, 11 (1): 21-29.

王建华, 葛佳烨, 浦徐进. 农村居民食品安全消费的行为传导及其路径选择——以江苏省农村居民为例 [J]. 宏观质量研究, 2016, 4 (3): 70-81.

王晶静, 皮介郑. 美国的食品召回制度及其对我国的启示 [J]. 中国食物与营养, 2012, 18 (5): 13-16.

王军伟. 乌鲁木齐市消费者可追溯农产品消费行为调查研究 [D]. 乌鲁木齐: 新疆农业大学, 2016.

王晓玉, 晁钢令. 产品危机中口碑方向对消费者态度的影响 [J]. 营销科学学报, 2008, 4 (4): 1-12.

王晓玉. 产品危机中品牌资产的作用研究 [J]. 当代经济管理, 2011, 33 (1): 34-40.

王新宇, 余阳明. 企业危机处理、企业声誉与消费者购买倾向关系的实证研究 [J]. 经济与管理研究, 2011 (7): 101-110.

王玉环, 徐恩波. 论政府在农产品质量安全供给中的职能 [J]. 农业经济问题, 2005 (3): 53-57+80.

王梓. 无公害农产品认证发展的现状及对策研究 [J]. 企业研究, 2012 (18): 16+25.

卫海英, 王贵明. 品牌资产构成的关键因素及其类型探讨 [J]. 预测, 2003, 22 (3): 39-42.

卫海英, 魏巍. 消费者宽恕意愿对产品伤害危机的影响 [J]. 经济管理, 2011, 33 (8): 101-108.

文晓巍, 李慧良. 消费者对可追溯食品的购买与监督意愿分析: 以肉鸡为例 [J]. 中国农村经济, 2012 (5): 41-52.

文晓巍, 刘妙玲. 食品安全的诱因、窘境与监督: 2002—2011 年 [J]. 改革, 2012 (9): 37-42.

文晓巍, 杨炳成, 邓庚沂. 消费者对冰鲜鸡购买意愿及其影响因素研究——基于广州市的调查数据 [J]. 广东农业科学, 2015, 42 (14): 169-174.

邬金涛, 江盛达. 顾客逆向行为强度的影响因素研究 [J]. 营销科学学报, 2011, 7 (2): 92-106.

吴建勋. 危机应对主体和方式组合对企业品牌资产的影响——基于 2003—2010 年我国企业产品伤害危机的案例研究 [J]. 企业经济, 2012 (1): 55-59.

吴子稳, 田黎, 傅为忠, 等. 基于农产品供应链的农业产业化经营研究 [J]. 乡镇经济, 2007 (1): 20-23.

邢文英. 美国的农产品质量安全可追溯制度 [J]. 世界农业, 2006 (4): 39-41.

徐玲玲, 刘晓琳, 应瑞瑶. 可追溯农产品额外成本承担意愿研究 [J]. 中国人口·资源与环境, 2014, 24 (12): 23-31.

阎俊, 余秋玲. 消费者抵制的心理机制研究 [J]. 营销科学学报, 2010, 6 (6): 98-110.

杨庆先, 陈文宽. 对家庭农产品购买行为模式的探究——基于四川安县城镇家庭的调查

[J]．生产力研究，2010（7）：60-62.

叶亚芝．关于建设农垦可追溯农产品电商平台的思考［J］．中国农垦，2014（6）：21-24.

游军，郑锦荣．基于供应链的食品安全控制研究［J］．科技与经济，2009，22（5）：56-62.

于冷．农业标准化与农产品质量分等分级［J］．中国农村经济，2004（7）：4-10.

袁康来，杨亦民．农业食品供应链的可追溯性研究［J］．物流科技，2006，29（9）：121-123.

张蓓，刁丽琳．WSR方法论在农产品质量安全管理中的应用［J］．南方农村，2009（2）：56-59.

张蓓，黄志平，文晓巍．营销刺激、心理反应与有机蔬菜消费者购买意愿和行为——基于有序Logistic回归模型的实证分析［J］．农业技术经济，2014（2）：47-56.

张蓓，林家宝．质量安全背景下可追溯亚热带水果消费行为范式：购买经历的调节作用［J］．管理评论，2015，27（8）：176-189.

张蓓，万俊毅．农产品伤害危机后消费者逆向行为影响因素研究［J］．北京社会科学，2014（7）：72-81.

张蓓．超市农产品陈列策略探讨——基于AIDA模型的思考［J］．北京工商大学学报（社会科学版），2010，25（4）：102-106.

张利国，徐翔．美国食品召回制度及对中国的启示［J］．农村经济，2006（6）：127-129.

张晓，张旭峰，胡向东．华东地区消费者对包装禽类产品的购买意愿分析——基于上海和杭州的消费者调查［J］．中国畜牧杂志，2015，51（20）：3-7.

张旭峰，胡向东．H7N9禽流感对禽肉消费意愿的影响因素分析［J］．黑龙江畜牧兽医（科技版），2015（1）：35-38.

张煜，汪寿阳．食品供应链质量安全管理模式研究——三鹿奶粉事件案例分析［J］．管理评论，2010，22（10）：67-74.

赵春明．农产品质量安全技术系统浅探［J］．农业与技术，2007，27（4）：13-17.

赵华，范梅华．活鸡向冰鲜鸡消费转型亟需解决的六大问题［J］．中国畜牧杂志，2015，51（16）：8-14.

赵旻．无公害农产品绿色食品和有机农产品解析［J］．农业环境与发展，2002（2）：1-3.

赵荣，陈绍志，乔娟．基于因子分析的消费者可追溯食品购买行为实证研究——以南京市为例［J］．消费经济，2011，27（6）：63-67＋92.

甄李．基于参照点的可追溯农产品消费者网络购买意愿研究［D］．中国农业大学，2016.

郑红军．农业产业化国家重点龙头企业产品质量安全控制研究——基于温氏集团和三鹿集团案例比较分析［J］．学术研究，2011（8）：90-95.

周凤杰．基于4P营销理论的消费者有机农产品购买行为研究［J］．商业经济研究，2015（29）：47-49.

周洁红．消费者对蔬菜安全认知和购买行为的地区差别分析［J］．浙江大学学报（人文社会科学版），2005，35（6）：113-121.

周应恒，王晓晴，耿献辉．消费者对加贴信息可追溯标签牛肉的购买行为分析——基于上海市家乐福超市的调查 [J]．中国农村经济，2008 (5)：22 - 32.

周应恒，吴丽芬．城市消费者对低碳农产品的支付意愿研究——以低碳猪肉为例 [J]．农业技术经济，2012 (8)：4 - 12.

朱丽．我国冰鲜鸡市场有很大的发展机遇 [J]．农业知识：科学养殖，2013 (9)：13.

朱强，王兴元．产品创新性感知对消费者购买意愿影响机制研究——品牌来源国形象和价格敏感性的调节作用 [J]．经济管理，2016，38 (7)：107 - 118.

左袖阳．中美食品安全刑事立法特征比较分析 [J]．中国刑事法杂志，2012 (1)：41 - 46.

Aaker, D. A. Managing brand equity: capitalizing on the value of a brand name [M] . New York: Free Press, 1991.

Abebaw, D. , Fentie, Y. and Kassa, B. The impact of a food security program on household food consumption in Northwestern Ethiopia: a matching estimator approach [J] . Food Policy, 2010, 35 (4): 286 - 293.

Ahluwalia, R. , Burnkrant, R. E. and Unnava, H. R. Consumer response to negative publicity: the moderating role of commitment [J] . Journal of Marketing Research, 2000, 37 (2): 203 - 214.

Baert, K. , Huffel, X. V. , Jacxsens, L. , et al. Measuring the perceived pressure and stakeholders' response that may impact the status of the safety of the food chain in Belgium [J] . Food Research International, 2012, 48 (1): 257 - 264.

Belanche, D. , Casaló, L. V. and Guinaliu, M. Website usability, consumer satisfaction and the intention to use a website: the moderating effect of perceived risk [J] . Journal of Retailing and Consumer Services, 2012, 19 (1): 124 - 132.

Bem, D. J. Self-perception theory [M] . New York: Academic Press, 1972.

Bermudez, J. Tainted food recalls create widespread risks [J] . American Agent and Broker, 2009, 81 (10): 52.

Biel, A. L. How brand image drives brand equity [J] . Journal of Advertising Research, 1992, 32 (6): 6 - 12.

Boger, S. Quality and contractual choice: a transaction cost approach to the polish hog market [J] . European Review of Agricultural Economics, 2001, 28 (3): 241 - 262.

Brady, M. K. , Jr, J. J. C. , Fox, G. L. , et al. Strategies to offset performance failures: the role of brand equity [J] . Journal of Retailing, 2008, 84 (2): 151 - 164.

Bánáti, D. Consumer response to food scandals and scares [J] . Trends in Food Science and Technology, 2011, 22 (2 - 3): 56 - 60.

Cardello, A. V. , Meiselman, H. L. , Schutz, H. G. , et al. Measuring emotional responses to foods and food names using questionnaires [J] . Food Quality and Preference, 2012, 24 (2): 243 - 250.

Casper, C. Managing product recalls [J] . Food Logistics, 2007, 98 (9): 32 - 36.

Cheng, J. M. and Hsu, M. M. Product harm crises: the contingent role of information specificity on word-of-mouth effectiveness [J] . International Journal of Psychophysiology,

2014，94 (2)：253.

Childers，T. L. Assessment of the psychometric properties of an opinion leadership scale [J]. Journal of Marketing Research，1986，23 (2)：184 – 189.

Coombs，W. T. Impact of past crises on current crisis communications：insights from situation crisis communication theory [J] . Journal of Business Communication，2004，41 (3)：265 – 289.

Cranfield，J. ，Henson，S. and Holliday，J. The motives，benefits and problems of conversion to organic production [J] . Agriculture and Human Values，2010，27 (3)：291 – 306.

Cuesta，J. ，Edmeades，S. and Madrigal，L. Food security and public agricultural spending in Bolivia：Putting money where your mouth is? [J] . Food Policy，2013，40 (6)：1 – 13.

Dawar，N. and Lei，J. Brand crises：the roles of brand familiarity and crisis relevance in determining the impact on brand evaluations [J] . Journal of Business Research，2009，62 (2)：509 – 516.

Dawar，N. and Pillutla，M. M. Impact of product-harm crises on brand equity：the moderating role of consumer expectations [J] . Journal of Marketing Research，2000，37 (2)：215 – 226.

Dean，D. H. Consumer reaction to negative publicity [J] . Joural of Business Communication，2004，41 (2)：192 – 211.

Dickinson，D. L. ，Hobbs，J. E. and Bailey，D. A comparison of U. S. and Canadian consumers' willingness to pay for red-meat traceability [C] . The American Agricultural Economics Association Annual Meetings，Montreal，Canada，2003.

Eisenstadt，D. ，Leippe M. R. ，Stambush M. A. ，et al. Dissonance and prejudice：personal costs，choice，and change in attitudes and racial beliefs following counter attitudinal advocacy that benefits a minority [J] . Basic and Applied Social Psychology，2005，27 (2)：127 – 141.

Erdem，T. and Swait，J. Brand credibility，brand consideration，and choice [J] . Journal of Consumer Research，2004，31 (1)：191 – 198.

Farquhar，P. H. Managing brand equity [J] . Journal of Advertising Research，1990，30 (4)：RC – 7.

Fishbein，M. and Ajzen，I. Belief，attitude，intention，and behavior：an introduction to theory and research [M] . Upper Saddle River：Addison-Wesley，1975.

Folks，V. S. Recent attribution research in consumer behavior：a review and new directions [J] . Journal of Consumer Research，1988，14 (4)，548 – 565.

Fotopoulos，C. V. ，Kafetzopoulos，D. P. and Psomas，E. L. Assessing the critical factors and their impact on the effective implementation of a food safety management system [J]. International Journal of Quality and Reliability Management，2009，26 (9)：894 – 910.

Fouayzi，H. ，Caswell，J. A. and Hooker，N. H. Motivations of fresh-cut produce firms to implement quality management systems [J] . Review of Agricultural Economics, 2006, 28 (1): 132 - 146.

Fransen, M. L. , Fennis, B. M. , Pruyn, A. T. H. , et al. Rest in peace? brand-induced mortality salience and consumer behavior [J] . Journal of Business Research, 2008, 61 (10): 1053 - 1061.

Fullerton, R. A. and Punj, G. Repercussions of promoting an ideology of consumption: consumer misbehavior [J] . Journal of Business Research, 2004, 57 (11): 1239 - 1290.

Goktolga, Z. G. , Bal, S. G. and Karkacier, O. Factors effecting primary choice of consumers in food purchasing: the Turkey case [J] . Food Control, 2006, 17 (11): 884 - 889.

Halawany, R. and Giraud, G. Origin: a key dimension in consumers' perception of food traceability [J/OL] . http//sadapt. Inpg. Inra. fr/ersa2007/papers/1057. pdf, 2007.

Han, J. H. The effects of perceptions on consumer acceptance of genetically modified (GM) foods [D] . Shreveport: Louisiana State University, 2006.

Harris, M. B. and Miller, K. C. Gender and perceptions of danger [J] . Sex Roles, 2000, 43 (11 - 12): 843 - 863.

Hassan, Z. A. , Green, R. and Herath, D. An empirical analysis of the adoption of food safety and quality practices in the Canadian food processing industry [J] . Essays in Honor of Stanley R Johnson, 2004: 1 - 23.

Heerde, H. V. , Helsen, K. and Dekimpe, M. G. The impact of a product harm crisis on marketing effectiveness [J] . Marketing Science, 2007, 26 (2): 230 - 245.

Henard, D. H. Negative publicity: what companies need to know about public reactions [J]. Public Relations Quarterly, 2002, 47 (4): 8 - 12.

Henson, S. ; Masakure, O. and Boselie, D. Private food safety and quality standards for fresh produce exporters: the case of Hortico Agrisystems, Zimbabwe [J] . Food Policy, 2005, 30 (4): 371 - 384.

Herath, D. , Hassan, Z. and Henson, S. Adoption of food safety and quality controls: do firm characteristics matter? dvidence from the Canadian food processing sector [J]. Canadian Journal of Agricultural Economics, 2007, 55 (3): 299 - 314.

Herath, D. and Henson, S. Barriers to HACCP implementation: evidence from the food processing sector in Ontario, Canada [J] . Agribusiness, 2010, 26 (2): 265 - 279.

Herath, D. and Henson, S. Does Canada need mandatory HACCP? evidence from the Ontario food processing sector [J] . Canadian Journal of Agricultural Economics, 2006, 54 (4): 443 - 459.

Hobbs, J. E. , Bailey, D. , Dickinson, D. L. , et al. Traceability in the Canadian red meat sector: do consumers care? [J] . Canadian Journal of Agricultural Economics, 2005, 53 (1): 47 - 65.

Hobbs, J. E. Consumer demand for traceability [C] . The International Agricultural Trade Research Consortium Annual Meeting, Monterey, California, 2002.

Hong, I. B. and Cho, H. The impact of consumer trust on attitudinal loyalty and purchase intentions in B2C e-marketplaces: intermediary trust vs. seller trust [J]. International Journal of Information Management, 2011, 31 (5): 469 - 479.

Hunter, B. T. Food recalls: how well do they work [J]. Consumers' Research Magazine, 2002, 85 (8): 10 - 14+25.

Kang, M. and Gretzel, U. Perceptions of museum podcast tours: effects of consumer innovativeness, Internet familiarity and podcasting affinity on performance expectancies [J]. Tourism Management Perspectives, 2012, 4: 155 - 163.

Keller, K. L. Conceptualizing, measuring, and managing customer-based brand equity [J]. Journal of Marketing, 1993, 57 (1): 1 - 22.

Kim, D. J., Ferrin, D. L. and Rao, H. R. A trust-based consumer decision-making model in electronic commerce: the role of trust, perceived risk, and their antecedents [J]. Decision Support Systems, 2008, 44 (2): 544 - 564.

Kim, H. W., Xu, Y. and Gupta, S. Which is more important in internet shopping, perceived price or trust? [J]. Electronic Commerce Research and Applications, 2012, 11 (3): 241 - 252.

Klein, J. and Dawar, N. Corporate social responsibility and consumers' attributions and brand evaluations in a product harm crisis [J]. International Journal of Research in Marketing, 2004, 21 (2): 203 - 217.

Kliebenstein, J. B. and Lawrence, J. D. Contracting and vertical coordination in the United States pork industry [J]. American Journal of Agricultural Economics, 1995, 77 (5): 1213 - 1218.

Kolman, D. A. Food recalls: clearing the confusion over the process [J]. Refrigerated Transporter, 2008, 44 (6): 21 - 28.

Lee, D., Moon, J., Kim, Y. J., et al. Antecedents and consequences of mobile phone usability: linking simplicity and interactivity to satisfaction, trust, and brand loyalty [J]. Information and Management, 2015, 52 (3): 295 - 304.

Lee, H. J. and Yun, Z. S. Consumers' perceptions of organic food attributes and cognitive and affective attitudes as determinants of their purchase intentions toward organic food [J]. Food Quality and Preference, 2015, 39: 259 - 267.

Lee, K. C. and Chung, N. Understanding factors affecting trust in and satisfaction with mobile banking in Korea: a modified DeLone and McLean's model perspective [J]. Interacting with Computers, 2009, 21 (5 - 6): 385 - 392.

Liao, Q., Lam, W. W. T., Jiang, C. Q., et al. Avian influenza risk perception and live poultry purchase in Guangzhou, China, 2006 [J]. Risk Analysis, 2009, 29 (3): 416 - 424.

Lin, C. P., Chen, S. C., Chiu, C. K., et al. Understanding purchase intention during product-harm crises: moderating effects of perceived corporate ability and corporate social responsibility [J] . Journal of Business Ethics, 2011, 102 (3): 455 - 471.

Lin, H. F. An empirical investigation of mobile banking adoption: the effect of innovation attributes and knowledge-based trust [J] . International Journal of Information Management, 2011, 31 (3): 252 - 260.

Lobb, A. E. , Mazzocchi, M. and Traill, W. B. Risk perception and chicken consumption in the avian flu age: a consumer behaviour study on food safety information [C] . The American Agricultural Economics Annual Meeting, Long Beach, California, 2006.

Lu, Y. , Cao, Y. , Wang, B. , et al. A study on factors that affect users' behavioral intention to transfer usage from the offline to the online channel [J] . Computers in Human Behavior, 2011, 27 (1): 355 - 364.

Marcus, A. A. and Goodman, R. S. Victims and shareholders: the dilemmas of presenting corporate policy during a crisis [J] . Academy of Management Joural, 1991, 34 (2): 281 - 305.

Marra, M. C. , Hubbell, B. J. and Carlson, G. A. Information quality, technology depreciation, and bt cotton adoption in the Southeast [J] . Journal of Agricultural and Resource Economics, 2001, 26 (1): 158 - 175.

Maruyama, M. , Wu, L. and Huang, L. The modernization of fresh food retailing in China: the role of consumers [J] . Journal of Retailing and Consumer Services, 2016, 30: 33 - 39.

Maurizio, C. , Roberta, C. , Martin, H. , et al. Traceability as part of competitive strategy in the fruit supply chain [J] . British Food Journal, 2010, 112 (2 - 3): 171 - 186.

Mazzocchi, M. , Lobb, A. E. and Traill, W. B. Factors driving consumer response to information on the avian influenza [R/OL] . https: //www. cabi. org/Uploads/animal-science/worlds-poultry-science-association/WPSA-czech-republic-2007/2 _ Mazzocchi%20Mario. pdf.

McDonald, L. and Hartel, C. Applying the involvement construct to organizational crisis [C]. The Australian and New Zealand Marketing Academy Conference, Gold Coast, Queensland, 2000.

Midgley, D. F. and Dowling, G. R. Innovativeness: the concept and its measurement [J]. Journal of consumer research, 1978, 4 (4): 229 - 242.

Mora, C. and Menozzi, D. Vertical contractual relations in the Italian beef supply chain [J]. Agribusiness, 2005, 21 (2): 213 - 235.

Mosca, A. C. , Bult, J. H. F. and Stieger, M. Effect of spatial distribution of tastants on taste intensity, fluctuation of taste intensity and consumer preference of (semi-) solid food products [J] . Food Quality and Preference, 2013, 28 (1): 182 - 187.

Ollinger, M. and Moore, D. L. The economic forces driving food safety quality in meat and poultry [J] . Review of Agricultural Economics, 2008, 30 (2): 289 - 310.

Pappas, I. O. , Kourouthanassis, P. E. , Giannakos, M. N. , et al. Explaining online shopping behavior with fsQCA: the role of cognitive and affective perceptions [J] . Journal of Business Research, 2016, 69 (2): 794 - 803.

Paulraj, A. , Lado, A. A. and Chen, I. J. Inter-organizational communication as a relational competency: antecedents and performance outcomes in collaborative buyer-supplier relationships [J] . Journal of Operations Management, 2008, 26 (1): 45 - 64.

Pavlou, P. A. Institution-based trust in interorganizational exchange relationships: the role of online B2B marketplaces on trust formation [J] . Journal of Strategic Information Systems, 2002, 11 (3 - 4): 215 - 243.

Plessis, H. J. and Rand, G. E. The significance of traceability in consumer decision making towards Karoo lamb [J] . Food Research International, 2012, 47 (2): 210 - 217.

Pohjanheimo, T. and Sandell, M. Explaining the liking for drinking yoghurt: the role of sensory quality, food choice motives, health concern and product information [J]. International Dairy Journal, 2009, 19 (8): 459 - 466.

Richey, R. G. , Adams, F. G. and Dalela, V. Technology and flexibility: enablers of collaboration and time-based logistics quality [J] . Journal of Business Logistics, 2012, 33 (1): 34 - 49.

Robbennolt, J. K. Outcome severity and judgments of "Responsibility": a meta-analytic review [J] . Journal of Applied Social Psychology, 2000, 30 (12): 2575 - 2609.

Rodgers, W. , Negash, S. and Suk, K. The moderating effect of on-line experience on the antecedents and consequences of on-line satisfaction [J] . Psychology and Marketing, 2005, 22 (4): 313 - 331.

Rodiger, M. and Hamm, U. How are organic food prices affecting consumer behaviour? a review [J] . Food Quality and Preference, 2015, 43: 10 - 20.

Ross, I. Perceived risk and consumer behavior: a critical review [J] . Advances in Consumer Research, 1975, 2 (1): 1 - 20.

Santosa, M. , Clow, E. J. , Sturzenberger, N. D. , et al. Knowledge, beliefs, habits and attitudes of California consumers regarding extra virgin olive oil [J] . Food Research International, 2013, 54 (2): 2104 - 2111.

Seo, S. , Jang, S. , Miao, L. , et al. The impact of food safety events on the value of food-related firms: an event study approach [J] . International Journal of Hospitality Management, 2013, 33 (1): 153 - 165.

Sepulveda, W. , Maza, M. T. and Mantecon, A. R. Factors that affect and motivate the purchase of quality-labelled beef in Spain [J] . Meat Science, 2008, 80 (4): 1282 - 1289.

Siomkos, G. J. , Rao, S. S. and Narayanan, S. The influence of positive and negative affectivity on attitude change toward organizations [J] . Journal of Business and Psychology, 2001, 16 (1), 151 - 161.

Siomkos, G. J. and Kurzbard, G. The hidden crisis in product-harm crisis management [J]. European Joural of Marketing, 1994, 28 (2): 30 - 41.

Siomkos, G. J. and Malliaris, P. G. Consumer response to company communications during a product harm crisis [J] . Journal of Applied Business Research, 1992, 8 (4): 59 - 65.

Slovic, P. , Finucane, M. , Peters, E. , et al. Rational actors or rational fools: implications of the affect heuristic for behavioral economics [J] . Journal of Socio-Economics, 2002, 31 (4), 329 – 342.

Smith, P. Delivering food security without increasing pressure on land [J] . Global Food Security, 2013, 2 (1): 18 – 23.

Sowinski, L. L. Product recalls and reverse logistics [J] . Food Logistics, 2011, 133 (10): 26 – 32.

Starbird, S. A. Designing food safety regulations: the effect of inspection policy and penalties for noncompliance on food processor behavior [J] . Journal of Agricultural and Resource Economics, 2000, 25 (2): 616 – 635.

Stephens, N. and Gwinner, K. P. Why don't some people complain? a cognitive-emotive process model of consumer complain behavior [J] . Journal of the Academy of Marketing Science, 1998, 26 (3): 172 – 189.

Stringer, M. F. and Hall, M. N. A generic model of the integrated food supply chain to aid the investigation of food safety breakdowns [J] . Food Control, 2007, 18 (7): 755 – 765.

Tobin, D. , Thomson, J. and LaBorde, L. Consumer perceptions of produce safety: a study of Pennsylvania [J] . Food Control, 2012, 26 (2): 305 – 312.

Vassilikopoulou, A. , Siomkos, G. , Chatzipanagiotou, K. , et al. Product-harm crisis management: time heals alll wounds? [J] . Journal of Retailing and Consumer Services, 2009, (16): 174 – 180.

Verhagen, T. and Dolen, W. Online purchase intentions: a multi-channel store image perspective [J] . Information and Management, 2009, 46 (2): 77 – 82.

Weiss, A. M. , Aderson, E. and MacInnis, D. J. Reputation management as a motivation for sales structure decisions [J] . Journal of Marketing, 1999, 63 (4): 74 – 89.

Wisner, J. D. A structural equation model of supply chain management strategies and firm performance [J] . Journal of Business Logistics, 2003, 24 (1): 1 – 26.

Yoo, B. and Donthu, N. Developing and validating a multidimensional consumer-based brand equity scale [J] . Journal of Business Research, 2001, 52 (1): 1 – 14.

Zeithaml, V. A. Consumer perceptions of price, quality and value: a means-end model and synthesis of evidence [J] . Journal of Marketing, 1988, 52 (3): 2 – 22.

Ziggers, G. W. and Trienekens, J. Quality assurance in food and agribusiness supply chains: developing successful partnerships [J] . International Journal of Production Economics, 1999, 60 (1): 271 – 279.

Zuurbier, P. J. P. , Trienekens, J. H. and Ziggers, G. W. Verticale samenwerking: stappenplannen voor ketenvorming in food and agribusiness [M] . Deventer: Kluwer BedrijfsInformatie, 1996.

附录1 农产品供应链核心企业质量安全控制行为调查问卷

尊敬的负责人：

您好！首先感谢您抽出宝贵的时间完成这份问卷。

本调查源于国家社科基金项目"供应链核心企业主导的农产品质量安全管理研究（课题编号：11CGL059）"，旨在了解农产品质量安全控制等问题，以期为贵公司农产品质量安全管理决策提供参考，并为政府制定农产品质量安全相关政策提供依据。您所提供的个体信息将严格保密，所得数据将以综合性统计结果表现出来，最终结果将反馈给贵公司，为企业决策提供参考。

本次调查大概需要您 30 分钟，敬请您完整填写并提供真实可靠数据。

再次对您慷慨付出宝贵的时间表示诚挚的谢意！

华南农业大学"农产品质量安全控制研究"课题组

一、基本信息（选择题请在选项字母上打"√"，如 √）

1. 企业名称（全称）＿＿＿＿＿＿＿＿＿＿。

2. 联系方式（以便反馈调查结果）

填表人姓名＿＿＿＿＿＿移动或办公电话＿＿＿＿＿＿
Email＿＿＿＿＿＿。

3. 您在贵公司的职位是＿＿＿＿＿＿。

　　A. 总经理　　B. 物流主管　　C. 质检经理　　D. 其他

4. 您在贵公司工作任期＿＿＿＿＿年。

5. 贵公司主要销售产品（可多选）。

　　A. 可可制品、巧克力和巧克力制品（包括类巧克力和代巧克力）以及糖果　B. 肉类（含活禽、活猪牛羊等）　　C. 鱼类　　D. 水果蔬菜类
　　E. 油脂类　　F. 乳（奶）制品　　G. 谷类　　H. 饮料　　I. 蛋及蛋制品
　　J. 酒类　　K. 便当　　L. 饼干等焙烤食品　　M. 其他

6. 贵公司年销售额（单位：百万元）为＿＿＿＿。

　　A. 小于 1　B. 1＜X≤5　C. 5＜X≤10　D. 10＜X≤50　E. 50＜X≤
100　F. 100＜X≤300　　G. 300 以上

7. 贵公司现有职工数量_____。

　　A. 小于 50　　B. 51～100　　C. 101～150　　D. 151～250　　E. 大于 250

8. 贵公司企业类型_____。

　　A. 国有企业　　B. 集体企业　　C. 民营企业　　D. 外资企业　　E. 其他

二、请您根据贵公司的实际情况对以下表述进行判断，请在空格内的数字上打"√"。

农业企业能力	完全同意	同意	不确定	不同意	完全不同意
1. 本企业提供了高性价比的农产品	1	2	3	4	5
2. 本企业提供了高质量的农产品	1	2	3	4	5
3. 本企业提供了技术含量高的农产品	1	2	3	4	5
4. 本企业农产品质量安全管理制度完善	1	2	3	4	5
5. 本企业拥有比竞争对手更优秀的人才队伍	1	2	3	4	5
农业企业社会责任	完全同意	同意	不确定	不同意	完全不同意
1. 本企业非常关注消费者福利和权益	1	2	3	4	5
2. 本企业对农产品质量安全表现出相当高的责任心	1	2	3	4	5
3. 本企业明确意识到农产品质量安全问题的社会危害	1	2	3	4	5
4. 本企业自觉履行了保障农产品质量安全的社会责任	1	2	3	4	5
5. 本企业长期向市场提供了质量安全农产品	1	2	3	4	5
6. 本企业具有强烈的社会责任意识	1	2	3	4	5
农产品供应链协同程度	完全同意	同意	不确定	不同意	完全不同意
1. 本企业与供应链上下游企业共同生产、加工质量安全农产品	1	2	3	4	5
2. 本企业与供应链上下游企业共同把握好市场中难得的机遇	1	2	3	4	5
3. 本企业与供应链上下游企业共同配送质量安全农产品	1	2	3	4	5

（续）

农产品供应链信息其享程度	完全同意	同意	不确定	不同意	完全不同意
1. 本企业与上下游企业共享内部的农产品质量信息	1	2	3	4	5
2. 本企业为上下游企业提供它们需要的农产品质量信息	1	2	3	4	5
3. 本企业与上下游企业农产品信息传递十分频繁和及时	1	2	3	4	5
4. 本企业与上下游企业互相通报农产品质量安全控制进展	1	2	3	4	5
5. 本企业与上下游企业经常面对面地制订计划或者沟通	1	2	3	4	5
6. 本企业与上下游企业交换彼此的经营业绩信息	1	2	3	4	5
竞争压力	完全同意	同意	不确定	不同意	完全不同意
1. 竞争企业严格控制自己生产加工农产品的质量	1	2	3	4	5
2. 竞争企业采用了严格的质量安全标准	1	2	3	4	5
3. 竞争企业向市场提供了质量安全的农产品	1	2	3	4	5
消费需求	完全同意	同意	不确定	不同意	完全不同意
1. 消费者对农产品质量安全要求越来越高	1	2	3	4	5
2. 消费者对质量安全农产品的需求不断增加	1	2	3	4	5
3. 消费者对质量安全农产品有着较强的购买意愿	1	2	3	4	5
政府监管力度	完全同意	同意	不确定	不同意	完全不同意
1. 政府建立了严格的农产品质量安全监管法规体系	1	2	3	4	5
2. 政府对农产品质量安全事故进行严厉惩戒	1	2	3	4	5
3. 政府对农产品质量安全监管高度重视	1	2	3	4	5
4. 政府对农产品质量安全实施了标准化监管	1	2	3	4	5

（续）

政府监管力度	完全同意	同意	不确定	不同意	完全不同意
5. 政府建立了完备的农产品质量安全信用档案	1	2	3	4	5
媒体监管力度	完全同意	同意	不确定	不同意	完全不同意
1. 媒体对农产品质量安全事件报道真实、准确	1	2	3	4	5
2. 媒体对农产品质量安全事件报道迅速、及时	1	2	3	4	5
3. 媒体对农产品质量安全具有监督作用	1	2	3	4	5
4. 媒体对农产品质量安全事件密切关注	1	2	3	4	5
5. 媒体对农产品质量安全具有警示作用	1	2	3	4	5
质量安全控制意愿	完全同意	同意	不确定	不同意	完全不同意
1. 本企业打算将来使用农产品质量安全控制认证体系	1	2	3	4	5
2. 本企业计划将来使用农产品质量安全控制认证体系					
3. 本企业希望将来使用农产品质量安全控制认证体系					
4. 本企业准备将来使用农产品质量安全控制认证体系					

三、请问贵公司使用了以下哪种农产品质量安全控制认证体系（可多选）（　　　）。

A. 无污染产品认证　B. 绿色产品认证　C. 有机产品认证　D. GAP（良好农业规范）　E. GMP（良好作业规范）　F. HACCP（危害分析和关键控制点）　G. ISO 9000　H. QS（企业食品生产许可）　I. 没有使用　J. 其他

本问卷至此结束，再次衷心感谢您的支持和配合！祝您生活愉快！

附录 2 广州居民对"壹号土猪肉"购买行为调查问卷

尊敬的先生/女士：

您好！感谢您抽出宝贵时间配合我们有关消费者对"壹号土猪肉"购买行为的调查。本调查旨在了解您购买"壹号土猪肉"的影响因素，可为政府和企业制定有效的无公害猪肉供给和管理政策提供参考依据。本调查采用不记名方式，所获信息仅供学术研究之用，您所提供的信息将严格保密。衷心感谢您的支持！

华南农业大学经济管理学院"农产品质量安全管理"课题组

一、研究对象说明

壹号土猪是广东天地食品集团经长期实践和研究选育的优质土猪种，获得无公害产地和无公害产品认证，是广东省唯一一家被农业部核准的无公害土猪。

二、问卷内容

答案没有对错之分，请您在每题的对应选项前的□中打"√"。

1. 您的性别是：□男 □女
2. 您的年龄是：□20 岁以下 □21～30 岁 □31～40 岁 □41～50 岁 □51～60 岁 □61 岁以上
3. 您的婚姻状况是：□未婚 □已婚
4. 您的文化程度是：□初中或以下 □高中 □大学 □研究生或以上
5. 您的职业是：□政府部门员工 □事业单位员工 □企业员工 □私营业主 □离退休人员 □其他
6. 您的家庭人口数为：□1 人 □2 人 □3 人 □4 人 □5 人或以上
7. 您的家庭月收入为：□3 000 元或以下 □3 001～5 000 元 □5 001～7 000 元 □7 001～10 000 元 □10 001 元以上
8. 您的家庭中有无小孩：□有 □无
9. 您的家庭中有无老人：□有 □无
10. 您是否规避"食品安全风险"：□规避 □不规避
11. 您对"节俭传统"是否认同：□认同 □不认同

12. 您对目前市场上猪肉安全状况是否担心：□担心　□不担心

13. 您是否听说过"壹号土猪肉"：□听说过　□没听说过

14. 您是否了解"壹号土猪肉"的屠宰、加工和检疫程序：□了解　□不了解

15. 您是否愿意通过手机、网络或其他渠道查询"壹号土猪肉"的安全信息：□愿意　□不愿意

16. 您是否相信"壹号土猪肉"是安全的：□是　□否

17. 您是否觉得"壹号土猪肉"色泽好：□是　□否

18. 您是否觉得"壹号土猪肉"口感香：□是　□否

19. 您是否觉得"壹号土猪肉"营养价值高：□是　□否

20. 您是否愿意购买"壹号土猪肉"：□是　□否

21. 您愿意为"壹号土猪肉"额外支付高价的幅度是：□比普通猪肉贵50％及以下　□比普通猪肉贵 0.5～1 倍　□比普通猪肉贵 1 倍～2 倍　□比普通猪肉贵 2 倍以上

22. 您是否购买"壹号土猪肉"：□购买　□不购买

23. 您的家庭成员是否认同您购买"壹号土猪肉"：□是　□否

24. 您的亲朋好友是否认同您购买"壹号土猪肉"：□是　□否

25. 如果您购买"壹号土猪肉"，您会在哪里买（多选）：□农贸市场□超市□连锁专卖店　□其他

26. 如果您购买"壹号土猪肉"，您会在什么时候买（多选）：□平时□周末　□节假日　□零售促销　□馈赠亲友

27. 您通过何种渠道知道"壹号土猪肉"（多选）：□政府部门　□认证机构　□新闻媒体　□网络　□零售商　□商品标签　□亲友介绍　□其他

本问卷至此结束，再次衷心感谢您的支持和配合！祝您生活愉快！

附录3　广州居民对有机蔬菜
购买行为调查问卷

尊敬的先生/女士：

您好！感谢您配合我们有关消费者对有机蔬菜购买行为的调查。本调查旨在了解您购买有机蔬菜的行为及影响因素，可为政府和企业制定有效的有机农产品管理政策提供参考依据。本调查采用不记名方式，所获信息仅供学术研究之用，您所提供的信息将严格保密。衷心感谢您的支持！

华南农业大学经济管理学院"农产品质量安全管理"课题组

一、研究对象说明

依据我国蔬菜分级标准把蔬菜分为一般蔬菜、无公害蔬菜、绿色蔬菜和有机蔬菜四个等级，其安全程度依次提高。有机蔬菜是指来自于有机农业生产体系，根据国际有机农业的生产技术标准，生产过程中完全不使用农药、化肥、生长调节剂等化学物质，不使用基因工程技术，经独立的有机食品认证机构认证允许使用有机食品标志的蔬菜。

二、问卷内容

（一）基本情况，请您在每题的对应选项前的□中打"√"，每题只需选一个答案。

1. 您的性别是：□男　□女
2. 您的年龄是：□20 岁以下　□21～30 岁　□31～40 岁　41～50 岁 □51～60 岁　□61 岁以上
3. 您的文化程度是：□初中或以下　□高中　□大学　□研究生或以上
4. 您的职业是：□政府部门员工　□事业单位员工　□企业员工　□私营业主　□离退休人员　□学生　□其他
5. 您的家庭月收入为：□6 000 元或以下　□6 001～10 000 元 □10 001～15 000元　□15 001～20 000 元　□20 000 元以上
6. 您是否与 65 岁以上的老人一起生活：□没有　□有
7. 您的家庭中是否有 18 岁以下的小孩：□没有　□有

（二）请您就有机蔬菜购买行为的感知和态度，在每题的对应选项前的□中打"√"，每题只需选一个答案。

8. 我担心目前市场上蔬菜的质量安全状况：□不赞同　□比较不赞同 □比较赞同　□赞同

9. 我了解有机蔬菜的种植和检疫程序：□不赞同　□比较不赞同　□比较赞同　□赞同

10. 我愿意通过手机、网络或其他渠道查询有机蔬菜的安全信息：□不赞同　□比较不赞同　□比较赞同　□赞同

11. 我相信有机蔬菜质量安全有保障：□不赞同　□赞同　□说不清

12. 我认为有机蔬菜营养价值高：□不赞同　□赞同　□说不清

13. 我认为有机蔬菜售价合理：□不赞同　□赞同　□说不清

14. 我认为有机蔬菜购买方便：□不赞同　赞同　□说不清

15. 我认为有机蔬菜经常进行促销活动：□不赞同　赞同　□说不清

16. 我认为有机蔬菜产业得到国家更多的政策支持：□不赞同　□赞同 □说不清

17. 我认为有机蔬菜产业的经济快速增长：□不赞同　赞同　□说不清

18. 我认为有机蔬菜产业会影响人们的消费习惯：□不赞同　赞同　□说不清

19. 我认为有机蔬菜产业的生产技术不断进步：□不赞同　赞同　□说不清

20. 我愿意购买有机蔬菜：□不赞同　□比较不赞同　比较赞同　□赞同

21. 我愿意为有机蔬菜额外支付高价的幅度是：□比普通蔬菜贵 50% 及以下

比普通蔬菜贵 0.5~1 倍　□比普通蔬菜贵 1~2 倍　□比普通蔬菜贵 2 倍以上

22. 如果我购买有机蔬菜，我最可能购买的种类是：□叶菜类　□瓜类 □茄果类　□豆类　□葱蒜类　□薯芋类　□食用菌类　□其他

23. 如果我购买有机蔬菜，最可能的原因是：□家庭食用的日常购买 □节假日的助兴购买　□零售促销的冲动购买　□馈赠亲友的社交购买

24. 如果我购买有机蔬菜，您最可能在哪里买：□农贸市场　□超市　□网上　□其他

25. 我购买有机蔬菜的频率是：□从不购买　□极少购买　□偶尔购买 □经常购买

26. 我每次购买有机蔬菜的量是：□购买量为 0　□1 天的量　□3 天的量 □1 周的量　□1 周以上的量

27. 我每次购买有机蔬菜的金额是：□30 元及以下　□31～60 元
□61～100元　□100元以上

本问卷至此结束，再次衷心感谢您的支持和配合！祝您生活愉快！

附录 4　可追溯亚热带水果消费者购买行为调查问卷

尊敬的先生/女士：

您好！首先感谢您抽出宝贵时间配合我们有关可追溯亚热带水果消费者购买行为的调查。本次调查来源于国家社会科学基金课题，旨在了解您对可追溯亚热带水果的购买动机和购买行为。本调查采用不记名方式，所获信息仅供学术研究之用，您所提供的信息将严格保密。衷心感谢您的支持！

"供应链核心企业主导的农产品质量安全管理研究"课题组

一、研究内容说明

可追溯亚热带水果是指对亚热带水果的生产、流通和销售过程的关键控制点和具体责任人实施信息化管理，消费者通过上网、手机短信和 POS 机等方式输入溯源码标签，可了解亚热带水果的产地、育种、施肥、用药、采摘、运输、加工和销售等环节质量安全的信息。可追溯亚热带水果的品种包括木瓜、菠萝、香蕉、杨桃、芒果、枇杷、荔枝和龙眼。

二、问卷内容

（一）基本情况

答案没有对错之分，请您在每题的对应选项前的□后面打"√"，如"□√ 男"

1. 您的性别是：□男　□女
2. 您的年龄是：□20 岁以下　□21～29 岁　□30～39 岁　□40～49 岁　□50～59 岁　□60 岁以上
3. 您的文化程度是：□初中或以下　□高中　□大学　□研究生或以上
4. 您的职业是：□政府部门员工　□事业单位员工　□企业员工　□私营业主　□离退休人员　□学生　□其他
5. 您的家庭月收入为：□4 000 元以下　□4 000～6 000 元　□6 000～8 000 元　□8 000～12 000 元　□12 000 元以上
6. 您的家庭中有无老人或小孩：□没有老人或没有小孩　□有老人或有

小孩

7. 您购买可追溯农产品（例如猪肉、牛肉、蛋、水产品、蔬菜、水果等）的频率是：

  □经常购买 □偶尔购买 □从不购买

8. 您是否购买可追溯亚热带水果：□购买 □不购买

（二）请您就可追溯亚热带水果购买行为的个人实际感知和态度，在每个题项的对应选项代码上打"√"，各量表的每道题均只需选一个答案。

一、可追溯性	非常不赞同	不赞同	中立	赞同	非常赞同
1. 可追溯亚热带水果能让我知道水果的来源	1	2	3	4	5
2. 可追溯亚热带水果保障了我对产品信息的知情权	1	2	3	4	5
3. 可追溯亚热带水果保障了我对质量安全的举证权	1	2	3	4	5
二、安全性	非常不赞同	不赞同	中立	赞同	非常赞同
1. 可追溯亚热带水果施加的化肥和农药符合质量安全标准	1	2	3	4	5
2. 可追溯亚热带水果不含损害人体生命安全的有毒物质	1	2	3	4	5
3. 可追溯亚热带水果的添加剂在质量安全标准范围之内	1	2	3	4	5
三、信息质量	非常不赞同	不赞同	中立	赞同	非常赞同
1. 可追溯亚热带水果能提供容易理解的信息	1	2	3	4	5
2. 可追溯亚热带水果能提供丰富详细的信息	1	2	3	4	5
3. 可追溯亚热带水果能提供真实准确的信息	1	2	3	4	5
4. 可追溯亚热带水果能提供公正权威的信息	1	2	3	4	5
四、产品展示	非常不赞同	不赞同	中立	赞同	非常赞同
1. 可追溯亚热带水果的零售现场宽敞舒适	1	2	3	4	5

（续）

四、产品展示	非常不赞同	不赞同	中立	赞同	非常赞同
2. 可追溯亚热带水果的零售现场干净明亮	1	2	3	4	5
3. 可追溯亚热带水果的陈列整齐	1	2	3	4	5
4. 可追溯亚热带水果的陈列富有创意	1	2	3	4	5
五、信任	非常不赞同	不赞同	中立	赞同	非常赞同
1. 我相信可追溯亚热带水果生产加工环节的质量安全性	1	2	3	4	5
2. 我相信可追溯亚热带水果物流保鲜环节的质量安全性	1	2	3	4	5
3. 我相信可追溯亚热带水果零售环节的质量安全性	1	2	3	4	5
4. 我相信可追溯亚热带水果一般都是安全的	1	2	3	4	5
5. 我相信可追溯亚热带水果是质量可靠的	1	2	3	4	5
6. 我认为可追溯亚热带水果的标签信息内容是可信的	1	2	3	4	5
六、偏好	非常不赞同	不赞同	中立	赞同	非常赞同
1. 我对可追溯亚热带水果有好感	1	2	3	4	5
2. 相对普通亚热带水果而言，我更喜爱可追溯亚热带水果	1	2	3	4	5
3. 我对可追溯亚热带水果很感兴趣	1	2	3	4	5
七、购买动机	非常不赞同	不赞同	中立	赞同	非常赞同
1. 我愿意购买可追溯亚热带水果	1	2	3	4	5
2. 我愿意为可追溯亚热带水果支付比一般水果更高的价格	1	2	3	4	5
3. 我愿意向亲戚朋友推荐可追溯亚热带水果	1	2	3.	4	5

本问卷至此结束，再次衷心感谢您的支持和配合！祝您生活愉快！

附录5 禽流感背景下冰鲜鸡消费者购买行为调查问卷

尊敬的先生/女士：

您好！首先感谢您抽出宝贵时间配合我们进行禽流感背景下冰鲜鸡消费者购买行为的调查。本调查源于国家自然基金青年项目"农产品伤害危机责任归因与消费者逆向行为形成机理研究（编号：71503085)"、国家自然科学基金重点项目"生产供应过程的食品安全风险识别与预警研究（编号：71633002)"，旨在了解您对冰鲜鸡的购买动机。本调查采用不记名方式，所获信息仅供学术研究之用，您所提供的信息将严格保密。衷心感谢您的支持！

华南农业大学食品安全研究中心课题组

一、研究内容说明

冰鲜鸡又称生鲜鸡，冷鲜鸡，是指生鸡经检疫检验后由工厂集中宰杀、保鲜处理和包装、冷链配送，始终在 0～4℃ 之间保存，一般当天售完，最佳食用期为 3 天。

二、问卷内容

（一）基本情况

答案没有对错之分，请您在每题的对应选项前的□后面打"√"，如"□√男"。

1. 您的性别是：□男 □女
2. 您的年龄是：□20 岁以下 □21～29 岁 □30～39 岁 □40～49 岁 □50～59 岁 □60 岁以上
3. 您的文化程度是：□初中或以下 □高中 □大学 □研究生或以上
4. 您的职业是：□政府部门员工 □事业单位员工 □企业员工 □私营业主 □离退休人员 □学生 □其他
5. 您的家庭月收入为：□4 000 元以下 □4 000～6 000 元 □6 000～8 000 元 □8 000～12 000 元 □12 000 元以上
6. 您是否购买过冰鲜鸡：□买过 □从未买过

（二）请您就冰鲜鸡的个人感知和态度，在每个题项的对应选项代码上打"√"，各量表的每道题均只需选一个答案。

一、保鲜度	非常不赞同	不赞同	中立	赞同	非常赞同
1. 相对活鸡而言，冰鲜鸡新鲜度不差					
2. 冰鲜鸡加工过程迅速能保证新鲜					
3. 冰鲜鸡运输过程全程冷藏能确保新鲜					
二、口感	非常不赞同	不赞同	中立	赞同	非常赞同
1. 冰鲜鸡口感不比活鸡差					
2. 冰鲜鸡肉质鲜嫩					
3. 冰鲜鸡美味可口					
三、质量安全性	非常不赞同	不赞同	中立	赞同	非常赞同
1. 冰鲜鸡在屠宰前后均经过严格的检疫程序					
2. 冰鲜鸡屠宰、配送和销售环节符合质量安全标准					
3. 冰鲜鸡禽药残留在质量安全标准范围之内					
4. 冰鲜鸡不携带损害人体生命安全的疫情病毒					
四、溢价	非常不赞同	不赞同	中立	赞同	非常赞同
1. 冰鲜鸡价格比活鸡或冰冻鸡贵					
2. 冰鲜鸡很少降价促销					
3. 冰鲜鸡价格没有吸引力					
五、习惯	非常不赞同	不赞同	中立	赞同	非常赞同
1. 我去买鸡时，通常购买活鸡					
2. 我更喜欢购买活鸡，而不是冰鲜鸡					
3. 当我需要购买鸡时，首选活鸡					
六、创新性	非常不赞同	不赞同	中立	赞同	非常赞同
1. 在我的生活圈中，我属于较早接受冰鲜鸡的人					
2. 我喜欢阅读冰鲜鸡的新闻和消息					

（续）

六、创新性	非常不赞同	不赞同	中立	赞同	非常赞同
3. 我喜欢关注冰鲜鸡的的品种和特点					
七、风险感知	非常不赞同	不赞同	中立	赞同	非常赞同
1. 禽流感发生时，我购买活鸡会感到不安全					
2. 禽流感疫情扩散时，我担心购买活鸡会被传染					
3. 整体来说，我对禽流感疫情的风险感知较高					
八、购买动机	非常不赞同	不赞同	中立	赞同	非常赞同
1. 我愿意购买冰鲜鸡					
2. 我愿意为冰鲜鸡支付比活鸡更高的价格					
3. 我愿意向亲戚朋友推荐冰鲜鸡					

本问卷至此结束，再次衷心感谢您的支持和配合！祝您生活愉快！

附录6 农产品伤害危机后消费者 信任和购买意愿调查问卷

尊敬的先生/女士：

您好！首先感谢您抽出宝贵时间配合我们进行农产品伤害危机后消费者信任与购买意愿的调查，旨在了解农产品伤害危机后您的信任和购买意愿。本调查采用不记名方式，所获信息仅供学术研究之用，您所提供的信息将严格保密。衷心感谢您的支持！

华南农业大学食品安全研究中心课题组

一、研究内容说明

我国近年来频繁爆发奶产品添加三聚氰胺、畜产品使用违禁药物、水产品重金属超标和果蔬农药残留等农产品质量安全事故，使相关农业企业陷入严峻的产品伤害危机困境当中。苏丹红鸭蛋事件、三鹿"三聚氰胺"奶粉事件、双汇瘦肉精事件和汇源果汁菌超标事件等是典型的农产品伤害危机。

二、问卷内容

（一）基本情况

答案没有对错之分，请您在每题的对应选项前的□后面打"√"，如"□√ 男"。

1. 您的性别是：□男　□女

2. 您的年龄是：□20 岁以下　□21～29 岁　□30～39 岁　□40～49 岁 □50～59 岁　□ 60 岁以上

3. 您的文化程度是：□初中或以下　□高中　□大学　□研究生或以上

4. 您的职业是：□政府部门员工　□事业单位员工　□企业员工　□私营业主　□离退休人员　□学生　□其他

5. 您的家庭月收入为：□4 000 元以下　□4 000～6 000 元　□6 000～8 000 元　□8 000～12 000 元　□12 000 元以上

6. 您所居住的城市是：□广州市　□深圳市　□珠海市　□佛山市

（二）请您就信任和购买意愿的个人感知和态度，在每个题项的对应选项代码上打"√"，各量表的每道题均只需选一个答案。

一、可追溯性	非常不赞同	不赞同	中立	赞同	非常赞同
1. 危机后农产品能让我了解农产品的来源					
2. 危机后农产品保障了我对产品信息的知情权					
3. 危机后农产品保障了我对质量安全的举证权					
二、质量信息	非常不赞同	不赞同	中立	赞同	非常赞同
1. 危机后农产品能提供丰富详细的信息					
2. 危机后农产品能提供真实准确的信息					
3. 危机后农产品能提供公正权威的信息					
三、伤害程度	非常不赞同	不赞同	中立	赞同	非常赞同
1. 农产品伤害危机给消费者带来了严重的人身伤害					
2. 农产品伤害危机给消费者造成了心理恐慌					
3. 农产品伤害危机产生了负面的社会影响					
四、应对态度	非常不赞同	不赞同	中立	赞同	非常赞同
1. 企业主动对农产品伤害危机进行澄清					
2. 企业及时召回具有质量安全问题的农产品					
3. 企业对消费者进行道歉和赔偿					
五、品牌声誉	非常不赞同	不赞同	中立	赞同	非常赞同
1. 我觉得该农产品企业很值得尊重					
2. 我觉得该农产品企业十分专业					
3. 我觉得该农产品企业十分成功					
4. 我觉得该农产品企业十分完善					
5. 我觉得该农产品企业十分稳定					
六、政府监管	非常不赞同	不赞同	中立	赞同	非常赞同
1. 政府制定了严格的农产品质量安全法规体系					
2. 政府对农产品伤害危机责任主体进行严厉惩戒					

（续）

六、政府监管	非常不赞同	不赞同	中立	赞同	非常赞同
3. 政府对农产品伤害危机监管高度重视					
七、负面宣传	非常不赞同	不赞同	中立	赞同	非常赞同
1. 媒体对农产品伤害危机的报道让我感到事件的后果非常严重					
2. 媒体对农产品伤害危机的报道让我感到农产品质量存在隐患					
3. 媒体对农产品伤害危机的报道揭露了农产品质量的重大问题					
八、消费者信任	非常不赞同	不赞同	中立	赞同	非常赞同
1. 我相信危机后农产品生产加工环节的质量安全性					
2. 我相信危机后农产品物流保鲜环节的质量安全性					
3. 我相信危机后农产品零售环节的质量安全性					
4. 我相信危机后农产品是质量可靠的					

本问卷至此结束，再次衷心感谢您的支持和配合！祝您生活愉快！

附录7 农产品伤害危机对消费者逆向选择的影响调查问卷

尊敬的先生/女士：

您好！首先感谢您抽出宝贵时间配合我们进行农产品伤害危机对消费者逆向选择的影响调查问卷，本调查源于国家自然基金青年项目"农产品伤害危机责任归因与消费者逆向行为形成机理研究（编号：71503085）"、国家自然科学基金重点项目"生产供应过程的食品安全风险识别与预警研究（编号：71633002）"，旨在了解您对农业企业产品伤害行为、品牌资产和消费者逆向选择的态度。本调查采用不记名方式，所获信息仅供学术研究之用，您所提供的信息将严格保密。衷心感谢您的支持！

华南农业大学食品安全研究中心课题组

一、研究内容说明

本文选取汇源集团作为产品蓄意伤害行为问卷调查的背景材料，主要因为汇源集团作为中国果汁行业知名品牌，近期曾被曝光使用腐烂变质或未成熟之前落地的水果来制成果汁或浓缩果汁。选取思念食品有限公司作为产品过失伤害行为问卷调查的背景材料，主要该公司是国内最大的专业速冻食品生产企业之一，其品牌影响力位居全国同行业前列，生产的三鲜水饺近期被检出金黄色葡萄球菌，调查发现这一批次的水饺带病原菌的原因是工人在加工过程中操作不当所造成的。

二、问卷内容

（一）基本情况

答案没有对错之分，请您在每题的对应选项前的□后面打"√"，如"□√男"。

1. 您的性别是：□男　□女

2. 您的年龄是：□20 岁以下　□21～29 岁　□30～39 岁　□40～49 岁□50～59 岁　□60 岁以上

3. 您的文化程度是：□初中或以下　□高中　□大学　□研究生或以上

4. 您的职业是：□政府部门员工　□事业单位员工　□企业员工　□私营业主　□离退休人员　□学生　□其他

5. 您的家庭月收入为：□4 000 元以下　□4 001～8 000 元　□8 001～12 000 元　□12 001～16 000 元　□16 000 元以上

（二）请您农业企业产品伤害行为、品牌资产和消费者逆向选择的个人感知和态度，在每个题项的对应选项代码上打"√"，各量表的每道题均只需选一个答案。

一、过失伤害行为	非常不赞同	不赞同	中立	赞同	非常赞同
1. 食品企业生产、加工、物流和销售等供应链环节的设备和技术落后					
食品企业无法发现食品质量缺陷和安全风险隐患					
2. 食品企业缺乏规范的质量安全保障机制					
3. 食品企业非人为因素引起质量安全问题					
4. 食品企业的质量安全检测水平不足					
二、蓄意伤害行为	非常不赞同	不赞同	中立	赞同	非常赞同
1. 食品企业为追求短期利润，在知情情况下人为破坏食品质量安全					
2. 食品企业忽视企业社会责任，在生产过程中以假冒真、以次充好					
3. 食品企业故意滥用农药和添加剂，选用有毒有害的原材料					
4. 食品企业明知故犯，不采取保障食品质量安全的有效措施					
5. 食品企业为节省成本，利用劣质原料引发安全问题					
三、感知质量	非常不赞同	不赞同	中立	赞同	非常赞同
1. 该品牌的安全性很好					
2. 该品牌非常可靠					
3. 该品牌具有很好的质量					
四、品牌联想	非常不赞同	不赞同	中立	赞同	非常赞同
1. 该品牌的特征可以很快浮现在我的脑海					

（续）

四、品牌联想	非常不赞同	不赞同	中立	赞同	非常赞同
2. 我能很快想起该品牌的符号或标识					
3. 我能认出该品牌与其他品牌的差异					
五、品牌忠诚	非常不赞同	不赞同	中立	赞同	非常赞同
1. 我认为自己是忠于该品牌的					
2. 该品牌是我的第一选择					
3. 如果能买到该品牌的话，我不会选择其他品牌					
六、消费者逆向选择	非常不赞同	不赞同	中立	赞同	非常赞同
1. 该品牌伤害危机发生后，我故意挑食品质量毛病					
2. 该品牌伤害危机发生后，我责骂食品销售人员					
3. 该品牌伤害危机发生后，我向亲友或媒体抱怨并夸大不满					
4. 该品牌伤害危机发生后，我不再购买相关食品					
5. 该品牌伤害危机发生后，我向责任企业提出索赔					
6. 该品牌伤害危机发生后，我对责任企业提出法律诉讼					

本问卷至此结束，再次衷心感谢您的支持和配合！祝您生活愉快！

后　记

　　农产品质量安全是关系到农业发展、农民增收、消费者人身安全和社会和谐的头等大事，其不仅是全球各国政府高度关注的重要议题，更是我国解决"三农"问题，加速社会主义现代化建设、推进农产品供给侧结构性改革的客观需要。我国农产品质量安全管理是一项复杂的系统工程，涉及农业企业、消费者和政府主管部门等相关主体，必须立足供应链成员视角进行认识与分析。近年来，我重点关注农产品供应链视角下的农业企业质量安全控制行为、安全农产品消费者购买行为和农产品伤害危机管理等研究领域。2011年7月至2013年12月，主持完成国家社科基金青年项目"供应链核心企业主导的农产品质量安全管理研究"，结项鉴定等级为"良好"；2015年7月至今，主持国家自然科学基金青年项目"农产品伤害危机责任归因与消费者逆向行为形成机理研究"；2016年7月至今，支持国家自科基金重点项目"生产供应过程的食品安全风险识别与预警研究"子课题。我基于上述课题研究所形成的理论和实证研究成果，构建了本书的总体思路和研究框架，完成了本书的写作和统稿工作。本书的写作和修改得到了华南农业大学经济管理学院文晓巍教授、林家宝教授、周文良副教授、刁丽琳副教授和董晓玲老师等的赐教和帮助。此外，华南农业大学经济管理学院研究生王恋蓉、陈玉婕参与了本书的部分章节的修改工作，研究生卢梓杰、盘思桃、陈敏琪、吴雅君、周维林、赖剑、黄志平、杨炳成和刘妙玲等参与了本书的问卷调查、数据录入和分析等工作。在本书写作过程中，参考并引用了许多学者的研究成果，我们在注释和参考文献中——加以标注。在此一并致谢！

　　衷心感谢华南农业大学副校长、国务院农林经济管理学科评议组温思美教授，教育部长江学者罗必良教授，华南农业大学经济管理学院院长万俊毅教授，书记曹先维研究员，副院长罗明忠教授，副院长王丽萍研究员，副院长谭莹副教授等领导长期以来对我科研和教学工作给予的亲切关怀和鼎力支持！

感谢我的丈夫陈亮先生。他学识渊博，才思敏捷，长期以来对我的科研和教学工作不遗余力地给予鼓励、支持和帮助。相关研究成果的积累和本书的撰写伴随着我的长子天健的成长和次子天俊的出生，陶醉于孩子们的天真烂漫是我科研工作之余的最大幸福。感谢我的父母对我科研工作的理解与支持，他们长期替我悉心照顾我的孩子们，任劳任怨，无私奉献。

由于作者的能力和水平有限，本书研究可能存在不足之处，恳请各位专家和同行批评指正。

张 蓓

2017 年冬于华南农业大学紫荆桥畔